Martin Redfern

# 50 Schlüsselideen

# Erde

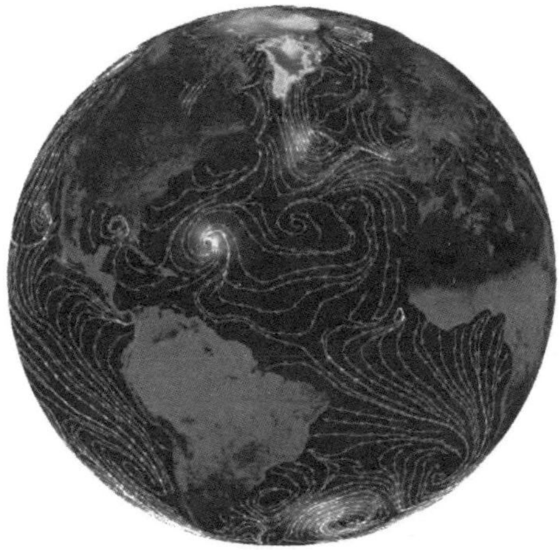

Aus dem Englischen übersetzt von Gerd Hintermaier-Erhard

Springer Spektrum

# Inhalt

# Einleitung

Es ist ein wunderbarer Planet, auf dem wir leben. In glücklichen Momenten bestaunen wir seine Schönheit, stehen ehrfürchtig vor seiner Großartigkeit und sind dankbar für seine Gaben. Aber die meiste Zeit unseres Lebens hasten wir geschäftig auf der Oberfläche herum und vergessen zwei wichtige Dimensionen: Tiefe und Zeit. Auf diese möchte ich in diesem Buch aufmerksam machen.

Überlegen Sie einmal, was unter Ihren Füßen liegt – nicht nur die vertraute Erde und das Gestein der Deckschichten, sondern ganz tief. So nah wie die Distanz, die viele von uns täglich pendeln, liegt ein Ort, wo noch niemand war und wo Temperatur- und Druckbedingungen herrschen, die wir uns kaum vorstellen können. In einer Entfernung, kürzer als ein Transatlantikflug, würden Sie sich in einer glühenden Welt von geschmolzenem Metall wiederfinden. Die Erde liegt nicht einfach da wie ein Betonklotz, auf dem wir herumlaufen. Sie ist ein lebendiger, dynamischer Planet. Feste Gesteinsmassen driften mit den Kontinenten, Vulkane brechen aus, und der unermessliche tiefe Erdmantel liefert langsam aber unablässig Material nach.

Auch sind die Gesteine unter der Oberfläche nicht immun gegen die Prozesse, die über ihnen stattfinden. Wasser, Luft und das Leben selbst sind in ständiger dynamischer Interaktion mit der Geologie. Ohne Ozeane gäbe es keine Kontinente, ohne Leben keine Atmosphäre und kein lebensfreundliches Klima. Die natürlichen Kreisläufe unseres Planeten haben das Leben über Jahrmilliarden gefördert. Wenn wir sie stören, dann auf eigene Gefahr.

Die andere Dimension, die sich durch das Verständnis der Prozesse auf und in unserem Planeten auftut, ist die der Zeit – nicht im Sinne von Mittagszeit oder vielleicht Lebenspanne, sondern von geologischen Zeiträumen. Wir müssen unsere Vorstellung von Zeit radikal ändern, um mit Dutzenden und Hunderten von Jahrmillionen umgehen zu können, aber nur so können wir unsere Heimat verstehen. Sodann erkennen wir, dass alltägliche Prozesse, wenn sie über geologische Zeiträume ablaufen, Bergketten aufbauen und zerstören, Ozeanbecken aufreißen und Kontinente auseinander driften lassen können. In geologischen Zeiten können neue Arten entstehen oder aussterben. Unsere menschliche Existenz – kaum eine Sekunde auf dem Zifferblatt der geologischen Uhr – hat bereits den Planeten bis zur Unkenntlichkeit verändert. Vielleicht werden wir unsere Welt ja freundlicher behandeln, wenn wir sie besser verstehen.

# 01 Geburt der Erde

**Wir alle bestehen aus Sternenstaub. Die allerersten Wasserstoff- und Heliumatome sind beim Big Bang, dem Urknall, vor etwa 13,7 Milliarden Jahren entstanden. Durch Fusionsprozesse bildeten sich daraus in Generationen von Sternen Kohlenstoff, Sauerstoff und Stickstoff, die Bausteine unseres Körpers, ebenso Silizium, Aluminium, Magnesium, Eisen sowie alle übrigen Elemente, die unseren Planeten aufbauen.**

**Zeugen des Sternenstaubs** Am Ende ihres Lebens blähen Sterne sich auf und sprengen ihre äußere Hülle ab. Massereiche Sterne brechen unter ihrer eigenen Last zusammen und hauchen in einer gigantischen Supernova-Explosion ihr Leben aus. Vom stolzen Stern bleibt nur noch eine Aschewolke übrig, aus der wieder neue Sterne und Planeten geboren werden, und so ist letztlich auch unser Sonnensystem entstanden. Jedes Molekül in unserem Körper besteht aus Atomen, die einst Bestandteil eines Sterns waren. Jedes Goldatom in einem Ring am Finger ist in einer Supernova entstanden.

Die Anwesenheit von Zerfallsprodukten kurzlebiger radioaktiver Isotope in alten Meteoriten verweist darauf, dass diese Elemente einer benachbarten Supernova entstammen, die wohl nur kurz vor der Entstehung des Sonnensystems explodiert ist. Und in der Tat könnte es so eine Explosion gewesen sein, die den beginnenden Kollaps des solaren Nebels auslöste.

**Akkretion** Sobald Gas und Staub in dem sanft rotierenden Nebel in Richtung Zentrum gezogen werden, wo sich am Ende ein neuer Stern entzünden wird, sorgt der Drehimpuls des Gebildes dafür, dass sich seine Materie zu einer Scheibe abflacht. Lange Zeit war das bloße Theorie, bis man mit immer leistungsfähigeren Teleskopen eine Reihe von Sternen-Kinderstuben entdeckte, wo sie ihre Bestätigung fand. So umgibt den Stern *Beta Pictoris* eine Scheibe aus Staub und Gesteinspartikeln, die wahrscheinlich dabei ist, sich zu Planeten zusammenzuballen. Die

## Zeitleiste

| 4,6 Mrd. Jahre | 4,567 Mrd. Jahre | 4,54 Mrd. Jahre | 4,527 Mrd. Jahre |
|---|---|---|---|
| Vermutliche Supernova-Explosion; Solarnebel beginnt zu kontrahieren | Alter von Chondren in Meteoriten, den ersten Feststoffen im Sonnensystem | Die Protoerde erreicht eine Größe, bei der Schmelzvorgänge beginnen und der Erdkern sich differenziert | Entstehung des Mondes |

### Einen fallenden Stern auffangen

Die ersten, in dem jungen Solarnebel sich bildenden festen Partikel waren Chondren. Das sind kleine Silikatkügelchen im Millimeter- bis Zentimeterbereich. Vielleicht sind sie als Schmelztröpfchen entstanden, als Silikatstaub auf etwa 1500 °C erhitzt worden war, entweder aufgrund der Nähe zur jungen Sonne oder durch radioaktiven Zerfall. Sie finden sich in fast 80 % aller niedergegangener Meteoriten und ihr Alter ist mit hoher Genauigkeit bestimmt worden. Mit 4,567 Milliarden Jahre (± 500 000 Jahre) sind sie die ältesten Objekte im Sonnensystem.

Entdeckung immer neuer so genannter „Exoplaneten", die längst das halbe Tausend erreicht hat, zeigt, dass die Bildung von Planeten häufig mit Sternentstehung einhergeht.

Es ist Konsens, dass die Planeten des Sonnensystems durch Akkretion entstanden sind, d.h. durch Zusammenballung kleiner und größerer Partikel. Der Beginn dieses Prozesses ist am schwersten zu verstehen, da die Massenanziehung zu diesem Zeitpunkt noch zu gering war, um die Klumpen zusammenzuhalten; und durch die Kollisionen hätten die Brocken eher wieder zerfallen müssen. Möglicherweise verhielt sich die Zusammenballung der Partikel wie eine kinetische Flüssigkeit, in der der Zusammenhalt den gelegentlichen Ausbruch und Verlust von Materie übertraf. Sobald die relativen Geschwindigkeiten der Klumpen weit genug abgesunken waren, überwog die Kraft der Zusammenballung. Als dann die Durchmesser den Meterbereich überschritten hatten, übernahm die Schwerkraft das Regiment, so dass immer mehr Materie angezogen wurde.

**Auftrennung** Die Schwerkraft, die Wärme des radioaktiven Zerfalls und die durch Kollisionen erzeugte Reibungswärme führten zu Schmelzprozessen, wobei die schweren Elemente wie Eisen und Nickel nach unten sanken, um im Zentrum des Protoplaneten einen Kern zu bilden, der in etwa Kugelform besaß und zwischen Dutzenden und Hunderten von Kilometern Durchmesser hatte. Dieser Himmelskör-

| 4,42 Mrd. Jahre | 4,404 Mrd. Jahre | 4,28 Mrd. Jahre | 3,85 Mrd. Jahre |
|---|---|---|---|
| Älteste Mineralkörner der *Apollo*-Proben | Älteste, auf der Erde gefundene Minerale. Möglicher Hinweis auf Wasser | Älteste erhaltene Gesteine, möglicherweise von einem Tiefseeschlot, Fundort Hudson Bay (Kanada) | Älteste erhaltene Sedimentgesteine, Fundort Grönland |

**Chemiebaukasten der Sterne**

Sterne sind Fusionsreaktoren. Wie in einer Wasserstoffbombe verschmelzen die im Universum häufigsten Elemente – Wasserstoff und Helium – zu schwereren Elementen. Die dabei frei werdende Energie lässt die Sterne strahlen. Sterne mittlerer Größe erzeugen die für das Leben wichtigen Elemente Kohlenstoff, Stickstoff, Sauerstoff und auch die anderen häufigen Elemente der Erde wie Silizium, Aluminium, Kalium, Natrium, Calcium und Magnesium. Mit zunehmendem Alter entlässt der Stern diese Elemente ins All. Manche Sterne produzieren so viel Kohlenstoff, dass sie von Rußwolken umgeben sind. Der Endpunkt der Elemententwicklung ist Eisen. Je schwerer das Element, umso mehr Energie kostet es den Stern. Sobald das Innere eines Sterns in Eisen übergegangen ist, endet die Fusion. Die Schwerkraft übersteigt den Strahlungsdruck und der Stern kollabiert. Zeitgleich zerreißt es den Stern in einer gewaltigen Explosion, bei der alle Elemente entstehen, die schwerer als Eisen sind – bis hin zum Uran.

per war wohl in der Lage, verbliebene Reste an Staub und Fragmenten anzuziehen, aus denen sich weitere Protoplaneten bilden konnten. Kollisionen zwischen diesen Objekten dürften zwar seltener, aber wesentlich heftiger gewesen sein.

**Sonnenwind** Wahrscheinlich dauerte es nur rund 10 000 Jahre, bis so viel Materie zusammengepresst worden war, dass Temperaturen erreicht waren, bei denen Fusionsreaktionen einsetzten und die Sonne zu scheinen begann. Die Folge war ein starker Sonnenwind von Partikeln, der durch das junge Sonnensystem „wehte“. Es ist anzunehmen, dass er jegliche Atmosphäre aus Wasserstoff und Helium von den Planeten wegfegte, um blanke Gesteinsoberflächen zu hinterlassen. Der Großteil an Gasen sammelte sich in größerer Entfernung von der Sonne, um die Gasriesen Jupiter und Saturn zu bilden. Flüchtiges Material wie Methan und Wasserdampf kondensierte noch weiter draußen. Daraus entstanden die Eisplaneten am Rand des Systems: dem Pluto ähnliche Kleinplaneten, Eismonde, Objekte des Kuipergürtels sowie die Kometen.

**Ein neuer Planet** Die junge Erde „wuchs“ heran. Ihr Inneres war zu diesem Zeitpunkt größtenteils geschmolzen, im Zentrum lag ein Metallkern und darüber ein einfacher Silikatmantel. Als etwa 40 Prozent heutiger Masse erreicht waren, bewirkte die zunehmende Gravitation, dass auch zunehmend atmosphärische Gase zurückbehalten wurden, während gleichzeitig ein vom Erdkern erzeugtes Magnetfeld die Strahlung der Sonne abschirmte und die junge Atmosphäre schützte. Letztere enthielt hauptsächlich Stickstoff, Kohlendioxid und Wasserdampf.

Auf den nächsten Seiten erfahren wir, wie die Akkretion weiterging bis hin zum Einschlag eines Großkörpers, der zur „Geburt" des Mondes führte. Als die junge Erde allmählich abkühlte, konnte an ihrer Oberfläche erstmals flüssiges Wasser existieren. Während ein Teil des Wassers wohl aus den Vulkanen stammte, erreichte sehr viel Wasser mit den aus Eis bestehenden Kometen sowie mit den Gesteinen der Meteoriten und Asteroiden die Erde. Diese bis heute andauernde Stoffzufuhr könnte man als „Rest-Akkretion" bezeichnen. In klaren dunklen Nächten sieht man häufig Sternschnuppen. Dies sind kleine Festpartikel, die in der Reibungshitze der Atmosphäre verglühen – größere schaffen es bis zum Erdboden. Obwohl die meisten sehr klein sind, addiert sich ihre Masse auf jährlich zwischen 40 000 und 70 000 Tonnen und es setzt sich der Prozess fort, der zur Bildung der Erde führte.

## Worum es geht

# Planetenentstehung durch Akkretion

# 02 Unser Begleiter, der Mond

**Als die Erde junge 20 Millionen Jahre alt war, ereilte sie der katastrophalste Einschnitt in ihrer Geschichte. Mit rund 48 000 km/h kollidierte sie mit einem anderen Protoplaneten von ungefährer Marsgröße! Der Einschlag ließ die Erde schmelzen, gleichzeitig aber erhielt sie einen Begleiter, der die Jahreszeiten stabilisierte und dem Leben Entfaltung bot: der Mond.**

Lange Zeit wurde spekuliert, wie der Mond entstanden sein könnte. Noch bevor sich die Theorie der Kontinentaldrift durchsetzen konnte, glaubten einige, dass sich das Material für den Mond an der Stelle des heutigen Pazifiks von der Erde gelöst hätte. Andere meinten, er wäre in ähnlicher Weise wie die Planeten als Protomond durch Akkretion entstanden oder die Erde hätte ihn durch ihre Schwerkraft beim Vorbeiflug eingefangen. Nichts davon ließ sich jedoch mit seinen Bahndaten in Einklang bringen.

**Ganz die Mutter** Der Wahrheit näher kam man erst, als *Apollo*-Astronauten die ersten Mondproben mitbrachten. Die Mondgesteine glichen verblüffend den Basalten und Mantelgesteinen der Erde. Die „DNA-Profile" von Mond und Erde waren identisch.

Computersimulationen halfen den Forschern, neue Theorien zur Mondentstehung zu formulieren. Ein anderer Protoplanet könnte sich an einem so genannten Lagrange'schen Punkt vor oder hinter unserem Planeten entwickelt haben, in etwa gleicher Entfernung zu Erde und Sonne. Bezog er seine Materie aus demselben Staubring des Sonnennebels, würde es erklären, warum er die gleiche Zusammensetzung wie die Erde hatte. Als er größer wurde, geriet seine Umlaufbahn ins Ungleichgewicht und kollidierte mit der Erde. Sein (inoffizieller) Name lautet Theia, nach einer Titanin der griechischen Sagenwelt, der Mutter der Mondgöttin Seline.

## Zeitleiste

| 4,527 Mrd. Jahre | 4,42 Mrd. Jahre | 4,36 Mrd. Jahre |
|---|---|---|
| Zeitpunkt, an dem etwa der den Mond hervorbringende Impakt geschah | Ältestes Mineralkorn des Mondgesteins | Ältestes Mondgestein |

**Kosmischer Crash** Theia war mit etwa 16 km/s unterwegs, als sie in einem gewaltigen Feuerball in die Erde einschlug. Innerhalb Sekunden fegten unglaubliche Druckwellen die Atmosphäre weg. Unmittelbar danach verdampfte Theias Mantel sowie Teile der Erde und wurden in das All geschleudert. Auch ein Großteil von Theias Metallkern umkreiste die Erde und vereinigte sich in einem zweiten Impakt mit dem irdischen Kern. Der Rest verflüchtigte sich, einen Feuerschweif geschmolzenen Gesteins hinter sich herziehend, in den Raum hinaus. All das passierte an einem Tag. Aus der Ferne betrachtet, musste es ein unglaubliches Szenario gewesen sein.

Ein erheblicher Anteil des ausgeworfenen Materials fiel zur Erde zurück, aber es blieb genug übrig, um einen hell leuchtenden Ring entlang des irdischen Äquators zu bilden. Nachdem er abgekühlt war, kondensierte er zu Festpartikeln, die sich in den folgenden Dekaden zum Mond zusammenfügten. Einige der Überraschungen, die die Zusammensetzung des Mondgesteins bereit hielten, können erklärt werden, wenn man das Silikatgestein im Vakuum verdampft und kondensieren lässt.

**Ein zweiter Mond** Möglicherweise hat der Mond während seiner Akkretion nicht alle Materie eingesammelt. Es gibt Vermutungen darüber, dass gleichzeitig ein zweiter Mond mit etwa 1000 km Durchmesser entstanden war und für einige Millionen Jahre die Erde umkreiste, ehe er sich letztlich in einem „sanften" Aufprall mit dem (heutigen) Mond vereinte. Wenn dieser Impakt auf der heute abgewandten

**Eugene Shoemaker** (1928–1997)

Gene Shoemaker war einer der ersten Mondgeologen. Er untersuchte den Meteorkrater in Arizona und zog daraus den Schluss, dass die meisten Mondkrater durch Meteoriteneinschlag und nicht durch Vulkane entstanden waren. Er hoffte auf eine Astronautenkarriere, kam aber aus medizinischen Gründen nicht zum Zug. Trotzdem wuchs ihm eine wichtige Rolle zu, indem er die *Apollo*-Landepunkte auszusuchen und die Astronauten zu trainieren hatte. Nach seinem tödlichen Autounfall setzte 1999 die Mondsonde *Lunar Prospector* ein paar Gramm seiner Asche auf dem Mond aus.

**4,1–3,9 Mrd. Jahre**
Große Meteoritenschauer erzeugen die kreisförmigen *Maria*

**3,6 Mrd. Jahre**
Der Mondkern erstarrt und das Magnetfeld bricht zusammen

**3,1 Mrd. Jahre**
Letzte größere Basalteruptionen in den *Maria*

Seite des Mondes stattfand, könnte dies auch deren um 50 km dickere Kruste sowie den leicht abweichenden Chemismus der beiden Seiten erklären.

Als die Mondkruste zu erstarren begann, wurden bestimmte Elemente zwischen Kruste und Mantel eingeschlossen. Dazu zählten große Mengen Kalium (K), Seltene Erden (REE = *rare earth elements*) und Phosphor (P), was zu dem Begriff des KREEP-reichen Magmas führte. Im Falle der Akkretion eines weiteren kleinen Mondes auf der erdabgewandten Seite dürfte Material der aufgeschmolzene Seite bis zur uns zugewandten Seite gepresst worden sein und sie mit KREEP-Material angereichert haben.

**Kurze Tage, klare Nächte** Theias Einschlag hat die Erdrotation vermutlich beschleunigt. Die Tageslänge unmittelbar nach dem Impakt betrug nur fünf Stunden und hat sich seither beständig verlängert. Der neugebildete Mond dürfte zunächst viel näher um die Erde gezogen sein und er erschien rund 15 Mal so groß wie heute – eine spektakuläre Erscheinung wäre er gewesen, hätte man damals auf der rotglühenden Erdoberfläche gestanden. Auch die Gezeitenkräfte hätten ganz anders an der Erde gezerrt, wenngleich keine Meere existierten, die das Phänomen gezeigt hätten. Andererseits zog und drückte der Mond an dem subkrustalen Magma und erhöhte dadurch die vulkanische Aktivität, sobald er vorbeizog.

Seitdem hat sich der Mond durch die Einwirkung der Gezeitenreibung immer weiter entfernt. In wenigen Millionen Jahren fixierte die Gravitation der Erde den Mond dergestalt, dass er uns immer dieselbe Seite zuwendet. Lasermessungen, welche die von den *Apollo*-Missionen zurückgelassenen Reflektoren nutzen, zeigen, dass sich der Mond jährlich um 3,8 cm entfernt.

**Zerstörer und Beschützer** Möglicherweise gab es schon ansatzweise primitive Lebensformen, bevor der Crash passierte. Wenn es so war, wurden sie komplett ausgelöscht und es musste eine Weile vergehen, ehe Vulkanismus und aufschlagende, aus Eis bestehende Meteoriten wieder für einen Neustart von Atmosphäre und Hydrosphäre sorgten. Aber die Geburtswehen und der erzwungene Aufschub waren es wert. Ohne Mond gäbe es keine Gezeiten, auch die Erdachse wäre instabil – sie würde in unsteten Intervallen ihre Lage ändern, würde zum Beispiel mit einem Pol zur Sonne weisen und damit eine ganze Erdhälfte in permanente Dunkelheit tauchen. Ja, und nicht zuletzt müssten wir auf dieses vielbesungene „Objekt“ am Nachthimmel verzichten…

**„Plötzlich wurde mir klar, dass diese winzige hübsche, blaue Erbse die Erde war. Ich spreizte einen Daumen ab, kniff ein Auge zu – und der Daumen verdeckte die ganze Erde. Und doch fühlte ich mich nicht wie ein Riese, sondern klein, ganz klein.“**

**Neil Armstrong**

### Suche nach Wasser

Nach Abschluss der *Apollo*-Missionen gab es in der Erforschung des Mondes eine lange Unterbrechung. Erst in jüngerer Zeit erreichten mehrere unbemannte Sonden erneut den Mond – vornehmlichstes Ziel: die Suche nach Wasser. *Lunar Prospector* wies in der Umgebung beider Pole reichlich Wasserstoff nach und stieß Spekulationen an, dass sich in Schattenbereichen der Krater Wassereis erhalten hätte. Im Jahr 2009 ließen die Amerikaner die Sonde *US LCROSS* in einen Krater nahe des Südpols abstürzen, wobei eine Staubwolke aufgewirbelt wurde (allerdings kleiner als erwartet), die etwa 155 kg Wassereis in Form kleiner Kristalle enthielt. Die indische Sonde *Chandrayaan 1* konnte mithilfe von Radar unter der Mondoberfläche nahe des Nordpols Wassereis nachweisen. Diese Entdeckungen könnten durchaus wichtig sein, da dadurch für künftige Missionen Treibstoff etwa für Brennstoffzellen und vielleicht auch Wasser für geplante Siedlungen verfügbar wäre.

## Worum es geht

# Interplanetare Kollision

# 03 Die Hölle auf Erden

**Während der ersten 700 Millionen Jahre war die Erde alles andere als ein angenehmer Ort. Nicht umsonst trägt dieses Äon den Namen Hadäikum, nach dem griechischen Hades (Hölle). Es war eine Zeit permanenter Meteoriteneinschläge und Vulkanausbrüche. Zeitweise bestand die komplette Erdoberfläche aus flüssigem Magma. Es gab keinerlei Atmosphäre, die Ozeane waren verdunstet und Wasser existierte nur in Dampfform. So war er nun mal, der Beginn der Erdgeschichte.**

**Eine kurze Geschichte des Mondes** Vor 4 Milliarden Jahren war das junge Sonnensystem ein höchst gefährlicher Ort. Mit dem Verschmelzen der kleineren Objekte wurden die Einschläge zwar seltener, aber heftiger. Diese Episode ist bekannt unter dem Begriff des „Großen Meteoritenschauers", der bis vor etwa 3,85 Milliarden Jahre anhielt. Spuren dieses Dauerfeuers haben sich auf der Erdoberfläche kaum erhalten, ganz im Gegensatz zur wenig verwitterten Oberfläche des Mondes.

Die großen dunklen Flecken, die uns der Mond heute zeigt, gehen auf dieses letzte „Große Bombardement" zurück. Es sind dies die *Maria*, die lunaren „Meere". Kein Schiff hat sie je durchkreuzt, obwohl sie flüssig waren – Seen aus glutflüssiger Lava. Sie sind die Folge großer basaltischer Eruptionen aus dem Mondinneren in den riesigen, durch Meteoriteneinschläge entstandenen Becken. Wegen ihres flachen Reliefs waren sie ideale Landeplätze für die *Apollo*-Landefähren. Die daraus mitgebrachten Proben waren im Vergleich zu irdischen Standards alt. Selbst die jüngsten Lavabrocken aus den *Maria* sind immer noch 3,1 Milliarden Jahre alt. Die trockene, gaslose Mondoberfläche hat Merkmale überliefert, die auf der Erde längst verschwunden wären.

**Uralte Oberfläche** Die helleren Bereiche um die *Maria* und ein Großteil der erdabgewandten Seite sind lunare Hochländer mit den ältesten Gesteinen, älter als alle Gesteine der Erde. Viele sind durch die nachfolgenden Impaktereignisse zerrüt-

## Zeitleiste

| 4,45 Mrd. Jahre | 4,404 Mrd. Jahre | 4,28 Mrd. Jahre |
|---|---|---|
| Beginn der Krustenerstarrung | Ältestes datiertes Mineralkorn | Vermutetes Alter der Gesteine des Nuvvuagittuq-Grünsteingürtels |

tet und verändert. Dennoch gibt es helle Bereiche, die zu den Resten der primordialen, also ersten Kruste des Mondes zählen. Die Astronauten von *Apollo-15* fanden ein Stück davon und nannten es „Genesis-Gestein". Es besteht aus Anorthosit, das sich vermutlich während des Kristallwachstums im schmelzflüssigen Magma gebildet hatte. Sein Alter lag bei 4,1 Milliarden Jahre, jünger als erwartet. Proben, die *Apollo-16* mitbrachte, waren 4,36 Milliarden Jahre alt, aber auch sie sind jünger als das vermutete Alter der ältesten Mondkrustengesteine. Das älteste Mineralkorn vom Mond ist ein Zirkonkristall mit 4,42 Milliarden Jahre.

**Reichtümer vom Himmel** Obwohl die Einschlagkrater auf der Erde als Folge des letzten „Großen Meteoritenschauers" längst verschwunden sind, verraten chemische Spuren, dass diese Episode stattgefunden haben muss. Als sich der Metallkern der Erde in das Zentrum abgesondert hatte, riss er die meisten Schwermetalle mit sich, die sich leicht in Eisen „lösen" – unter anderem Gold, Platin und Wolfram. Praktischerweise tritt Wolfram nur in zwei Isotopen, W-184 und W-182, auf. Bei der Bildung des Erdkerns wurde nahezu das gesamte Wolfram dem Mantel entzogen. Danach existierte dort nur noch eine einzige Wolframquelle, die des radioakti-

### Das älteste Gestein?

Sobald der Schnee in dieser abgelegenen Tundra an der Ostseite der Hudson Bay im nördlichen Quebec auftaut, sieht man die anstehenden Gesteine. Einige sind sehr alt. Don Francis und Jonathan O'Neill von der McGill University hofften darauf, hier im so genannten Nuvvuagittuq-Grünsteingürtel 3,8 Milliarden Jahre alte Gesteine zu finden. Doch als die Wissenschaftler an der Carnegie Institution die neuesten Datierungsverfahren anwendeten, ergab sich ein Gesteinsalter von 4,28 Milliarden Jahre, und die Überraschung war groß. Sie hatten die ältesten Gesteine gefunden, die bis ins Hadäikum zurückreichen. Fast alle Gesteine des Aufschlusses sind umgewandelte Vulkangesteine, aber man fand auch Bändereisenerze – Gesteine, die in der Umgebung untermeerischer Hydrothermalquellen entstanden sind und deren Bildung wohl die Mitwirkung dort lebender Bakterien erforderte.

**4,031 Mrd. Jahre**
Alter des Acasta-Gneises

**3,8 Mrd. Jahre**
Ende des „Großen Meteoritenschauers" und des Hadäikums

**❜ Getrieben von der Macht der Liebe suchen die Fragmente der Welt einander, um zu sich selbst zu finden. ❛**
**Pierre Teilhard de Chardin**

ven Zerfalls von Hafnium. Dabei entsteht jedoch ausschließlich W-182. Die ältesten Gesteine der Erde sind in der Tat reich an W-182. Alle jüngeren Gesteine enthalten aber mehr W-184. Die Erklärung ist, dass dieses Wolfram durch Meteoriten während des letzten „Großen Meteoritenschauers" auf die Erde gelangt sein muss. Und mit diesem Wolfram muss auch alles Gold und Platin, das wir heute abbauen, von außen zugeführt worden sein.

**Das älteste Ding der Erde** Wir kennen kaum Objekte aus dem Hadäikum, die an der Erdoberfläche erhalten sind; einige wenige Gesteine, für die das zutrifft, sind bis zur Unkenntlichkeit verändert. Eine Ausnahme ist das Mineral Zirkon. Man findet es meist als sehr kleine Kristalle in Sandkorngröße. Das Interessante daran ist, dass sie ein wiederholtes Aufschmelzen des umgebenden Gesteins häufig unbeschadet überstehen und deshalb Informationen über die Umstände ihrer Entstehung liefern. Der älteste bisher gefundene Zirkon stammt aus einem Geröll eines 3 Milliarden Jahre alten Konglomerats aus den Jack Hills in West-Australien. Das Zentrum des Zirkons ist 4,4 Milliarden Jahre alt. Sauerstoff-Isotopenverhältnisse im Kristall lassen vermuten, dass er sich in Gegenwart von flüssigem Wasser gebildet hat, was nichts anderes heißt, als dass einige Regionen des Planeten zu diesem Zeitpunkt bereits kühl genug waren, damit Wasser kondensieren konnte.

Die marsgroße Theia rast in die junge Erde. Eine Wolke verdampftes Gestein kondensiert zum Mond.

### Der erste Kontinent?

Ein dreistündiger Flug in einem Wasserflugzeug, Start bei Yellowknife in den kanadischen Northwest Territories, bringt uns in eine Gegend namens Acasta. Die einzige menschliche Spur in dieser Öde ist eine kleine Hütte, in der Geologen ihr Werkzeug lagern. Über der Tür steht: „Acasta City Hall. Gegründet 4,03 Milliarden Jahre.“ Bevor die Nuvvuagittuq-Gesteine datiert worden waren, galten die Acasta-Gneise als die ältesten Gesteine. Letztere wurden während tief reichender und lang anhaltender Umwandlung an der Basis eines Kontinents, der heute nicht mehr existiert, extrem verändert.

Worum es geht

## Der „Große Meteoritenschauer“

# 04 Das Datierungswettrennen

**Mit das Erste, was Menschen über Gesteine oder Fossilien wissen möchten, ist deren Alter. Bis etwa Mitte des 20. Jahrhunderts war es nicht möglich, etwas Genaueres darüber auszusagen. Heute steht uns eine Reihe von sehr exakten Methoden zur Verfügung, um das Alter von Gesteinen, und selbstverständlich auch das Alter der Erde, zu bestimmen.**

**Biblischer Datierungsversuch** Das Alter der Erde zu bestimmen beschäftigte die Menschen seit Jahrhunderten; doch waren die ersten Versuche eher theologischer denn wissenschaftlicher Natur. Im Jahr 1654 nannte Bischof James Ussher, Primas von Irland, eine Alterszahl, die auf einer sehr detaillierten Analyse der Hl. Schriften beruhte und Generationen von Propheten umfasste, bis hin zu Adam. Demnach erfolgte die Erschaffung der Erde im Jahr 4004 v. Chr., und zwar exakt am 22. Oktober um 6 Uhr abends.

> **„Großzügiger Umgang mit Zeit eröffnet viele Möglichkeiten.“**
> **Herodot**

**Wissenschaftliches Rätselraten** Mitte des 19. Jahrhunderts stellten Geologen und Biologen fest, dass sie mehr als nur die rund 6000 Jahre benötigten, um all die Vorgänge in der Vergangenheit erklären zu können. Einige verwiesen auf die Geschwindigkeit, mit der Sedimente in Flüssen verfrachtet und abgelagert werden und berechneten daraus die zu erwartende Mächtigkeit der Sedimentschichten. Andere zogen den Salzgehalt der Meere heran, um über die Rate, mit der Salz durch die Flüsse ins Meer getragen wird, das Alter abzuschätzen. Der berühmte Physiker Lord Kelvin vermutete, dass die Erde bei ihrer Geburt schmelzflüssig war und berechnete die Geschwindigkeit, mit der sie abkühlte. Er kam auf eine Zahl von

**Zeitleiste** Halbwertszeiten von datierungsfähigen Isotopen

| Kohlenstoff-14 | Uran-235 | Kalium-40 | Uran-238 | Thorium-232 |
|---|---|---|---|---|
| 5730 Jahre | 704 Mio. Jahre | 1,28 Mrd. Jahre | 4,469 Mrd. Jahre | 14,01 Mrd. Jahre |

**Arthur Holmes (1890–1965)**

Wenn man von einer Person behaupten kann, sie hätte das Rennen um die Datierung gewonnen, so ist es Arthur Holmes. Während alle anderen aufgegeben hatten, bewies er den längsten Atem. Das war schon vor der Erkenntnis der Halbwertszeit radioaktiver Elemente, vor der Erfindung des Massenspektrometers und bevor die Bedeutung der unterschiedlichen Isotope bekannt war. Um die Häufigkeiten von Spurenelementen im Gestein zu bestimmen, benutze Holmes aufwändige nasschemische Verfahren. Und dennoch waren seine Ergebnisse, was die geologischen Perioden betraf, erstaunlich exakt. Im Jahr 1913 veröffentlichte er eine Broschüre mit dem Titel *Das Alter der Erde*, ein Alter, das er auf 1,6 Milliarden Jahre taxierte. Später revidierte er die Zahl mithilfe von Meteoritendatierungen zuerst auf 3,5 Milliarden Jahre und schließlich auf 4,5 Milliarden Jahre – ein Wert, der bis heute Bestand hat.

weithin akzeptierten 98 Millionen Jahren, wenngleich seine Schätzungen sich zwischen 20 und 400 Millionen bewegten.

**Die radioaktive Uhr** Ernest Rutherford stellte 1902 fest, dass radioaktive Elemente mit (spezifischer) konstanter Geschwindigkeit zerfallen, was der Datierung von Gesteinen nützlich sein konnte. Radioaktivität erzeugt Alphateilchen – das sind Bestandteile des Heliumatoms – und so meinte Rutherford, dass sich aus der Bestimmung der Heliumkonzentration in einem Gestein dessen Alter ergeben müsste. Da ihm der Zugang zu Details noch fehlte, erkannte er zum Beispiel nicht, dass Helium aus dem Gestein entweichen kann. Später revidierte er seine erste Bestimmung des Erdalters von 40 auf 500 Millionen Jahre.

Erst Arthur Holmes gelang es, die radiometrische Altersbestimmung zu einer genauen wissenschaftlichen Methode weiter zu entwickeln, indem er die Halbwertszeiten der radioaktiven Atome bestimmte – das heißt die Zeit, die vergeht, bis die Hälfte der Atome zerfallen ist. Holmes stellte außerdem die Zerfallsreihen von Uran (U) zu Blei (Pb) auf. Uran besteht aus zwei Isotopen, U-238 und U-235, die zu

**„Da der Zerfall vom Uran zum Blei besonders kompliziert war, haben andere ihre Forschungen aufgegeben, was dazu führte, dass ein 21 Jahre alter Student zur weltweiten Autorität dessen wurde, was schließlich dem Planeten seinen authentischen, wissenschaftlich begründeten Geburtstag bescherte."**
**Robert M. Wood an A. Holmes**

Pb-206 bzw. Pb-207 zerfallen und zwei voneinander unabhängige radioaktive Uhren darstellen.

**Atome wiegen** Für seine ersten Datierungen benötigte Holmes mehrere Monate. Heute lassen sich Gesteine mithilfe eines Massenspektrometers innerhalb von Minuten datieren. Winzige Proben werden verdampft und Atome werden ionisiert (Elektron entfernt), so dass sie als Ionen beschleunigt werden können. Abhängig von ihrer Masse werden sie unterschiedlich stark von einem Magnetfeld abgelenkt und in Detektoren registriert. Das bedeutet, dass jedes Isotop „gewogen" oder auch „gezählt" wird, Atom für Atom.

**Jahresringe und Kohlenstoff (C)** Auch die Archäologie bedient sich der Radiometrie. Bis zu 60 000 Jahre zurück kann kohlenstoffhaltiges Material mithilfe von C-14 datiert werden. Dieses Kohlenstoffisotop entsteht in der höheren Atmosphäre durch Wechselwirkung kosmischer Strahlung mit Luftstickstoff. Beim Wachstum der Pflanzen wird kontinuierlich neben den stabilen Kohlenstoffisotopen eine bestimmte, dem natürlichen Isotopenverhältnis entsprechende Menge an radioaktivem C-14 aufgenommen. Stirbt die Pflanze ab, endet auch die Aufnahme von Kohlenstoff und die radioaktive Uhr beginnt abzulaufen und zeigt damit den Todeszeitpunkt an. Moderne Instrumente decken eine Reichweite des Zehnfachen der Halbwertszeit (= 5730 Jahre) ab.

Die kosmische Strahlung und damit die Produktion von C-14 ist allerdings gewissen Schwankungen unterworfen. Glücklicherweise stellt die Natur in Gestalt der Jahresringe von Bäumen ein Eichinstrument zur Verfügung, denn zu jedem Jahresring gehört ein spezifisches Jahr. Mithilfe überlappender Jahresringabfolgen konnte die Datierungsspanne bis auf Tausende von Jahren erweitert werden, vor allem mittels alter, in Mooren erhalten gebliebener Bäume. Und jeder Ring kann mit C-14 datiert werden.

**Die Ewigkeit in einem Sandkorn** Heute stehen den Archäologen und Geologen zahlreiche Datierungsmethoden zur Verfügung. Eine davon ist die Optisch Stimulierte Lumineszenz-Datierung (OSL), die anzeigt, wann ein begrabenes Mineralkorn zuletzt dem Sonnenlicht ausgesetzt war. Natürliche Radioaktivität erzeugt Schäden im Kristallgitter von Mineralen. Diese Schäden werden durch Licht „geheilt", wobei Energie in Form von Licht das Kristallgitter verlässt. Wenn man

> **Spurensuche im Kristall**
>
> Das Silikatmineral Zirkon ist ein wertvoller Schmuckstein. Auch von den Geowissenschaftlern, die Gesteinsalter bestimmen, ist er sehr gesucht. Der Grund ist, dass der Kristall gerne Uranatome einbaut, aber keine Bleiatome. Sobald der Kristall bei der Magmenerstarrung zu wachsen beginnt, fängt die radioaktive Uhr an zu ticken und das aus dem zerfallenen Uran entstandene Blei liefert ein erstaunlich präzises Alter. Noch besser ist, dass die Zirkone unglaublich stabil sind. Ob die umgebenden Gesteine gefaltet, deformiert, zerbrochen, begraben oder gar aufgeschmolzen wurden – Zirkone überdauern alles. Die einzelnen Zonierungen des Kristalls liefern verschiedene Alter als Abbild seiner Kristallisationsgeschichte. Die Massenspektrometer sind heute so empfindlich, dass aus einem Zirkon, der die Größe eines Sandkorns hat, bis zu 100 verschiedene Proben genommen werden können.

beispielsweise ein Quarzkorn aus einer Sandprobe bis zur Platzierung im Messinstrument dunkel hält und dort mit einem Laserlicht bestrahlt, ist das aufleuchtende Glühen ein Maß dafür, wie lange der Quarz begraben war.

**Datierung von Gebirgen** Neben der Datierung von Gesteinen und Hölzern gibt es eine Reihe weiterer Anwendungsmöglichkeiten. So konnten etwa die prähistorischen Wanderbewegungen unserer Vorfahren nachvollzogen oder Klimaveränderungen und Meeresspiegelanstiege datiert werden. Uran löst sich beispielsweise im Meerwasser und wird von den Korallen während ihres Wachstums eingebaut. Da Korallen nur im Flachwasser wachsen, sind aus dem Alter der Korallen Angaben über die Höhe des damaligen Meeresspiegels möglich.

Verschiedene Minerale kristallisieren bei unterschiedlichen Temperaturen, weshalb man die Temperaturentwicklung eines Gesteins aus seinem Mineralbestand ablesen kann. So zeigen Zirkone in Himalaja-Graniten an, dass sie bei über 800 °C erstarrt sein müssen, was einer Tiefe von ca. 18 km entspricht. Muskovite kristallisieren bei niedrigeren Temperaturen und folglich in geringerer Tiefe. Ein Altersunterschied von nur 2 Millionen Jahren im gleichen Granit spricht für eine rasante Hebung des Himalajas vor rund 20 Millionen Jahren.

Worum es geht

## Die radioaktive Uhr

# 05 Die Geschichte dreier Planeten

**Unser Heimatplanet, der dritte Gesteinsplanet von vieren, ist ein „Glückspilz". Einer, der an der einzig richtigen Stelle für Leben sitzt. Aber warum ist es so, wie es ist, und warum sind der zweite (Venus) und der vierte (Mars) so völlig anders? Was gab den Ausschlag und was lernen wir daraus?**

**Die hässliche Schwester** Von der Erde aus gesehen, ist die Venus, benannt nach der römischen Liebesgöttin, ein großartiger Planet, unser Morgen- und Abendstern. Was wir sehen, sind die blauweißlichen Wolkenoberflächen ähnlicher Ausprägung wie die auf der Erde. Die Wirklichkeit ist jedoch völlig anders. Diese Wolken bestehen nämlich aus Schwefelsäuretröpfchen, und die geplagte Planetenoberfläche 50 km tiefer leidet unter Drücken, die 90-mal höher als auf der Erde sind und unter Temperaturen, die hoch genug sind, um beispielsweise Blei zu schmelzen.

Auf vielerlei Weise ist die Venus unser Schwesterplanet, zum Beispiel bezüglich ihrer Größe, ihrer Dichte, ihres Geburtstermins und ihrer Zusammensetzung. Eine andersartige „Kinderstube" machte allerdings eine völlig missratene Zwillingsschwester aus ihr. Würde man all die auf der Erde abgelagerten Kalksteine, Dolomite und Kohlen verdampfen, hätte man in der Erdatmosphäre einen $CO_2$-Gehalt ähnlich dem auf der Venus. Wärme verursacht Verdunstung und Wasserdampf ist ein starkes Treibhausgas, das Wärmestrahlung zurückhält und die Verdunstung verstärkt. Würde man die Erde nur etwas näher an die Sonne bringen, würde sich das Klima erst dann neu stabilisieren, wenn alle Meere verdunstet wären. Es ist sehr wahrscheinlich, dass genau dies auf der Venus passierte. Heute sind in der Venusatmosphäre nur noch Spuren von Wasser übrig, weil es durch das Sonnenlicht in

## Zeitleiste

| 1960 | 1972 | 1975 | 1980, 1982 |
|---|---|---|---|
| Erster sowjetischer Versuch, eine Marssonde zu starten (fehlgeschlagen) | Die erste Sonde, *Mariner 9* (USA), umkreist den Mars | *Venera* 9 und 10 (UdSSR) liefern erste Fotos von der Venusoberfläche | *Viking* 2 und 1 (USA) landen auf dem Mars |

Wasser- und Sauerstoff zerlegt wurde – der Wasserstoff entschwand in den Weltraum, der Sauerstoff oxidierte den Venusboden.

Die große Frage bleibt: Kann das auch hier passieren? Die Antwort stellt sich im Augenblick wohl nicht, trotz der erheblichen $CO_2$-Mengen, die wir emittieren. Aber in einer Milliarde Jahren oder so, wenn auch die Sonne heißer wird, dürfte dies für unsere Nachfahren zum Problem werden.

**Land ohne Wasser** Geologisch gesehen, gleicht die Venus fast der Erde. Zugegeben, es gibt keine Meere oder Pflanzen, dafür aber Vulkane, Einschlagkrater, Gebirgsketten und Verwerfungen. Dennoch sind die Vulkane und Verwerfungen zufällig über die Venusoberfläche verteilt. Sie folgen keinen Plattengrenzen. Selbst die Einschlagkrater sind gleichmäßig verteilt, so dass man annimmt, die Venusoberfläche sei überall gleich alt. Dieses Alter beträgt etwa 600 Millionen Jahre und ist im Vergleich zu den Oberflächen von Mars, Mond oder Merkur verhältnismäßig jung.

Die Erklärung mag darin bestehen, in welcher Form die Venus ihre innere Wärme verliert. Auf der Erde wird dieser Prozess durch die Plattentektonik vollzogen. Heiße Vulkane generieren neue Kruste, während alte, kalte Kruste zurück in

### Bohren nach „Marsbewohnern“

Sollte es noch Leben auf dem Mars geben, wird es wohl unter der Oberfläche existieren. Vielleicht sind es Bakterien, die ihre Energie von der chemischen Energie der Sulfidminerale beziehen und von der Hydrothermalenergie gewärmt werden. Aus diesem Grund brachten NASA-Forscher im Jahr 2005 nahe dem Rio Tinto in Südwest-Spanien eine Bohrung nieder. Dieser Fluss ist außergewöhnlich. Wie sein Name suggeriert, ist sein Wasser vom gelösten Eisen und anderen Mineralen rot gefärbt. Schuld sind Bakterien unter der Oberfläche, die das Wasser sehr sauer und aggressiv machen und dadurch diese Substanzen freisetzen. Es besteht nicht nur eine Verbindung zu möglichen Lebensformen auf dem Mars, man testete auch eine ferngesteuerte Bohrung, die eines Tages vielleicht auf dem Marsboden zum Einsatz auf der Suche nach Lebensspuren kommt.

| 1990–94 | 2003 | 2004 | 2006 |
|---|---|---|---|
| *Magellan* (USA) führt eine Radarkartierung der Venusoberfläche durch | *Mars Express* (Europa) umkreist den Mars. *Beagle* 2 (GB) verlor nach der Landung den Funkkontakt | Die *Marsrover Spirit* und *Opportunity* (USA) sind immer noch auf dem Mars unterwegs | *Venus Express* (Europa) umkreist die Venus |

den Mantel abtaucht. Alles wird durch das vorhandene Wasser erleichtert. Auf der wasserlosen Venus ist das nicht möglich. Daher steigt die Temperatur im Inneren bis zu einem Punkt, an dem Vulkane an allen Ecken des Planeten ausbrechen, um alle 600 Millionen Jahre fast die ganze Oberfläche zu erneuern.

**Kritische Masse** Der Mars ist halb so groß wie die Erde und nur doppelt so groß wie unser Mond. Das ist sein Problem. Die an der Oberfläche wirksame Massenanziehung beträgt nur wenig mehr als 30 % jener der Erde und es fehlt ein merkliches Magnetfeld, das die oberen Bereiche seiner Atmosphäre vor den geladenen Teilchen des Sonnenwinds schützt. Deshalb zerfallen die dort vorhandenen Gasmoleküle, vor allem Wasserdampf, und verschwinden ins All. Jeden Tag, so schätzt man, verschwinden auf diese Weise bis zu 100 Tonnen Mars-Atmosphäre.

Der atmosphärische Druck auf dem Mars ist so niedrig, dass flüssiges Wasser selbst bei Temperaturen über dem Gefrierpunkt nur in den tiefsten Tälern existieren kann. Eis geht durch Sublimation direkt in Wasserdampf über, ohne Flüssigphase. Ohne eine dicke komfortable $CO_2$-Decke herrscht stets Frost: typische –60 °C.

### Fossile „Marsbewohner"?

Im Jahr 1996 beherrschte ein Meteorit alle Schlagzeilen weltweit. Ein 1984 in der Antarktis geborgener Meteorit stammte vom Mars. Winzige Spaltrisse enthielten Karbonat, das auf Wassereinwirkung vor 3,6 Milliarden Jahre hinwies. Daneben gab es chemische Spuren, die, wären sie von der Erde, für Leben sprechen würden. Winzigste Strukturen deuteten Wissenschaftler als fossilen Bakterien, obwohl sie 100-mal kleiner waren als terrestrische Bakterienreste. Das letzte Wort ist hier sicher noch nicht gesprochen, aber die Jagd geht weiter.

**Die Flüsse des Mars** Der Mars war früher weniger kalt und trocken. Marssonden haben fast die ganze Oberfläche inzwischen hochauflösend kartiert und sie fanden zahlreiche Hinweise auf fließendes Wasser in der Vergangenheit des Planeten. Das meiste davon datiert allerdings früher als 3 Milliarden Jahre. Jüngere Funde gehen wohl auf das Konto geschmolzenen Eises infolge hydrothermaler Aktivität, was zu kurzzeitigen Sturzfluten führte.

In seiner Jugend, so scheint es, dürfte es auf dem Mars Flüsse, Seen und sogar Meere gegeben haben. Große Bereiche auf der Nordhalbkugel sind flach und besitzen viele Merkmale unserer heutigen Meeresböden. Aber wo ist all das Wasser geblieben? Mit großer Wahrscheinlichkeit ist das meiste ins All verdampft, es kann aber auch sein, dass noch einiges als Eis im Boden steckt.

> **„Wir alle sind … Kinder dieses Universums. Nicht nur der Erde, des Mars oder des Sonnensystems, sondern des gesamten gigantischen Feuerwerks. Und sollten wir am Mars überhaupt Interesse haben, dann nur, weil wir uns über die Vergangenheit wundern und fürchterliche Angst vor unserer eigenen Zukunft haben.“**
>
> **Ray Bradbury,** ***Mars and the Mind of Man*** **(1973)**

**Gibt es Leben auf dem Mars?** Der Mars erscheint heute als leblos. Sicherlich beherbergt er keine intelligenten, feindseligen Aliens. Dennoch besteht die Chance, dass irgendwo sich Organismen „verstecken“. Die Trockentäler der Antarktis kommen der Marsumwelt schon recht nahe – Dauerfrost, kein Regen, Schnee alle paar hundert Jahre. Und doch findet man unter einigen Steinen in den Porenräumen unmittelbar unter der Bodenoberfläche grüne, dünne Lagen aus mikroskopisch kleinen Algen. Noch in den 1970er Jahren hat die NASA verlauten lassen, dass zweifelhafte Ergebnisse der *Viking*-Missionen keine Belege für Leben auf dem Mars wären; seither fanden keine erfolgreichen Suchaktivitäten mehr statt. Dennoch wäre es durchaus möglich, dass trotzdem primitive Bakterien oder Algen existieren könnten.

Worum es geht

## Die habitable Zone

# 06 Planet des Lebens

**Sollten Außerirdische wider Erwarten in das Sonnensystem eindringen, könnten sie uns „Erdlinge“ sofort lokalisieren. Neben unseren Radio- und Fernsehsendern würden sie sofort eindeutige Lebensspuren in der Erdatmosphäre ausmachen. Anstatt einer einzigen Komponente wie z.B. das Verbrennungsprodukt $CO_2$ würden sie ein wechselndes Gemisch aus Sauerstoff, Ozon, Methan und Ammoniak messen – Gase, die es ohne Leben nicht gäbe.**

**Planetarischer Thermostat** In den vergangenen 3,5 Milliarden Jahren hat es die Erde offensichtlich geschafft, ihre Oberflächentemperatur zwischen 10 und 30 °C konstant zu halten – trotz eines Anstiegs des solaren Energieflusses um das 1,5- bis 3-fache. Die kochende Venus oder der gefrorene Mars zeigen uns, wohin Planetenschicksale führen können. Diese Stabilität verdanken wir ausschließlich der Aktivität von Algen und Bakterien.

Seit der Entstehung des Lebens ernähren sich Organismen von der wärmenden Decke des Kohlendioxids. Die geologische Schichtenfolge enthält mehrfach mächtige Kalkstein- und Kreideschichten als eindrucksvolle Zeugen einer $CO_2$-reichen Atmosphäre, ausgeschieden von Organismen. Vermutlich war unsere Atmosphäre einst ähnlich zusammengesetzt wie die von Venus und Mars, das heißt mit bis zu 95 % $CO_2$. Heute liegt der Anteil bei knapp 0,039 %.

**Globale Verschmutzung** Die ersten Bakterien auf der Erde waren wahrscheinlich von der Sorte, die man heute im Abwasser findet: übel riechende Kreaturen, die ihre Energie im sauerstofffreiem Milieu aus dem Abbau chemischer Substanzen gewinnen. Dann die große Erfindung des Lebens: die Photosynthese. Cyanobakterien („Blaugrünalgen“) gewinnen jetzt Energie aus Sonnenlicht, um aus $CO_2$ und Wasser die komplexen chemischen Verbindungen ihrer Körpersubstanz zu synthetisieren. Gleichzeitig produzieren sie ein für ihre anaeroben Gefährten gifti-

## Zeitleiste

| 3,5 Mrd. Jahre | 2,8 Mrd. Jahre | 2,45 Mrd. Jahre | 2,45–2,0 Mrd. Jahre |
|---|---|---|---|
| Proto-Atmosphäre, reich an $CO_2$ | Erste Sauerstoffproduktion durch Cyanobakterien | Freier Sauerstoff reichert sich in der Atmosphäre an; $CO_2$-Gehalt sinkt | Eiszeit |

ges Nebenprodukt, den Sauerstoff. Man beschrieb diesen auch schon als den schlimmsten Schadstoff, den die Welt bis dahin gesehen hat.

Zu Anfang, vor etwa 2,8 Milliarden Jahren, wurde der Sauerstoff durch chemische Reaktionen im Meerwasser aufgezehrt. Eines der auffälligsten Reaktionsprodukte dürften die ausgedehnten präkambrischen Bändererze sein, eine Wechselfolge aus feinkristallinem $SiO_2$ (Chert), Hämatit ($Fe_2O_3$) und Magnetit ($Fe_3O_4$). Die einzelnen Lagen gehen vermutlich auf die jährliche Algenblüte zurück, die den Sauerstoffgehalt anstiegen ließen, oder vielleicht auf aus anoxischen Tiefen aufsteigende Strömungen, die vermehrt gelöstes Eisen zuführten.

**Atem des Lebens** Der erste Nachweis von freiem Sauerstoff in der Erdatmosphäre stammt aus der Zeit vor 2,45 Milliarden Jahre; kurz danach folgte eine Eiszeit. Vielleicht hatten die Algenblüten ein wenig zu viel $CO_2$ verbraucht und die „wärmende Decke" unseres Planeten wurde zu dünn. Danach blieb der Sauerstoffgehalt der Atmosphäre mit 3 oder 4 % des Gasgehalts weitgehend konstant, bis er vor etwa 850 Millionen Jahren wieder anstieg. Das könnte die Entwicklung des komplexen tierischen Lebens ermöglicht haben.

Während der vergangenen 540 Millionen Jahre schwankte der Sauerstoffgehalt der Atmosphäre um die 21 %: Praktischerweise ausreichend, damit sich große Tiere vermehren konnten, aber nicht so hoch, dass Buschfeuer außer Kontrolle geraten. Eine Ausnahme gab es vor etwa 300 Millionen Jahren gegen Ende des Karbons, als

### Sind wir etwa Marsianer?

Da der Mars kleiner und weiter von der Sonne entfernt ist, kühlte er schneller ab und lag zeitlich vor der Erde in der habitablen Zone, war vermutlich also bereits belebt. Meteorite vom Mars sind belegt, vor allem in der Frühzeit des Sonnensystems dürften sie häufig gewesen sein. Es ist durchaus denkbar, dass winzige Mars-Bakterien huckepack die Erde erreicht und diese besiedelt haben. In diesem Fall wären wir echte Nachfahren von Marsianern!

| 850 Mio. Jahre | 780–660 Mio. Jahre | 610 Mio. Jahre | 300 Mio. Jahre | Jetztzeit |
|---|---|---|---|---|
| Sauerstoffgehalt steigt | Eiszeiten | Erste Vielzeller (Ediacara-Fauna) | Sauerstoffgehalt erreicht Spitzenwerte bis 35 % | Atmosphärischer $CO_2$-Gehalt so hoch wie seit 800 000 Jahren nicht mehr |

**❜ Vom Mond aus betrachtet ist das Erstaunliche an der Erde – tief durchatmen –, dass sie lebt. Die Fotos zeigen meist im Vordergrund den zertrümmerten Mondboden, trocken wie ein alter Knochen. Hoch darüber, frei schwebend unter der feucht glänzenden Membran des hellblauen Himmels, die aufgehende Erde – das einzige lebendige Objekt in diesem Teil des Alls. ❛**

**Lewis Thomas, The Lives of a Cell: Notes of a Biology Watcher**

der $O_2$-Anteil bei etwa 35 % lag. Dies war die Zeit der großen Sumpfwälder, in der mächtige Kohlelager abgelagert wurden. Insekten und Amphibien erreichten Riesenwuchs, Libellen z.B. Flügelspannweiten von mehr als 30 cm.

**Gaia-Theorie** Sauerstoff und Kohlendioxid sind die beiden Faktoren, die im Wesentlichen das Leben auf unserem Planeten bestimmen. Die Gaia-Theorie (*Gaia* = griech. Göttin der Erde), die von dem Mediziner James Lovelock zusammen mit der Mikrobiologin Lynn Margulis entwickelt wurde, besagt, dass für die Schaffung und Aufrechterhaltung optimaler Lebensbedingungen ein enges Verbund- und Rückkoppelungssystem am Werk ist. Nach der Gaia-Theorie sind hierzu keinen externen oder bewussten Steuerungsmechanismen erforderlich, die Rückkopplungsmechanismen zwischen der abiotischen Umwelt und den Lebewesen sind hierfür ausreichend. Außer Sauerstoff und Kohlendioxid blieben andere Faktoren wie das Methan und Ammoniak in der Atmosphäre oder der pH-Wert und Salzgehalt des Meerwassers in der Erdgeschichte bemerkenswert konstant. Durch die Freisetzung von Dimethylsulfid, das in der Luft oxidiert wird und winzige Kondensationskeime bildet, aus denen sich in Wolken Niederschlag entwickelt, scheint die Biosphäre auch Wolkenbildung und Niederschläge zu beeinflussen.

**Gaia, die Zerstörerin** Die Gaia-Theorie – die Annahme, dass sich die Erde wie ein eigenständiger Organismus selbst reguliert – wird nach wie vor kontrovers diskutiert, obwohl einige ihrer Prognosen bestätigt wurden. Die Göttin gibt zwar ihren Namen, wenn nicht gar ihren Charakter her, aber in der Legende heißt es auch, dass sie ihre eigenen Kinder aufgefressen hat. Wie also wäre der menschliche Einfluss auf diesen Selbstregulierungsmechanismus und umgekehrt zu deuten? Wir verändern unseren Planeten in einem erheblichen Ausmaß, roden Wälder, ändern die Bodennutzung, vernichten Lebensräume, reduzieren die Artenvielfalt, produzie-

**James Lovelock** (* 1919)

Der im Jahr 1919 geborene James Lovelock war nie ein konventioneller Wissenschaftler. Er begann in der medizinischen Forschung, wechselte dann aber zur NASA, wo er als Berater zur Erforschung planetarer Atmosphären tätig war. Seit 1964 arbeitete er selbstständig als unabhängiger Forscher und Erfinder. Mit seiner berühmtesten Erfindung, dem Elektroneneinfangdetektor (ECD), war es möglich, organische Schadstoffe in hoher Empfindlichkeit nachzuweisen. Er entwickelte eine Theorie, und sein Freund, der Schriftsteller William Golding, gab ihr den Namen Gaia-Theorie, nach der griechischen Göttin der Erde. Dieser Theorie zufolge regeln Organismen die Abläufe von Atmosphäre und Klima, ein Gleichgewicht, das die Menschheit in gefährlichem Maße und zu ihrem eigenen Schaden aus der Balance bringt.

ren Schadstoffe und setzen bisher beispiellose Mengen an Kohlendioxid frei. Klimamodelle warnen vor einem unwiderruflichen Wendepunkt und dass die Selbstregulierung eine deutlich andere, aber wärmere Welt hervorbringen wird. Lovelock ist dennoch zuversichtlich und meint, dass Gaia die Bedingungen neu justieren wird, indem sie der Weltbevölkerung Grenzen setzen wird. Der Meeresspiegel dürfte steigen, große Ackerflächen werden sich in Wüstengebiete verwandeln. Lovelocks Prognose für das nächste Jahrhundert mit einer wesentlich geringeren Bevölkerung ist relativ düster – aber ungeachtet dessen wird sich der Planet weiterdrehen wie bisher.

## Worum es geht

## Sich selbst regulierender Planet

# 07 Reise zum Mittelpunkt der Erde

**Als Jules Verne seine fiktive Reise 1864 publizierte, wusste man über das Erdinnere so gut wie nichts. Geologie war damals eine noch junge Wissenschaft. Charles Darwins Evolutionstheorie war gerade veröffentlicht worden und die ersten Dinosaurierskelette fanden ihren Weg in die Museen. Heute haben moderne Instrumente die phantasievolle Schreibfeder von Verne ersetzt.**

Nur ein paar Kilometer von dort, wo Sie gerade sind, ist ein Ort, den bisher noch nie jemand besucht hat und den vermutlich auch nie jemand besuchen wird. Verliefe die Strecke waagerecht, wäre es eine kurze Fahrt, aber dieselbe Strecke vertikal nach unten zurückzulegen – unmöglich. Den tiefsten Ausflug, den Menschen je angepackt haben, unternahmen am 23. Januar 1960 Jacques Piccard und Lt. Don Walsh mit dem Bathyskaph *Trieste* im Marianengraben vor Guam (Westpazifik). Sie erreichten in 10 911 m Tiefe den Meeresboden des Challenger-Tiefs, ein Rekord.

**Bergwerke und Bohrungen zum Zentrum der Erde** Das tiefste Bergwerk mit 3900 m Teufe ist die Tau Tona-Goldmine in Südafrika. Ohne Zwangsbelüftung wäre es auf der untersten Sohle etwa 60 °C heiß. Das tiefste Bohrloch wurde 1989 auf der russischen Halbinsel Kola niedergebracht und erreichte 12 262 m. Hitze und Druck machen es unmöglich, noch tiefer zu bohren, auch weil das plastisch reagierende Gestein sich schneller schließt, als das Bohrloch stabilisiert werden könnte.

Dennoch besteht eine Chance, durch die Kruste hindurch zu bohren – aber nicht an Land. Die ozeanische Kruste ist im Mittel nur bis zu 7 km mächtig. Anfang der 1960er Jahre gab es ambitionierte Pläne, sie zu durchbohren, um die so genannte

**Tiefe**

| 0 km | –38 km | –100 km | –670 km |
|---|---|---|---|
| Erdoberfläche | Mittlere Krustendicke | Durchschnittliche Basis der Lithosphäre | Basis des Oberen Mantels |

**Leben in der Erdkruste**

Irdisches Leben hat alle möglichen Nischen an Land wie im Meer erobert. Aber nicht nur dort. In Sedimentproben aus Tiefseebohrungen wimmelt es vor Leben. Meist sind es Archaebacteria, primitive Organismen, deren Vorfahren vor langer Zeit mit dem Sediment begraben worden sind. Dort überlebten sie und vermehrten sich – wenn auch langsam, sie ernähren sich von organischer Substanz und Methan (die mit ihnen zusammen eingebettet wurden oder über Lösungen in das Sediment gelangen). Diese Organismen fand man mehr als 5 km unter dem Meeresboden, wo sie vor etwa 16 Millionen Jahren begraben wurden. Zusammengerechnet machen sie mindestens 20 % der Biomasse der Erde aus, manche Schätzungen liegen sogar bei bis zu 50 %.

Mohorovičić-Diskontinuität (kurz „Moho") zu erreichen, die Grenzfläche zwischen Kruste und Mantel. Aber die Finanzierung schlug fehl und die derzeitige Technik war noch nicht so weit, so dass das „Mohole"-Projekt aufgegeben werden musste. Es gibt nun einen neuerlichen Anlauf dank des modernen japanischen Forschungsbohrschiffs *Chikyu* (jap. „Planet Erde"). Es verwendet die so genannte „Riser-Technologie", bei der Bohrflüssigkeit unter hohem Druck durch ein konzentrisches äußeres Rohr hinabgepumpt wird. Diese für die Erdölindustrie entwickelte Technik zur Verhinderung von Blowouts könnte auch hier dazu verwendet werden, um das Bohrloch in großer Tiefe offenzuhalten.

**Phrenologie des Planeten** Eine verkleinerte Erde würde bei erster Annäherung wie ein glatter Spielball wirken. Hätte sie die Größe eines Tischglobus, würde selbst der Himalaja nur um den Bruchteil eines Millimeters dessen Oberfläche überragen. Dasselbe gilt für das Erdinnere. Die Schalen von Erdkruste, Lithosphäre, Oberem und Unterem Erdmantel sowie Äußerem und Innerem Erdkern sind glatt und eben, vergleichbar den Schalen einer Zwiebel. Doch lediglich 99,9 % gleichen einer Zwiebel. Der winzige Rest von 0,1 % umfasst all jene Bereiche, in denen sich die interessantesten geophysikalischen Phänomene ereignen: Hinweise auf die Prozesse, die im Inneren stattfinden.

**Die Moho**

Im Jahr 1909 untersuchte der kroatische Geophysiker Andrija Mohorovičić, wie Erdbebenwellen an den Schichten im Erdinneren gebrochen werden. Er entdeckte einen abrupten Geschwindigkeitswechsel seismischer Wellen rund 35 km unter den Kontinenten. Über dieser Grenzschicht breiten sich Kompressionswellen (P-Wellen) mit einer Geschwindigkeit von 6–7 km/s aus, darunter jedoch mit etwa 8 km/s. Diese „Sprungschicht" bekam den Namen Mohorovičić-Diskontinuität und markiert die Grenzschicht zwischen Erdkruste und Erdmantel.

Astronauten haben von der *Apollo*-Kapsel aus die Erde als einen perfekt rund geformten Planeten beschrieben. Er ist aber keineswegs eine exakt runde Kugel. Frage: Welches ist der vom Erdmittelpunkt aus betrachtet höchste Punkt der Erdoberfläche? Mt. Everest? – Nein, es ist der Vulkan Chimborazo in Ecuador, obwohl er nur die bescheidene Höhe von 6275 m über NN erreicht. Aber er liegt nahe am Äquator und das Äquatorialgebiet ist aufgrund der Erdrotation „ausgebeult". Glücklicherweise dreht sich mit der Erde auch die Atmosphäre, weshalb wir die hohe Rotationsgeschwindigkeit nicht wahrnehmen. Steht man am Äquator, bewegt man sich mit einer Geschwindigkeit von mehr als 1000 km/h nach Osten, einfach infolge der Erdrotation.

**Beulen aus dem All aufspüren** Der von der europäischen Raumfahrtbehörde ESA im März 2009 gestartete Satellit *GOCE* vermisst seither das irdische Schwerefeld mit bisher nie dagewesener Präzision. Auf seiner sehr niedrigen Umlaufbahn kann er mithilfe seiner Atomuhr kleinste Schwerkraftunterschiede erfassen, aus denen die bisher genaueste Schwerkraftkarte der Erde hergestellt wurde. Sie enthüllt die wahre Gestalt des „Geoids", vor allem der Ozeane ohne Gezeiten und Strömungen mit seinen Beulen und Dellen. *GOCE* ist ein unverzicht-

**» Sollte ich ihm allen Ernstes in seinem Vorhaben trauen, den Mittelpunkt dieses massigen Erdballs zu durchdringen? Hatte ich auf die verrückten Spekulationen eines Geisteskranken oder auf die wissenschaftlichen Schlüsse eines hochtrabenden Genies gehört? Wo hörte die Wahrheit auf und wo fing der Irrsinn an? «**

**Jules Verne,** ***Reise zum Mittelpunkt der Erde***

bares Messinstrument, um Meeresströmungen präzise zu verfolgen, Meeresspiegelschwankungen und Eisbewegungen zu bestimmen – Faktoren, die mit dem Klimawandel zusammenhängen. In einem auf diesen Daten beruhenden, übertrieben dargestellten Modell gleicht die Erde einer buckeligen Kartoffel, mit Beulen um Indonesien und Nordwest-Europa und einer Delle im Indischen Ozean. Sehr auffällig ist die Eintiefung der Geoidfläche vor der Südspitze Indiens, eine Gegend, über die Indien in seiner jüngsten Vergangenheit hinweggedriftet ist. Das bedeutet, dass dort der Meeresspiegel rund 100 m niedriger liegt als im Mittel.

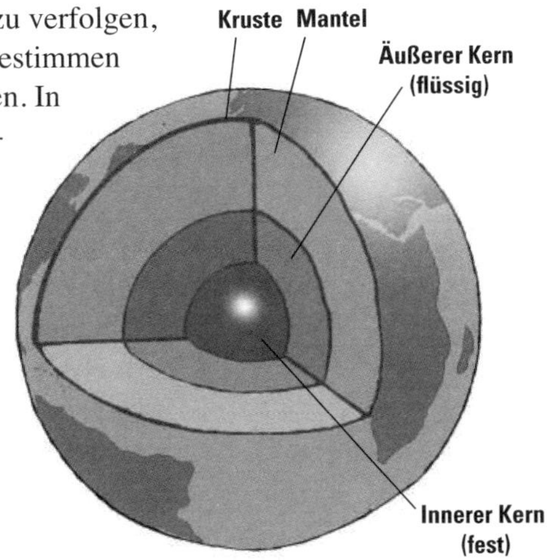


Mit einer dünnen Haut aus kontinentaler Kruste und den dicken Schichten von Mantel und Kern, ähnelt das Erdinnere fast einer Zwiebel – aber nur fast.

Worum es geht

## Fast eine Zwiebel

# 08 Ein Blick ins Erdinnere

**Wir können keineswegs beliebige Proben aus dem Erdinnern entnehmen, aber wir können indirekt hineinsehen. Unser Planet ist zwar undurchdringbar für Licht, aber nicht für Wellen, wie sie z.B. Erdbeben auslösen. Wie Lichtwellen, die von Spiegeln reflektiert und durch Linsen gebrochen werden, brechen sich Erdbebenwellen an den verschiedenen Grenzflächen im Inneren des Planeten und werden am Übergang zu Gesteinen unterschiedlicher mineralogischer Zusammensetzung gebeugt und reflektiert.**

Die Erforschung seismischer Wellen stellt sich etwas komplizierter dar als der bekannte Steinwurf in den Tümpel und die Beobachtung der sich ausbreitenden Wellen. Es gibt drei verschiedene Wellenarten, die sich mit unterschiedlichen Geschwindigkeiten ausbreiten. Am schnellsten sind die P-Wellen (auch Primär- oder Kompressionswellen). Am langsamsten sind die S-Wellen (auch Sekundär- oder Scherwellen), die etwa 60 % der P-Wellengeschwindigkeit erreichen. Hinzu kommen die Oberflächenwellen, die sich mit Geschwindigkeiten von 2,5–4,5 km/s ausbreiten und die entlang der Erdoberfläche den längsten Weg zurücklegen. Da sie nur zwei Dimensionen kennen, breiten sie sich etwas langsamer aus und umkreisen die Erde mehrmals. Reflektierte P- und S-Wellen interferieren mit den Oberflächenwellen, was den Seismologen zusätzliche Informationen über das Erdinnere liefert.

**Auf den Meeresboden feuern** Voraussetzung zur Untersuchung des Erdinnern sind seismische Wellen, ausgelöst entweder durch ein Erdbeben oder – wie zur Zeit des „Kalten Krieges" – durch einen unterirdischen Atombombentest. Um aber oberflächennahe Schichten wie beispielsweise Sedimente zu untersuchen, werden die Wellen auf künstliche Weise erzeugt. Auf hoher See verwendet man hierzu Luft-

**Tiefe**

| 0 km | –38 km | –670 km |
|---|---|---|
| Erdoberfläche<br>Temperatur 20 °C<br>Luftdruck 1,013 bar | Mittlere Krustenbasis<br>500–900 °C<br>1200 bar | Basis Oberer Mantel<br>2300 °C<br>227 000 bar |

**Unter der Kruste**

Die Moho-Diskontinuität, die Grenzschicht zwischen Kruste und Mantel, ist eine Materialgrenze. Wenn Mantelmaterial schmilzt, erreicht nur ein kleiner Teil als Lava die Erdoberfläche. Der Rest dringt als Intrusion in die Basis der Kontinente ein und bildet neue Kruste. Am Oberen Mantel zurück bleibt ein als Peridotit bezeichnetes Gestein, bestehend aus dunkelgrünem Olivin und anderen Mineralen hoher Dichte. Die an der Basis der Kruste lagernden Gesteine sind heller und besitzen eine geringere Dichte. Im Fall der ozeanischen Kruste sind dies typischerweise Gabbros. Sie gleichen chemisch dem Basalt, sind aber als langsam erstarrte Intrusivgesteine grobkörniger.

pulser, die in regelmäßigen Intervallen Energie in Form von Wellen in Richtung Meeresboden abstrahlen. Die im Untergrund reflektierten Wellen werden von Hydrophonen registriert, mithilfe von Rechnern aufbereitet und in seismische 2D- oder 3D-Bilder des Untergrunds umgesetzt. Auf diese Weise können beispielsweise die begehrten „Ölfallen" erkundet werden, das sind Strukturen, in denen sich bevorzugt Öl und Gas ansammeln. Für Erkundungen in geringer Tiefe bis zu einigen hundert Meter Sediment, genügt das Signal eines einfachen Sonarscans.

**Auf den Boden stampfen** An Land werden seismische Profile mithilfe von schweren Spezial-LKWs erstellt. Sie tragen schwere Metallrüttelplatten, die hydraulisch auf den Boden abgesenkt und in definierte Schwingungen versetzt werden (Vibroseis-Verfahren). Diese zerstörungsfreie Methode hat den weiteren Vorteil der variablen Steuerbarkeit, wie sie bei verschiedenen Tiefen erforderlich ist. Zudem kann es auf Straßen und in bebauten Gebieten eingesetzt werden. Das Auffangen der Signale übernehmen in Gruppen angeordnete Geophone. Mit dieser Technik kann der Untergrund ganzer Regionen in 3D aufgenommen werden.

**Planetarischer Ganzkörperscan** Jeden Tag ereignen sich Tausende kleinerer Erdbeben, die von Hunderten von Seismographen auf der Erde aufgezeichnet werden. Das alles gleicht einer CT-Aufnahme im Krankenhaus, bei der der Patient

**„Zuerst dachten die Menschen, es wäre eine alberne Idee. Also hoffte ich, dass ich die Sichtweise von „albern“ lediglich in Richtung „unwahrscheinlich“ verschoben hatte.“**
**David Stevenson zu seinem Plan, eine Sonde zum Erdkern zu starten**

„in der Röhre“ Scheibe um Scheibe geröntgt wird. Hochentwickelte Software setzt die Röntgensignale fast in Echtzeit zu einem 3D-Bild der inneren Organe bzw. in unserem Fall zu einer Innenaufnahme des Erdkörpers zusammen.

Wie bereits erwähnt, ist die Moho, die Grenzschicht zwischen Kruste und Mantel, ein starker Reflektor. Dasselbe gilt für die Basis der starren Lithosphäre am Übergang zur plastisch reagierenden und heißen Asthenosphäre, auf der die Platten der Erdkruste driften.

Schwächere Reflektoren gibt es in –410 km und in –520 km Tiefe sowie einen stärkeren zwischen Oberem und Unterem Mantel. An der Basis des Erdmantels befindet sich eine weitere dünne Diskontinuitätsschicht, die so genannte D”-Schicht (sprich D zwei-Strich-Schicht) – möglicherweise ein „Friedhof“ abgesunkener ozeanischer Krustenplatten.

**Duktil und heiß** Seismische Tomographie erkennt nicht nur klar definierte Gesteinsgrenzen. Da sich seismische Wellen in weichen Gesteinen langsamer aus-

### Eine Sonde zum Erdkern?

Die dem Hollywood-Film „*The Core*“ (2003) zugrunde liegende Prämisse ist unmöglich. Die Drücke im Erdinnern wären so gewaltig, dass jede Sonde, die Menschen transportieren könnte, zerquetschen würde. Dennoch verfolgt Prof. David Stevenson vom California Institute of Technology eine sehr unkonventionelle Idee, um Messinstrumente zum Erdkern zu bringen. Es beginnt mit dem Start an einer tiefen Krustenspalte und dem Einfüllen von 100 000 Tonnen schmelzflüssigen Eisens. Stevenson ist der Meinung, diese heiße dichte Schmelze würde sich in ein bis zwei Wochen durch den Mantel „hindurchfressen“; würde sie außerdem eine hitzebeständige Instrumentenkapsel von Grapefruitgröße mitführen, könnten mithilfe seismischer Wellen kontinuierlich Daten zur Erdoberfläche geschickt werden. Am schmelzflüssigen Äußeren Kern wäre allerdings Schluss.

breiten als in harten, sind diese gleichzeitig ein Temperaturindikator. Damit können zum Beispiel aus dem Mantel aufsteigende heiße viskose Magmasäulen, wie die Hot Spots von Island und Hawaii, sichtbar gemacht werden. Auch kalte Objekte wie die in den heißen Mantel abtauchenden Ozeanplatten bilden sich ab.

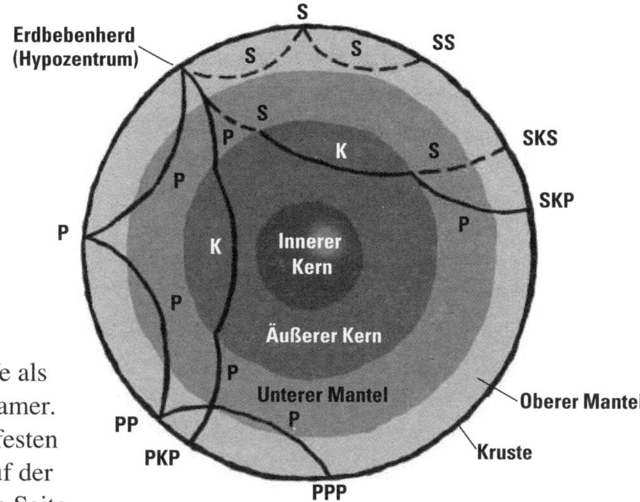


Ausbreitung der wichtigsten seismische Wellenarten auf ihren unterschiedlichen Pfaden durch den Erdkörper mit Beugungsverläufen.

**P** P-Wellen (Primär- oder Kompressionswellen)
**S** S-Wellen (Sekundär- oder Scherwellen)
**K** P-Wellen, die den Äußeren Kern durchlaufen haben

## Ein schmelzflüssiger Kern

P-Wellen durchlaufen sowohl Feststoffe als auch flüssige Phasen, wenn auch langsamer. Dagegen können sich S-Wellen nur in festen Medien ausbreiten. Deshalb entsteht auf der dem Erdbebenherd gegenüberliegenden Seite eine so genannte Schattenzone, ein Gebiet, in dem keine S-Wellen ankommen (in der Abb. rechts unten). In den Augen der Geophysiker ein Beweis, dass die Erde einen flüssigen Kernanteil besitzt, der anhand seiner Dichte aus geschmolzenem Eisen bestehen muss. P-Wellen durchlaufen diesen Teil des Kerns und nehmen ganz im Zentrum sogar an Geschwindigkeit zu, ein Hinweis, dass der ebenfalls aus Eisen bestehende Innere Erdkern fest sein muss.

Worum es geht

# Planetarischer Ganzkörperscan

# 09 Der magnetische Erdkern

**Der Erdkern ist so groß wie der Mars, besitzt aber die dreifache Masse. Der Äußere Kern besteht aus geschmolzenem weißglühendem Metall mit turbulenten Strömungen und Wirbeln. Unter ihm befindet sich der feste Innere Kern. Ungeachtet dessen haben Prozesse in dieser fremden Welt des Erdkerns entscheidenden Anteil daran, dass das auf der Erdoberfläche existierende Leben vor tödlicher Weltraumstrahlung geschützt wird.**

**Hinweise aus dem All** Eisenmeteorite sind vergleichsweise selten, aber sie sind sehr leicht zu identifizieren. Sie bestehen größtenteils aus metallischem Eisen und enthalten zwischen 7 und 15 % Nickel. Dieses Schwermetall findet sich in innig verwachsenen Kristallen zweier Legierungen, von denen die eine 4 %, die andere 40 % Nickel aufweist. Lange Zeit ging man davon aus, dass Meteorite ein mineralogisches Abbild des Erdkerns seien und ihren Ursprung in einem Vorläuferplaneten hätten, der zerbrach und den Asteroidengürtel gebildet hat. Inzwischen scheint klar zu sein, dass Eisenmeteorite einer Vielzahl kleinerer Objekte entstammen, die unter wesentlich niedrigeren Drücken entstanden waren als der Erdkern.

Eine realistischere Vorstellung hinsichtlich der Zusammensetzung des Erdkerns lieferten Meteoriten, die als „Kohlige Chondriten" bezeichnet werden. Sie gelten als die ältesten bekannten Objekte des Sonnensystems und repräsentieren am ehesten die Gesteinszusammensetzung der ältesten Solarmaterie. Sie enthalten Silikatminerale in einer an Kohlenstoff reichen Grundmasse sowie zwischen 30 und 40 % Eisen, teils in elementarer Form, teils in oxidischer oder sulfidischer Bindung und stets zusammen mit Nickel.

Messungen lassen vermuten, dass der Erdkern nicht ausschließlich aus Nickeleisen besteht, sondern zu 8 bis 12 Masse-% aus leichteren Elementen, wahrscheinlich Sauerstoff und Schwefel, da sich diese auf einfache Weise mit Eisen verbinden.

## Zeitleiste

**1687**
Isaac Newton behauptet, dass aufgrund der Schwerkraftverteilung die Erde einen dichten Kern haben muss

**1905**
Einstein beschreibt den unbekannten Ursprung des Erdmagnetfelds als eines der größten physikalischen Probleme

**1926**
Sir Harold Jeffreys kann mithilfe seismischer Wellen zeigen, dass der Äußere Kern flüssig sein muss

**Wärmequelle** Konvektionsströme im flüssigen Äußeren Kern, zusammen mit der viel langsameren Konvektion im festen Erdmantel, sind die Folge einer gewaltigen Menge an Wärmeenergie. Der Gesamtwärmeverlust der Erde summiert sich zu 44,2 Terawatt (TW, Billionen Watt), dies entspricht etwa der doppelten, von der Menschheit verbrauchten Energiemenge. Vermutlich existieren mehrere Wärmequellen. Die größte, die etwa 80 % dazu beisteuert, ist der radioaktive Zerfall von Elementen wie Kalium-40, Thorium und Uran. Noch mehr könnte aus der latenten Wärme stammen, die bei der Erstarrung des Inneren Erdkerns freigesetzt wird. Und schließlich, wenn reine Kristalle im Inneren Kern wachsen, könnten die gelösten leichteren Elemente wie Silizium, Sauerstoff und Schwefel bei ihrem Aufstieg an die Basis des Erdmantels Schwerkraftenergie abgeben.

### Magnetischer Schutzschirm

Für Planeten ist das Weltall ein gefährlicher Ort: Die Erde wird ständig von kosmischen Strahlen und dem Sonnenwind aus geladenen Teilchen bombardiert. Dass diese Strahlung unserer Elektronik und unseren Genen nicht schadet, ist eine Folge des Erdmagnetfelds, das auf dem Weg der Erde um die Sonne einen sehr dichten Schutzschirm bildet. Einige wenige elektrisch geladene Partikel werden im Van-Allen-Gürtel eingefangen, während andere entlang der Magnetfeldlinien in die polare Atmosphäre eintauchen und die Polarlichter erzeugen. Der größte Teil aber wird um die Erde herum abgelenkt.

**Der magnetische Dynamo** Albert Einstein beklagte 1905, dass der Ursprung des Erdmagnetfelds eines der größten ungelösten Rätsel der Physik sei. Es dauert immerhin noch bis 1946, ehe der in den Vereinigten Staaten arbeitende deutsche Physiker Walter Elsasser und der in Cambridge tätige Geophysiker Sir Edward Bullard nachweisen konnten, dass das Feld durch elektrische Ströme im flüssigen Äußeren Kern erzeugt wird. Die Aufrechterhaltung des Feldes erforderte eine Zirkulation des geschmolzenen Nickeleisens in Form von Konvektionsströmungen. Letztlich setzt die sich aus der Erdrotation ergebende Corioliskraft diese Strömungen in Bewegung, und die wiederum erzeugen das Magnetfeld.

**Chaotische Strömungen** Für alle, die mit einem Kompass navigieren, erscheint das Erdmagnetfeld so konstant, als läge ein riesiger Stabmagnet im Zen-

| 1936 | 1946 | 2010 |
|---|---|---|
| Die dänische Geophysikerin Inge Lehmann weist mithilfe seismischer Wellen nach, dass der Innere Kern fest ist | Elsasser und Bullard behaupten, dass das Erdmagnetfeld durch elektrische Ströme im Äußeren Kern erzeugt wird | Computermodelle und physikalische Versuche mit flüssigem Natrium simulieren Inversionen des Erdmagnetfelds |

**‚Ich kann mir keinen unwirtlicheren Ort für Menschen vorstellen. Hoher Druck, weißglühende Hitze – ein übler Fleck.‘**
**Prof. Dan Lathrop, Universität von Maryland**

trum der Erde. Die Verhältnisse im Kern sind aber alles andere als einfach. Dort herrschen Drücke von mehr als 3 Millionen bar und Temperaturen von fast 4000 °C. Flüssiges Eisen ist so dünnflüssig wie Wasser. Die Konvektionsströme im Äußeren Kern sind durch lokale Wirbel sehr kompliziert, vergleichbar Wirbelstürmen auf der Erde. Viele exzessive Ausbrüche werden vom Inneren Kern gedämpft und vielleicht auch durch das aus dem flüssigen Kern stammende Eisen, das sich in der D''-Schicht an der Basis des Mantels angesammelt hat, abgeschirmt. Dennoch schlagen einige Anomalien immer wieder durch.

**Magnetanomalie** Der südwestliche Atlantik wurde von den Weltraumforschern schon mit dem sagenhaften „Bermuda-Dreieck" in Verbindung gebracht. Es gibt bereits zahlreiche Protokolle, in denen von Funktionsstörungen der Satelliteninstrumente beim Flug über dieses Gebiet berichtet wird. Wie es scheint, existiert dort eine westwärts driftende Magnetanomalie, die halb so stark ist wie an den Polen. Als Folge können kosmische Teilchen die auf niedrigen Bahnen umlaufenden Satelliten erreichen und Störungen der Instrumente hervorrufen.

**Polumkehr** Die magnetische Anomalie im südwestlichen Atlantik ist womöglich ein erstes Zeichen größerer Umwälzungen. Die Stärke des Erdmagnetfelds hat in den letzten 180 Jahren abgenommen. Möglicherweise wird sich das Feld vollständig umkehren. Magnetisierbare Minerale in Vulkangesteinen zeigen, dass sich solche Inversionen in der Vergangenheit mehrfach ereignet haben – im Schnitt alle 300 000 Jahre. Die letzte Inversion des Magnetfelds liegt allerdings schon 800 000 Jahre zurück und niemand weiß, wie schnell es sich wieder umpolen wird und welche Folgen das für den Magnetschutzschirm und alle Navigationssysteme haben wird.

**Ein „Kristallwald"** Im Zentrum des Erdkerns ist die Materie offenbar äußerst seltsam. Seismische Wellen, die den Inneren Kern durchlaufen, sind in Ost-West-Richtung etwas langsamer als Wellen, die in Nord-Süd-Richtung den Kern durchqueren. Dieser Effekt tritt stets dann deutlich zu Tage, wenn nach schweren Erdbeben die Erde wie eine Glocke nachschwingt. Die beste Erklärung für diese Anisotropie der Laufzeiten im Inneren Kern ist eine Nord-Süd-Ausrichtung der Nickeleisenkristalle. Experimente in einer Diamantstempelzelle zeigten, dass Nickeleisenkristalle wesentlich größer wuchsen, wenn Druckbedingungen wie im

### Die magnetische Zukunft

Unser gegenwärtiges Wissen über das Erdmagnetfeld legt nahe, dass seine Existenz eng an die Existenz eines festen Inneren Kerns gekoppelt ist. Es kann also nicht älter sein als der Erdkern. Nun gibt es Hinweise in alten australischen Gesteinen, dass sie von einem 3,5 Milliarden Jahre alten Feld magnetisiert wurden, das heißt, der Innere Kern muss also genauso alt sein. Letztendlich wird der ganze Kern dereinst erstarren, das Magnetfeld verschwinden und unsere Nachkommen werden ohne Schutzschirm der Weltraumstrahlung ausgesetzt sein. Einziger Trost ist, dass dies erst in 3 bis 4 Milliarden Jahren der Fall sein wird.

Inneren Kern herrschen. Vielleicht besteht er aus kilometerlangen miteinander verwachsenen Kristallen.

Die Orientierung dieser Anisotropie verändert sich allmählich, was vermuten lässt, dass der Innere Kern im Verlauf der letzten 30 Jahre geringfügig rascher rotierte und sich etwa um ein Zehntel einer Umdrehung gegenüber dem Erdmantel verschoben hat. Demnach könnte es sein, dass magnetische Kräfte von Strömungen des Äußeren Kerns, vergleichbar den Jetstreams in der Atmosphäre, auf den Inneren Kern einwirken.

## Worum es geht

## Der verwirbelte Kern – ein magnetischer Dynamo

# 10 Der mobile Erdmantel

**Der Erdmantel besteht aus Festgestein, er ist heiß, steht unter hohem Druck und reagiert plastisch. In geologischen Zeiträumen betrachtet gleicht seine Bewegung dem Fließen eines Gletschers. Wärme aus dem Erdinnern erzeugt Konvektionsströme, ähnlich den Verwirbelungen in einem Topf mit heißem Sirup. Diese Strömungen setzen Kräfte frei, die Erdbeben, Vulkanausbrüche und Plattenbewegungen verursachen.**

Die Erde hat ein Problem mit ihrem Thermostaten – oder wenigstens hätte sie das, wäre der Mantel fest und starr. Denn die überschüssige Wärme aus dem radioaktiven Zerfall muss ja irgendwo hin abgeführt werden und Gestein ist ein guter Isolator. Zum Glück für die Wärmeregulierung der Erde sind die Gesteine des Mantels nicht unbeweglich und transportieren so diese Wärme zur Kruste und darüber hinaus ab. Es ist ein ständiger Kampf zwischen Temperatur und Druck. Die Gesteine des tiefen Mantels erhitzen sich, dehnen sich aus, verlieren an Dichte und steigen im Verlauf von Jahrmillionen nach oben.

**Der doppelte Heizkessel** Eine der großen Fragen in der Geophysik war die Unvereinbarkeit der konvektiven Mantelzirkulation mit den beobachteten Unterschieden, welche die Seismologie hinsichtlich der Gesteinszusammensetzung und des eindeutigen Schalenbaus lieferte. Die Folge war ein Streit zwischen jenen Wissenschaftlern, die davon ausgehen, dass der gesamte Mantel in die Konvektionsbewegungen einbezogen ist und die Konvektionszellen vom Oberen Erdmantel bis zum Erdkern reichen. Andere vertreten dagegen die Ansicht, dass im Oberen und Unteren Mantel zwei getrennte Konvektionssysteme existieren, an deren Grenzfläche in etwa 660 km Tiefe nur ein geringfügiger oder überhaupt kein Austausch zwischen Oberem und Unterem Mantel stattfindet. Die Wahrheit liegt wohl in der

## Zeitleiste Der Milliarden Jahre dauernde Mantelkonvektions-Zyklus

**−200 Mio. Jahre**
Heißer Manteldiapir beginnt aus dem Unteren Mantel aufzusteigen

**−1000 Jahre**
In 120 km Tiefe beginnt das Material zu schmelzen, die Schmelze steigt beschleunigt auf

**Heute**
Das Magma bricht an einem Mittelozeanischen Rücken aus und bildet neue ozeanische Kruste

**Diamantstempelzelle**

Druck und Temperaturen im tieferen Mantel sind schwer vorstellbar und noch schwerer im Labor nachzuvollziehen. Die Lösung liefert das härteste verfügbare Material: Diamant. Eine Diamantstempelzelle ist zwar klein und vom Aufbau her einfach, aber sehr teuer. Kernpunkt sind zwei kegelförmig geschliffene Diamanten, deren gegeneinander gerichtete Spitzen ungeheure Drücke auf die dazwischen gespannte Probe ausüben können. Außerdem hat Diamant den Vorteil der Transparenz, so dass die Probe mit einem Laser erhitzt und alles mit einem Mikroskop beobachtet werden kann. Manchmal zerbricht sogar der Diamant, aber meist betrifft das beunruhigende „Knacken" die Mineralprobe, wenn sie einen Phasensprung erleidet und in eine neue Kristallstruktur übergegangen ist, die dem höheren Druck entspricht.

Mitte. Da man nicht vor Ort nachsehen kann, behilft man sich mit kleinen Magmenproben daraus, die als Fremdgesteinseinschlüsse bei Vulkaneruptionen nach oben gelangen, und mit größeren hochgeschleppten tektonischen Elementen des Äußeren Mantels. Diese Mantelgesteine werden als Peridotit bezeichnet und bestehen neben anderen Mineralen vor allem aus grünem, dichtem Olivin. Um die Schichtung des Mantels zu verstehen, entnehmen die Wissenschaftler für Untersuchungen in einer Diamantstempelzelle daraus kleinste Mengen Olivin (siehe Kasten oben).

**Phasenänderung** Erhöht man Druck und Temperatur in einer Diamantstempelzelle so weit, dass Bedingungen wie an der Grenzschicht Oberer zu Unterer Mantel herrschen, so hört man plötzlich ein Knacken! Mit etwas Glück zerbricht nicht der Diamant, sondern der eingespannte Olivin ist in eine andere Phase übergegangen, deren Kristallstruktur dem höheren Druck entspricht. Die chemische Zusammensetzung ist gleich geblieben, aber das neu entstandene Mineral Perowskit hat andere physikalische Eigenschaften, die an der Basis des Oberen Mantels zu einer deutlichen Reflexionsschicht für seismische Wellen führen. Die Minerale zeigen bei 410 km und 520 km Tiefe weitere Phasenänderungen, die ebenfalls mit seismischen Diskontinuitätsflächen zusammenfallen.

| +140 Mio. Jahre | +200 Mio. Jahre | +500 Mio. Jahre |
| --- | --- | --- |
| Platte mit kalter ozeanischer Lithosphäre beginnt in den Mantel abzusinken | Die Platte erreicht eine Tiefe von 660 km, während die Minerale in eine Hochdruckphase übergehen | Die jetzt dichtere Platte bricht in den Unteren Mantel durch und sinkt rasch an die Kern-/Mantel-Grenze ab |

**❜ Die große Kontroverse ist heute: Wie fließt das Mantelmaterial? Handelt es sich um eine einzige Konvektionszelle, die bis zum Kern hinabreicht oder existiert ein aus zwei Zellen bestehendes System, in dem das Material, das wir an den Mittelozeanischen Rücken beobachten, nicht tiefer als 700 km absinkt? ❛**

**Prof. Dan McKenzie im BBC Radio (1991)**

**Hot Spots** Das Magma, das aus den Spalten der Mittelozeanischen Rücken ausfließt, unterscheidet sich in seiner Zusammensetzung vom Mantelgestein. Auf seinem Weg nach oben sinkt in dem heißen Manteldiapir der Druck und er beginnt zu schmelzen. Aber lediglich ein geringer Anteil – meist 10 bis 12 % – schmilzt. Diese Schmelze bewegt sich in winzigen Gesteinsporen und entlang der Kristallgrenzen nach oben. Dabei vereinigen sich die heißen Tröpfchen zunehmend und bilden innerhalb des Erdinneren größere Körper aus geschmolzenem Gesteinsmaterial. Dieses Magma hat basaltische Zusammensetzung und bildet neue ozeanische Kruste. Das abgereicherte Restmagma ist härter und dringt seitlich in die darunterliegende Mantellithosphäre ein.

**Wet Spots** Generell gilt: Je heißer der Manteldiapir, umso mehr Schmelze produziert er – mit Ausnahmen. Beispielsweise produzierten die Vulkane der Azoren im Mittelatlantischen Rücken mehr Magma als an anderen Stellen des Rückens, und dennoch ist es kühler. Grund hierfür ist, dass es einen höheren Wassergehalt aufweist. Minerale des Mantelgesteins können in ihrem Kristallgitter mindestens 1 % Wasser aufnehmen, was hochgerechnet für den ganzen Mantel mehreren Ozeanen entspräche. Wasser erniedrigt die Viskosität einer Schmelze, sie wird dünnflüssiger und begünstigt damit die Aufstiegsfähigkeit des Manteldiapirs. Gleichzeitig setzt der Schmelzvorgang in größeren Tiefen ein, was insgesamt zu mehr Magma führt, obwohl es kälter

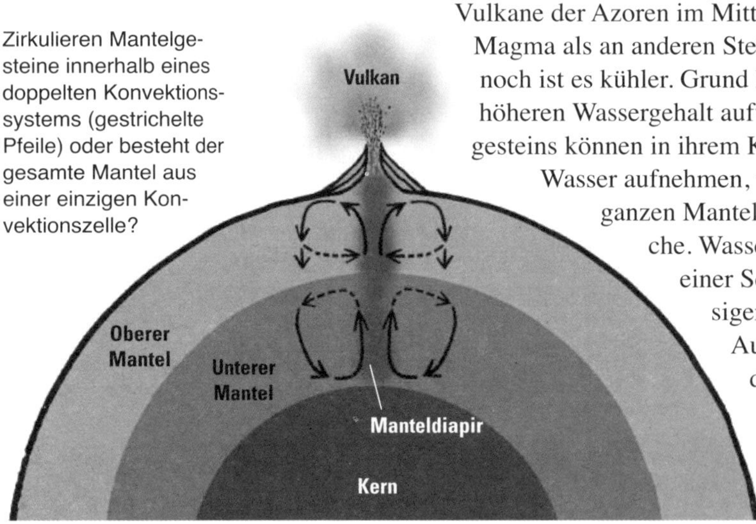


Zirkulieren Mantelgesteine innerhalb eines doppelten Konvektionssystems (gestrichelte Pfeile) oder besteht der gesamte Mantel aus einer einzigen Konvektionszelle?

ist. Ein Teil des Wassers dürfte juvenil sein, also aus der Bildungszeit des Mantels stammen, der andere Teil dürfte zusammen mit der subduzierten Lithosphärenplatte in den Mantel gelangt sein.

**Metallschlamm an der Basis des Mantels** Seismische Auswertungen ergaben an der Mantelbasis eine dünne, höchst variabel reagierende Grenzschicht. Mancherorts ist sie bis zu 400 km mächtig, andernorts fehlt diese so genannte D"-Schicht. Schmelzflüssiges Metall aus dem Kern dringt auf den Räumen zwischen den Mineralen in den Mantel ein, wo es mit den Silikaten verschiedene metallische und nichtmetallische Silikatverbindungen eingeht. Sobald Manteldiapire aufsteigen, sinken die Metalllegierungen schwerkraftbedingt nach unten und lagern sich an der Mantelbasis als hochdichte „Sedimentschichten" ab. Dieses eisenreiche Material ist leitend und erzeugt sein eigenes Magnetfeld. Kleine, in der Erdrotation entdeckte Unregelmäßigkeiten könnten auf magnetische Kräfte in der D"-Schicht zurückgehen.

### Ein unmögliches Erdbeben

Im Jahr 1994 erschütterte ein mächtiges Erdbeben Bolivien. Wegen seiner großen Tiefenlage entstanden geringe Schäden. Eigentlich sollten in dieser Tiefe von 640 km keine Beben mehr auftreten, weil die Gesteine dort einfach zu plastisch reagieren, um zu brechen. Die Erklärung dafür ist: die Gesteine zerbrachen nicht, sie schrumpften! Das Hypozentrum des Bebens lag in einer Platte aus alter pazifischer Lithosphäre, die unter den Anden in den Mantel zurücksinkt. In dieser Tiefe angekommen, bremste der weniger dichte Mantelperidotit den Sinkvorgang ab. Dann, in einem plötzlichen Kollaps, ging das Material in die dichtere Kristallstruktur des Perowskits über, löste das Erdbeben aus, und die Restplatte konnte in den Unteren Mantel weiter absinken.

Worum es geht

## Mantelkonvektion

# 11 Superplumes

**Über das Ausmaß der gesamten Mantelkonvektion ist das letzte Wort noch nicht gesprochen. Einige rezente Vulkane beziehen ihr Magma sicher nur aus dem Oberen Mantel. Aber manchmal passiert es, wenn auch nur selten, dass in einem sehr großen Ausmaß Material von der Kern-Mantel-Grenze hochdrängt, ganze Kontinente hebt, sie durchaus auch durchtrennt und unglaublichen Massen an Magma gefördert werden. Dann spricht man von einem Superplume.**

Vor rund 120 Millionen Jahren ereignete sich im heutigen Westpazifik etwas Spektakuläres. Sicher, Vulkane sind an sich schon beeindruckend, aber keiner der heutigen aktiven Vulkane könnte diesem Ereignis am Beginn der Kreidezeit auch nur annähernd gleichkommen. Selbst die ausgedehnten kontinentalen Flutbasalte des langanhaltenden Dekkan-Trapp Indiens vor 65 Millionen Jahren oder die Lavadecken der sibirischen Basalte vom Ende der Permzeit sind im Vergleich dazu vernachlässigbar klein.

**Ontong-Java-Plateau** Die kreidezeitlichen Ausbrüche begannen vor 125 Millionen Jahren am pazifischen Ozeanboden. An ihrem Höhepunkt der Förderung flossen in einer Million Jahre 35 Millionen km$^3$ Basaltmagma aus, was der doppelten normalen Bildungsrate von ozeanischer Kruste entspricht. Zeuge dieses Vulkanausbruches ist das heutige Ontong-Java-Plateau mit einem Volumen von rund 2 Millionen km$^3$ Ozeankruste und einer Mächtigkeit von knapp 30 km. Die beiden inzwischen davon abgetrennten Gebiete des Manihiki- und Hikurangi-Plateaus stammen aus derselben Magmaquelle, was insgesamt ein Volumen von rund 100 Millionen km$^3$ Basaltmagma ergibt.

Die beste Erklärung für derartige Ereignisse ist die Annahme eines Superplumes mit Unmengen von heißem Mantelgestein, das von der Basis des Mantels aufstieg und sich unterhalb der Kruste wie ein Riesenpilz ausbreitete und dort simultan zahlreiche Hot Spots nährte.

## Zeitleiste Superplume-Ausbrüche

Gefördertes Volumen in km$^3$

| 251 Mio. Jahre | 200 Mio. Jahre | 183 Mio. Jahre | 138–128 Mio. Jahre |
|---|---|---|---|
| Sibirischer Trapp (Russland): 1 bis 4 Mio. km$^3$ | Zentraler Atlantik: Große Ausbrüche zu Beginn seiner Öffnung | Karoo und Ferrar (Südafrika, Antarktis): 2,5 Mio. km$^3$ | Paraná-Trapp: 2,3 Mio. km$^3$ |

**Roger Larson** (1943–2006)

Der amerikanische Geophysiker Roger Larson gehörte zum Pionierstab des Ocean Drilling Program und er war auf der Suche nach der ältesten Ozeankruste des Westpazifiks aus der Jura-Zeit. Er fand sie schließlich – unter den riesigen Ergüssen kreidezeitlicher Basalte eines Ausläufers des Ontong-Java-Plateaus. Er berechnete das vor 120 Millionen Jahre geförderte Basaltvolumen und erkannte, dass man zuvor nichts Vergleichbares vorgefunden hatte. Er prägte für derartige Mantelprozesse den Begriff „Superplume". Darüber hinaus zeigte er, wie sich dieses Ereignis auf den Meeresspiegel auswirkte und dass große $CO_2$-Mengen das Klima um einige Grad erwärmt haben dürften.

**Globale Folgen** Einige der Folgen dieses kreidezeitlichen Superplumes sind noch heute rund um den Globus erkennbar. Zunächst muss es einen gewaltigen Meeresspiegelanstieg gegeben haben – um die 250 m! Neben der Wasserverdrängung allein durch die Lavamassen ist außerdem die Hebung des gesamten Gebiets durch den Superplume zu berücksichtigen. Dieser Meeresspiegelanstieg führte auf den tiefer liegenden Bereichen der Kontinente zur Bildung ausgedehnter Schelfmeere. Im Gegensatz zum offenen Ozean waren diese Randmeere nicht tief genug, um den nötigen Wasserdruck aufzubauen, der für die Lösung der auf den Meeresboden abgesunkenen Calcitskelette des Planktons erforderlich gewesen wäre. Folglich kam es dort zur Ablagerung mächtiger Schreibkreide- und Kalksteinschichten wie etwa den weißen Klippen von Dover, Calais und Rügen. In tieferen sauerstoffarmen Meeren akkumulierten massenhaft organische Reste im Sediment, die im Verlauf der Diagenese in Kohlenwasserstoffe übergingen und heute die großen Erdöl- und Erdgasreserven Großbritanniens bilden.

Ein Gutteil des heute in kreidezeitlichen Kalken und Kohlenwasserstoffen gespeicherten Kohlenstoffs kann vermutlich diesen Superplumeausbrüchen zugerechnet werden. Der atmosphärische Kohlendioxidgehalt ist wohl um das Zehnfache angestiegen, was zu 10 °C höheren Durchschnittstemperaturen führte. Eine gewisse Ironie der Erdgeschichte ist, dass wenn wir heute kreidezeitliches Erdöl verbrennen und damit den Kohlenstoff aus der Kreidezeit wieder freisetzen.

| 125–120 Mio. Jahre | 139 Mio. Jahre | 65 Mio. Jahre | 61 u. 56 Mio. Jahre | 17–14 Mio. Jahre |
| --- | --- | --- | --- | --- |
| Ontong-Java-Plateau: 100 Mio. $km^3$ | Karibische Magmenprovinz: 4 Mio. $km^3$ | Dekkan-Trapp (Indien): 512 000 $km^3$ | Nordatlantik: 2 Mio. $km^3$ | Columbia-Plateau und Snake River (USA): 175 000 $km^3$ |

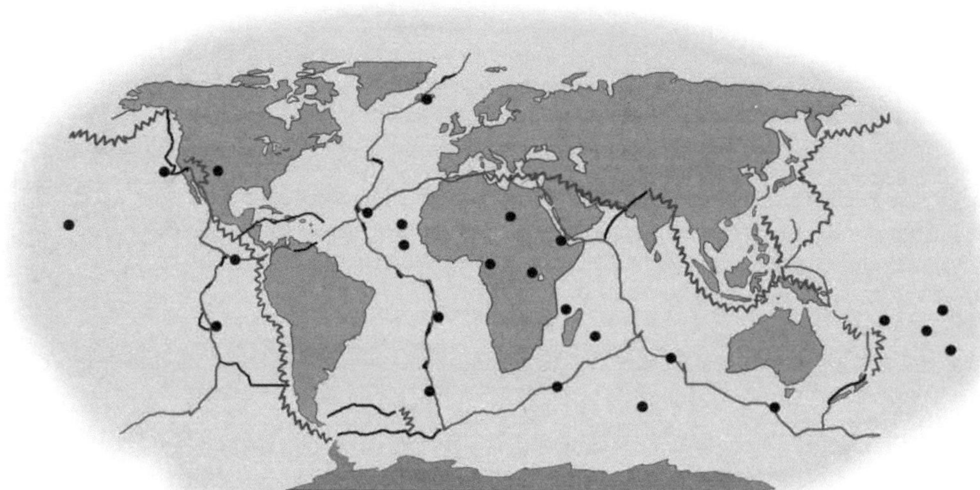

divergierende Plattengrenze
Transformstörung
konvergierende Plattengrenze
Hotspot

Die wichtigsten großen Plattengrenzen und vulkanischen Hot Spots der Erde

**Der nächste Superplume** Seit den kreidezeitlichen Superplumes gab es keine vergleichbar großen Eruptionen mehr. Aber war's das schon? Mit großer Wahrscheinlichkeit: nein. Die seismischen Ganzkörperscans unserer Erde zeigen derzeit zwei große Objekte aus heißem Mantelmaterial von rund 1000 km Durchmesser. Eines liegt unter dem Südpazifik, das andere unter Afrika. Ersteres ist wohl ein alter Rest des kreidezeitlichen Superplumes; seine aktivsten Zeiten sind Geschichte. Der Superplume unter Afrika scheint etwas kältere Schmelze zu transportieren, was seine Entwicklung verzögert haben könnte. Hinzu kommt das höhere Alter des ganzen afrikanischen Kontinents. Aber es gibt ein Schlupfloch: Ein Ausläufer des Superplumes reicht bis in das Gebiet

### Sirup

Ein anschaulicher Versuch zur Erklärung der Mantelkonvektion ist ein Kochtopf voll heißem Sirup. Beim Erhitzen steigt irgendwann vom Topfboden der erste „Diapir" auf, viele weitere folgen. Kekse, die auf dem Sirup schwimmen, treiben beiderseits des Diapirs zur Seite – mit etwas gutem Willen als auseinanderdriftende Platten zu sehen. Geophysiker benutzten richtig große Tanks mit Sirupmaterial, um die Mantelkonvektion noch detaillierter simulieren zu können.

des Ostafrikanischen Riftsystems, das sich anschickt, Ostafrika durch Bildung eines neuen Ozeans abzutrennen.

**Ein Superplume legt los** Computersimulationen am California Institute of Technology zeigten eine Möglichkeit, wie ein Superplume von der Mantelbasis aufsteigen könnte. Es beginnt mit einem großen Stück alter Lithosphäre, die bis zur Kern-/Mantel-Grenze abgesunken ist. Noch immer vergleichsweise kalt, dicht und starr, blockiert es für 150 Millionen Jahre und länger die Neubildung kleinerer Plumes. Die ganze Zeit staut sich darunter die Hitze, um schließlich nach etwa 200 Millionen Jahren als Superplume durchzubrechen und innerhalb weniger Millionen Jahre durch den Mantel aufzusteigen. In der Simulation reißt es weitaus mehr heißes Material mit als normale Manteldiapire, bildet an der Krustenbasis eine Art Pilz aus heißer, plastischer Schmelze und fließt in großräumigen Eruptionen an der Oberfläche aus.

Auch ein weiteres Szenario zur Entstehung eines Superplumes bedient sich absinkender Lithosphärenplatte. An der Basis des Oberen Mantels verzögert sich der Sinkvorgang so lange, bis die Minerale in die Hochdruckmodifikation übergehen. Danach sinkt sie rasch tiefer und löst sich an der Kern-/Mantel-Grenze auf. Dadurch wird dort Material verdrängt, das lange Zeit aufgeheizt worden war und steigt als Superplume nach oben.

**„Des Geologen Untersuchungsgegenstand ist der Globus selbst … seine Studien sind es, welche die Zeugnisse jener mächtigen Umwälzungen und Erschütterungen enträtseln, die der Globus durchlitten hat."**

**William Buckland,**

**Vindiciae Geologicae, 1820**

**Magnetischer Wirbel** Es gibt noch eine andere Wendung in dieser Geschichte, die bis in den Kern reicht. Durch den Abtransport großer Materialmassen aus dem Äußeren Kern könnte der kreidezeitliche Superplume einen Teil der chaotischen Bewegungen im Äußeren Mantel beruhigt haben, was zu einer 40 Millionen Jahre dauernden Periode führte, in der es zu keiner Umkehr des Magnetfelds kam.

## Worum es geht

## Superplume – überdimensionaler Wärmestrom aus dem Mantel

# 12 Kruste und Kontinent

**Die Oberfläche der Erde besteht aus einer vergleichsweise dünnen Haut aus kaltem Festgestein: der Erdkruste. Sie ist Quelle aller für unsere Zivilisation lebenswichtigen Rohstoffe. Außerdem ist die Kruste die bisweilen glühende Grenzfläche zwischen Erde, Luft und Wasser und lässt erahnen, welche Kräfte unter der Erdkruste verborgen liegen.**

Betrachten wir die Erde aus dem Weltall, so treten zwei sehr unterschiedliche Oberflächenformen markant hervor: die Weite der tiefblauen Ozeane und die warmen und diffusen Farben der darin treibenden Kontinente. Sie zeigen, wie verschieden die Erdkruste ausgeprägt sein kann. Die ozeanische Kruste ist im Normalfall bis zu 7 km mächtig und besteht fast ausschließlich aus Basalt, überdeckt von einer dünnen Sedimentschicht. Geologisch betrachtet ist die ozeanische Kruste jung, nirgends ist sie älter als 200 Millionen Jahre.

**Flöße aus Schutt** Kontinente sind dagegen ein völliges Chaos. Wie die aus der Schrottpresse kommenden verknäuelten Metallblöcke sind ihre Gesteinsschichten zerquetscht, gefaltet, verkippt und verdreht. Die Kerne der Kontinente können sehr alt sein – bis zu 4 Milliarden Jahre. Sie sind umgeben von den Hinterlassenschaften der Verwitterung und Erosion, der Gebirgsbildung und des Vulkanismus.

Letzten Endes stammen sowohl die ozeanische als auch die kontinentale Kruste aus partiellen Schmelzen der Mantelgesteine. Die ozeanische Kruste ist aber stets dunkler und besitzt eine höhere Dichte sowie einen höheren Gehalt an Magnesium und Eisen. Ist sie ausreichend erkaltet, sinkt sie durch Subduktion in den Mantel ab. Im Gegensatz dazu kann die leichtere kontinentale Kruste niemals subduziert werden, weil sie gewissermaßen wie ein Kork auf dem Wasser schwimmt. Sie enthält Sili-

**Zeitleiste** Der Aufstieg des Granits von Dartmoor (Südwest-England)

**310 Mio. Jahre**
Teilschmelzen tief in der Erdkruste produzieren ein granitisches Magma

**309 Mio. Jahre**
Das Granitmagma durchdringt die Krustengesteine und bildet einen Batholithen

**200 Mio. Jahre**
Schrumpfvorgänge und hydrothermale Fluide führen zu Rissbildung, in den sich Gangminerale abscheiden

**Basalt**

Basalt ist das häufigste Gestein der Erdkruste und wahrscheinlich auch der anderen Gesteinsplaneten. Die ozeanische Kruste besteht fast nur aus Basalt, ebenso große Bereiche der tieferen kontinentalen Kruste. Basalt entsteht durch partielles Schmelzen von Gesteinen im Oberen Mantel und besteht aus rund 50 % Quarz sowie geringen Mengen an Feldspat und Pyroxen. Spuren dunklen Magnetits verleihen ihm ein fast schwarzes Aussehen. Seine feinkörnige Struktur ist die Folge einer raschen Abkühlung der häufig auch untermeerisch ausgeflossenen Gesteinsschmelze. Das grobkörnige Tiefengesteins-Äquivalent des Basalts ist der Gabbro. Er besitzt eine ähnliche Zusammensetzung und bildet oftmals die Basis der ozeanischen Kruste oder intrudiert in Form von Gängen in andere Gesteine, wo er langsamer abkühlt und daher gröbere Kristalle ausbildet.

kate der leichten Elemente wie etwa Aluminium und zumindest in der oberen Hälfte gleicht die mineralogische Zusammensetzung der eines Granits. Die tieferen Bereiche der kontinentalen Kruste sind weniger gut bekannt, doch weiß man, dass ihre Mineralogie eher einem Basalt ähnelt.

**Das Wachstum der Kontinente** Kanada, Grönland, Australien und Südafrika haben Kerne, die älter als 3 Milliarden Jahre sind, die meisten Gesteine der Kontinente sind jedoch wesentlich jünger. Grund ist aber eher deren Überlieferung als deren Neubildung. Kontinente wachsen auf sehr unterschiedliche Weise. Manteldiapire können zwar unter ihnen aufsteigen, ihre Kruste jedoch nicht durchschlagen. Stattdessen unterfüttern sie gewissermaßen die Kontinente mit Basalt. Wenn wasserhaltige ozeanische Kruste unter einen Kontinent abtaucht, erniedrigt das Wasser den Schmelzpunkt und fördert damit wie etwa in den Anden und dem Kaskadengebirge (USA) den Vulkanismus aus Andesiten. An den Kontinentalrändern sammelt sich das vom Kontinent angelieferte Verwitterungsmaterial in Form von Sedimenten unterschiedlicher Ausbildung. Das weitaus häufigste Gestein der oberen kontinentalen Kruste ist jedoch mit rund 80 % Anteil der Granit.

**40 Mio. Jahre**

Tropisches Klima mit extremer Verwitterung erodiert das Deckgebirge und greift den Granit an

**2 Mio. Jahre**

Gletscher der Eiszeit zerlegen den Granit zu Blöcken und schleifen die Granitblöcke rund. Der Boden wird abgetragen.

**Gegenwart**

Die runden Granitblöcke („Wollsäcke“) schaffen eine spektakuläre Landschaft.

**Granit**

Das weitaus häufigste Gestein der kontinentalen Kruste, der Granit, entsteht entweder durch Aufschmelzung bestehender Gesteine oder durch fraktionierte Kristallisation basaltischer Schmelzen. Im letzteren Fall kristallisieren zuerst die dunklen, magnesiumreichen Minerale hoher Dichte aus dem Magma aus, so dass dieses reicher an Silizium wird. Da Intrusionen granitischer Magmen, so genannte Plutone, meist große Magmenkörper sind, erstarren sie nur langsam zu einem grobkörnigen Gestein, das reichlich Quarz, hellen Feldspat sowie dunkle Minerale wie Biotit oder Hornblende enthält.

**Der Aufstieg des Granits** Granit entsteht durch partielles Schmelzen in der tiefen kontinentalen Kruste. Das Schmelzen erfolgt durch die Wärme von Manteldiapiren oder – häufiger – durch Kontakt mit heißen Basaltlaven an der Basis der kontinentalen Kruste. Granit ist reich an Quarz ($SiO_2$), was die Viskosität der Schmelze erhöht. Lange Zeit herrschte Einigkeit darüber, dass die großen, auf allen Kontinenten auftretenden Granitplutone für ihre Platznahme in der kontinentalen Kruste Millionen von Jahren benötigten. Heute scheint es, dass dies nicht zutrifft. Die ersten Minerale, die bei der Granitbildung schmelzen, sind jene mit dem höchsten Wassergehalt. Sie wirken gewissermaßen wie Schmiermittel und machen die Schmelze dünnflüssiger, so dass große Mengen Schmelze vergleichsweise rasch in kleine und kleinste Risse und Spalten eindringen können. Dadurch, so glaubt man heute, vollzieht sich die Platznahme eines Granits eher in Tausenden als in Millionen von Jahren.

Granit bahnt sich seinen Weg in die Kruste mit aller Kraft, um dort riesige domartige Plutone, so genannte Batholithe, aufzuwölben. Wegen ihrer Größe kühlen diese Gebilde nur sehr langsam ab. Damit bleibt den Mineralen ausreichend Zeit, um ihre großen Kristalle auszubilden, die Granite zu begehrten Naturwerksteinen machen. Granite kommen zum Beispiel aus dem Fichtelgebirge und dem Harz, große Vorkommen gibt es vor allem in Skandinavien und China; der Küstenbatholith in Peru erreicht beispielsweise eine Länge von 1400 km.

**Die Rolle des Wassers** Das bevorzugte Schmelzen wasserhaltiger Minerale, um Granit zu bilden – in Verbindung mit ähnlichen Prozessen, die im Oberen Mantel Basalt entstehen lassen –, hinterlässt an den Wurzeln der Kontinente trockene,

> **„Egal, wie anspruchsvoll Sie auch sind, ein großer Berg aus Granit kann niemals ignoriert werden – er spricht in Ruhe zur eigentlichen Seele Ihrer Existenz.“**
>
> **Ansel Adams**

harte und reaktionsträge Gesteine. Als Folge davon reichen diese Wurzeln tief in den Mantel hinein. Wie bei einem driftenden Eisberg liegt die Hauptmasse tief im Untergrund, und je höher ein Gebirge ist, desto tiefer reicht seine Wurzel.

Weiter gedacht: wo immer Wasser vorhanden ist, werden sich kontinentale Gesteine wie Granit bilden. Die Erde mit ihren Meeren hat Kontinente – die trockene Venus nicht. Ein tektonisch aktiver Planet wird niemals ein vollständig von Wasser bedeckter Planet sein, denn wo Wasser ist, erheben sich zwangsweise Kontinente.

Worum es geht

## Die mächtigen Kontinente: Schutt an der Oberfläche

# 13 Plattentektonik

**Sucht man nach der einen großen Idee des 20. Jahrhunderts, die unser Bild von der Erde revolutionierte, so ist es die Plattentektonik. Es ist keinesfalls nur die Vorstellung, dass Kontinente auf der Erdoberfläche wandern, sondern eine in sich schlüssige Theorie, wie und warum sie das tun.**

**Die Kontinente – ein Puzzlespiel?** Sobald im 18. Jahrhundert einigermaßen genaue Weltkarten verfügbar waren, bemerkten Betrachter die große Ähnlichkeit der Küste Westafrikas mit der Ostküste Südamerikas. Unter Berücksichtigung des damaligen Hintergrundwissens war die Vorstellung, dass riesige Kontinente mit ihren harten, festen Gesteinen plötzlich auseinanderrissen und abwanderten, völlig absurd. Als Alternative kursierte die Vorstellung, die ganze Erde hätte sich einfach ausgedehnt!

**Kontinentaldrift** Erst Anfang des 20. Jahrhunderts wagten es ein paar Wissenschaftler, allen voran Alfred Wegener, ernsthaft eine Verschiebung der Kontinente zu postulieren. Aber sie waren eine Minderheit. Nach damaliger Auffassung war der Erdmantel zu starr, als dass Kontinente auf ihm wie Schiffe treiben konnten.

In seinem klassischen Lehrbuch *The Principles of Physical Geology* von 1944 äußerte der große britische Geologe Arthur Holmes die Vermutung, dass der gleichwohl starre Mantel, über geologische Zeiträume betrachtet, durchaus fließfähig sei und die Kontinente durch Konvektionsströme verschoben werden könnten. Andere, insbesondere Alex du Toit in Südafrika zeigten, dass die geologischen Strukturen beiderseits des Atlantiks übereinstimmten wie die Zeichnung auf einem durchgerissenen Stück Papier. Auch Fossilien auf beiden Kontinenten bewiesen es. Dennoch wurde die neue Idee nicht allgemein akzeptiert.

> **„Falls die Passgenauigkeit zwischen Südamerika und Afrika nicht genetisch sein sollte, ist sie ein Werkzeug des Satans, um uns zu frustrieren.“**
> **Chester R. Longwell**

## Zeitleiste

**18. Jh.** Erste genaue Karten des Atlantiks zeigen die ähnlichen Küstenformen der anliegenden Kontinente

**1858** Antonio Snider-Pellegrini stellt Karten vom geschlossenen und geöffneten Atlantik einander gegenüber

**1910** Frank Taylor (USA) vermutet, dass Kontinente über die Erdoberfläche wandern

**1912** Alfred Wegener (Deutschland) stellt seine Theorie der Kontinentalverschiebung vor

**Alfred Wegener** (1880–1930)

Der in Berlin geborene A. Wegener ging auf eine zweijährige Expedition für Postgraduierte nach Grönland, wo er angeblich Meereisaufbrüche beobachtete und dabei die Idee aufbrechender Kontinente entwickelte. Er war davon überzeugt, dass Westafrika und Südamerika aufgrund ihrer Küstenlinien einst zusammengehörten und er erkannte, dass diese Übereinstimmung noch besser war, wenn man statt der Küsten- die Schelfränder in die Betrachtung mit einbezog. Eine Vorstellung, wie sich die starren Kontinente in fester Kruste bewegen könnten, hatte er aber nicht, weshalb seine Ideen auf Ablehnung stießen. Wegener starb auf einer späteren Grönlandreise.

Dies änderte sich nach dem Internationalen Geophysikalischen Jahr 1957, als ozeanographische Untersuchungen erstmals zeigten, dass mittelozeanische Rücken wie die Nähte auf einem Tennisball den gesamten Erdball umliefen (siehe Kap. 14). Gleichzeitig wurden Karten aller Erdbeben-Hypozentren zusammengestellt, die deren linienhafte Verteilung zeigten, sowohl entlang der Rücken als auch an vielen Kontinentalrändern. Diese Linien schienen den Grenzen einer Reihe von festen Platten zu folgen, die die Erdoberfläche bedecken.

**Plattentektonik** Die Erdkruste besteht aus sieben großen und mehreren mittelgroßen Platten sowie an Stellen, an denen größere Platten aneinandergrenzen, aus zahlreichen kleineren Fragmenten. Nicht alle Kontinentalränder sind auch Plattengrenzen. Die Afrikanische Platte erstreckt sich beispielsweise im Westen bis zum Mittelatlantischen Rücken und im Osten bis in den Indischen Ozean. Die Platten bestehen nicht nur aus der Erdkruste, sie umfassen auch den starren Bereich des Oberen Mantels, der zusammen mit der Kruste die Lithosphäre bildet. Diese ist unter den ozeanischen Platten normalerweise 150–200 km mächtig, dünnt aber unter den mittelozeanischen Rücken auf Null aus. Unter den alten Kernen der Kontinente, den Kratonen, kann die Lithosphäre bis zu 450 km mächtig werden. Die Basis der Lithosphäre und damit auch die der Platten ist nicht immer klar zu beschreiben. Sie bildet keine scharfe seismische Grenze, also keine Reflexions-

| 1927 | 1944 | 1960 | 1963 | 1965 |
|---|---|---|---|---|
| Alexander du Toit zeigt, dass Gesteinsserien in Westafrika und in Südamerika zur Deckung gebracht werden können | Arthur Holmes vermutet Konvektionsströmungen im Mantel als Antriebsmechanismus der Kontinentaldrift | Harry Hess behauptet, dass an den mittelozeanischen Rücken neue Ozeankruste erzeugt wird | Fred Vine und Drum Matthews beweisen mit den Magnetstreifen die Tatsache des Seafloor-Spreading | Tuzo Wilson, Jason Morgan und Dan McKenzie formulieren die Theorie der Plattentektonik |

schicht wie etwa die Moho, es scheint eher einen allmählichen Übergang von harten, brüchigen Gesteinen hin zu weicheren, plastisch reagierenden Gesteinen der darunterliegenden Asthenosphäre zu geben.

**Superkontinent** Schiebt man die Platten in ihre Ausgangslagen zurück, entsteht ein ganz anderer Eindruck von der Erde. Die Südkontinente vereinigen sich zu einer großen Landmasse namens Gondwana, während Nordamerika mit Eurasien zu Laurasia verschmilzt. Beide trennt ein vom Bereich des heutigen Mittelmeers sich nach Osten öffnender Ozean, die so genannte Tethys. Alle Landmassen zusammen bildeten den Superkontinent Pangäa, den Wegener schon 1912 postuliert hatte.

**Polwanderungskurven** Die Ausrichtung der Kontinente auf ihrem Weg durch die Zeiten kann mithilfe des in Gesteinen konservierten damaligen Erdmagnetismus rekonstruiert werden. Wenn Lava langsam erstarrt, richten sich die neugebildeten magnetisierbaren Eisenminerale nach dem herrschenden Magnetfeld aus und konservieren damit dauerhaft die Lage der damaligen Magnetpole. Das Erdmagnetfeld polt sich gelegentlich um, bleibt aber weitgehend parallel zur Erdachse ausgerichtet. Geologen können daher sagen, wie die einzelnen Kontinente zur Zeit der Gesteinsbildung in Relation zum Nordpol lagen. Durch Einmessung der einstigen magnetischen Ausrichtung aufeinanderfolgender Gesteinsschichten enthält man eine so genannte Polwanderungskurve – was nicht heißt, dass die Pole, sondern die Kontinente gewandert sind. Manchmal kommen die Gesteine verschiedener Kontinente zu einer bestimmten Zeit magnetisch zur Deckung, was bedeutet, dass sie in einem Kontinent vereint waren. Im Fall von Afrika und Südamerika war dieser Zeitpunkt der Untere Jura vor etwa 190 Millionen Jahren.

### **J. Tuzo Wilson** (1908–1993)

Nach dem Zweiten Weltkrieg beschäftigte sich Wilson mit der Krustenentwicklung in Kanada, seiner Heimat, um sich anschließend mehr für Kontinentaldrift im marinen Umfeld zu interessieren. Er erkannte, dass die Kette der Hawaii-Inseln und ihre Verlängerung in Gestalt von Seamounts dadurch entstanden sind, dass sich die Platte über eine ortsfeste Magmaquelle – einen Hot Spot – hinwegbewegt hatte. Er verglich dieses Konzept mit einem Badenden, der in einem Fluss auf dem Rücken liegend, mit einem Strohhalm Luftblasen ausstößt. Darüber hinaus definierte er die drei grundlegenden Erscheinungsformen der Plattenränder und war Mitbegründer der Theorie der Plattentektonik.

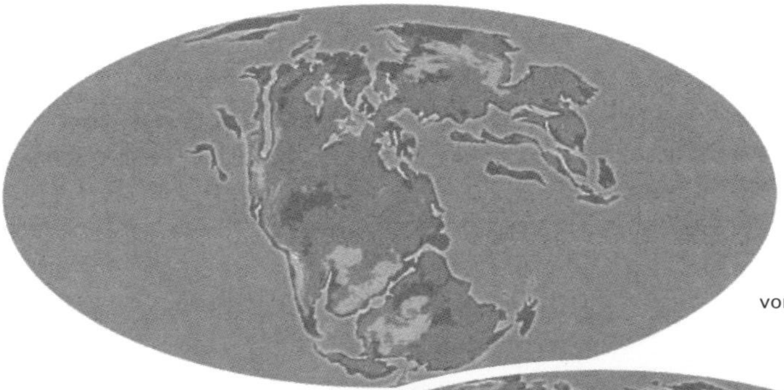

Lage der großen Kontinente der letzten 175 Millionen Jahre

vor 175 Mio. Jahren

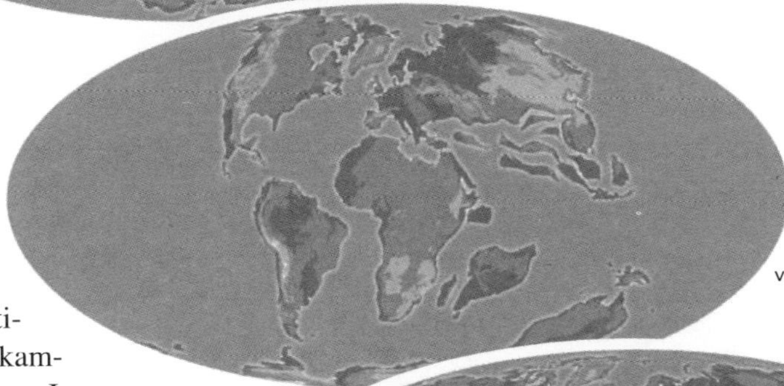

vor 80 Mio. Jahren

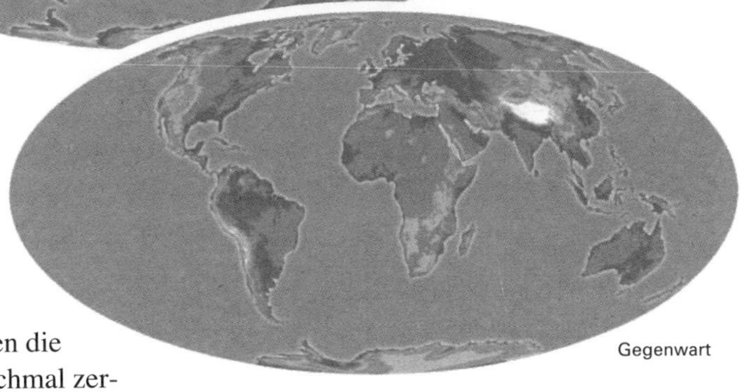

Gegenwart

### Der Tanz der Kontinente

Polwanderungskurven erlaubten es, die zurückgelegten Bewegungen der Kontinente bis ins Präkambrium zu verfolgen. Im Verlauf von Hunderten von Millionen Jahren vereinigten sie sich, um dann in einem sich wiederholenden Schauspiel erneut auseinander zu brechen. Dieser Zyklus wurde nach J. Tuzo Wilson als Wilson-Zyklus bezeichnet.

Nach jedem Wilson-Zyklus sehen die Kontinente etwas anders aus. Manchmal zerbrechen sie, ein andermal verschmelzen sie miteinander und es entsteht ein großer Gebirgszug, der ihre Kollisionszone markiert. Indien unternahm eine 100 Millionen Jahre dauernde Reise durch den Tethys-Ozean, ehe es mit Asien kollidierte und der Himalaja aufgefaltet wurde. Nordafrika drückte gegen Europa, wo sich heute die Alpen befinden und Spanien gegen Frankreich, um die Pyrenäen aufzufalten. Im Kapitel „Gebirgsbildung“ wird davon noch die Rede sein.

Worum es geht

## Kontinente auf Reisen

# 14 Seafloor Spreading

**Ozeane bedecken mehr als 70 Prozent der Erdoberfläche. An ihren Küsten bauen wir Ferienhäuser, wir schwimmen und tauchen im Meer, aber selten tiefer als die paar Dutzend Meter, die das Sonnenlicht eindringt. Darunter liegt eine weithin unbekannte Welt, die Hinweise liefern dürfte, wie unser Planet funktioniert und deren Entschlüsselung noch längst nicht zu Ende ist.**

Der offene Ozean ist im Durchschnitt etwas über 4000 m tief. Mitte des 19. Jahrhunderts begannen Schiffsbesatzungen, den Nordatlantik zu vermessen, um die ersten transatlantischen Tiefseekabel zu verlegen. In der Mitte stießen sie auf ein Gebirge, das den Tiefseeboden mehr als 2200 m überragte (also immer noch tief unter dem Meeresspiegel liegt). Die Gebirgskette bestand überall aus zwei parallelen Längsrücken, getrennt durch einen dazwischen liegenden Graben.

**Der längste Gebirgszug der Erde** In den Jahren nach 1950 suchte die Marine Großbritanniens und der USA die Meeresböden ab, um Verstecke für ihre U-Boote zu finden; auf diese Weise wurde das ganze Ausmaß der mittelozeanischen Rücken bekannt. Die Vermessungsschiffe waren bereits mit Sonargeräten ausgerüstet, was wesentlich schnellere Messungen ermöglichte als die alten Tiefenmessungen mit dem Fadenlot. Man fand heraus, dass das Rückensystem den gesamten Atlantik der Länge nach in etwa halbiert, den Indischen Ozean mit Abzweigungen durchquert und bis in den Pazifik zieht, um schließlich an der Westküste Nordamerikas zu enden. Insgesamt ergaben sich rund 70 000 km ozeanischer Rücken, das längste Gebirge der Erde, das sich um den Planeten windet, vergleichbar den Nähten eines Tennisballs.

**Krustenneubildung** Die Art und Weise wie der Mittelatlantische Rücken den Atlantik halbiert und die 2000 km entfernte Küstenlinie beiderseits nachzeichnet, erscheint mehr als zufällig. Der frühere US-Marinekapitän und Geologe Harry Hess

## Zeitleiste Der Atlantik öffnet sich

**180 Mio. Jahre**
Nordamerika beginnt sich von Europa und Westafrika abzulösen

**120 Mio. Jahre**
Der Südatlantik öffnet sich

**63 Mio. Jahre**
Vulkanismus in NW-Schottland, als Grönland sich endgültig von Europa trennt

**Ein künftiger mittelozeanischer Rücken?**

Ein Ast des Zentralindischen Rückens verläuft entlang der Arabischen Halbinsel in das Rote Meer, das selbst entweder ein in einem Frühstadium stehen gebliebener oder noch im Werden begriffener Ozean ist. Im Golf von Aden verzweigt sich der Rücken und erreicht in Äthiopien das Festland, um schließlich in den Ostafrikanischen Grabenbruch zu münden. Gespeist wird er hier von einem Ableger des afrikanischen Superplumes, daher die zahlreichen Vulkane. Im Norden liegt die Danakil-Senke, ein Gebiet zwischen Äthiopien und Eritrea, das unter dem Meeresspiegel liegt und wo sich der Kontinent aufzuspalten beginnt. Das könnten die ersten Anzeichen der Öffnung eines neuen Ozeans sein.

zog den naheliegenden Schluss: Dieser Mittelozeanische Rücken war Bildungsort neuer ozeanischer Kruste, als der Atlantik sich weitete und die Kontinente nach beiden Seiten wegdrifteten.

**Magnetisches Streifenmuster** Die Geowissenschaftler Fred Vine und Drum Matthews fanden schließlich die Lösung. Sie fuhren mit einem Schiff, das ein hochempfindliches Magnetometer im Schlepp hatte, kreuz und quer über den Mittelatlantischen Rücken und kartierten so das in den Mineralen der Vulkangesteine „eingefrorene" Magnetfeld. Das Erdmagnetfeld, das sich in der Vergangenheit alle paar hunderttausend Jahre umkehrte, bildete diesen Vorgang in alternativ ausgerichteten Streifen von normal und invers magnetisierten Gesteinen beiderseits des Rückens ab.

Die Magnetstreifen beiderseits der ozeanischen Rücken sind spiegelbildlich zueinander angeordnet und werden mit zunehmendem Abstand vom Kamm des ozeanischen Rückens immer älter. Dieser Nachweis überzeugte auch die größten Skeptiker von der Realität der Kontinentaldrift und leitete über zur Theorie der Plattentektonik.

**„Die Erde ist das große Puzzlespiel des Geologen. Er steht vor ihm wie das Kind, für das die Puzzleteile solange ein Rätsel sind, bis es entdeckt, dass sie zueinander in Beziehung stehen und erkennt, wo sie zusammenpassen. Schließlich wachsen die Teile unter seinen Händen zu einem zusammenhängenden Bild heran."**

**Louis Agassiz**

**56 Mio. Jahre**
Magma-Intrusionen in der ozeanischen Kruste führen zur Heraushebung von Teilen des Nordatlantiks, die kurz trockenfallen

**20 Mio. Jahre**
Ein Manteldiapir im Mittelatlantischen Rücken führt zur Entstehung von Island

**Gegenwart**
Der Atlantik ist rund 4000 km breit bei einer Ausbreitungsrate von 2 bis 4 cm pro Jahr

**Anatomie eines mittelozeanischen Rückens** Unter den Rücken steigt heißes Mantelmaterial auf. In etwa 100 km Tiefe beginnt ein Teil zu schmelzen, steigt als Basalt weiter auf und bildet neue Kruste. Die Ausbrüche entlang des Rückens sind relativ sanfte Effusionen, vergleichbar schwarzer Zahnpasta, die aus zahlreichen Spalten hervorquillt und als Kissenlava abkühlt. Ort der Eruptionen ist der tiefe Scheitelgraben, das Rift, in der zentralen Achse des Rückens. Die untermeerischen Bergketten beiderseits des Rifts stiegen teils wegen der Hebung durch das heiße Mantelmaterial auf, und teils auch weil sie selbst noch heiß sind. Mit der Seitwärtsbewegung kühlen die Basalte rasch ab, kontrahieren und sinken ab, so dass der Ozeanboden wieder seine normale Tiefenlage erreicht.

Da es auf dem Globus aber keine geraden Linien geben kann, haben sich entlang der „geraden" Rücken unzähligen Querbrüche, die Transformstörungen, entwickelt.

**Schwarze Raucher** In der neu gebildeten ozeanischen Kruste zirkuliert auf Spalten und Klüften heißes Wasser, das aus dem Gestein große Mengen an Mineralen und Metallen gelöst hat und sich über hydrothermale Schlote ins Meer ergießt. Gelöste Sulfidminerale färben die Lösungen schwarz und lassen den Eindruck schwarzen Rauchs entstehen. Da die Schlote von kaminartigen Krusten umwachsen sind, nennt man sie „Schwarze Raucher". Das Thermalwasser kann bis 350 °C heiß sein, siedet aber wegen des hohen Drucks nicht. Bakterien und viele exotische höhere Tiere ernähren sich von einer schwefelbasierten Nahrungskette.

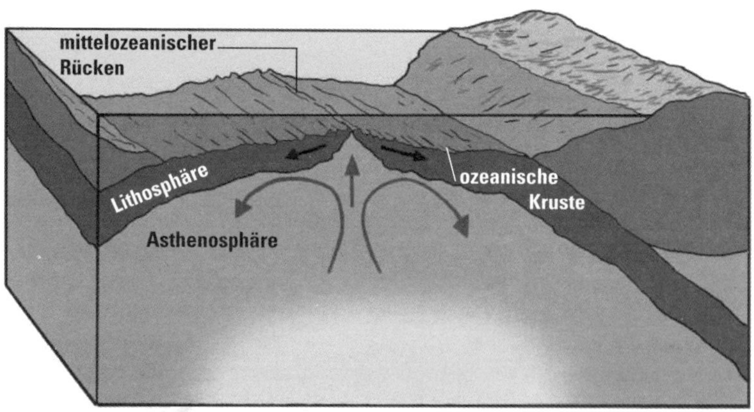


Magma aus dem Mantel steigt empor und erzeugt an den mittelozeanischen Rücken neue ozeanische Kruste. Die neu entstandene Kruste und die darunter liegende Lithosphäre bewegen sich auf der heißen, plastischen Asthenosphäre vom Rücken nach beiden Seiten weg.

### Die Expeditionen der *Challenger*

Die *HMS Challenger* lief 1872 zur weltweit ersten ozeanographischen Expedition aus. Die nächsten vier Jahre legte die Mannschaft über 130 000 km zurück, entnahm Bodenproben, maß Meerestemperaturen, machte Tiefsee-Lotungen und bestimmte 4700 neue Organismenarten. Eine der Tiefenmessungen wurde im Marianengraben vor Guam im Westpazifik durchgeführt, wo eine Tiefe von 8182 m ermittelt wurde, d.h. nahe dem mit 10 900 m tiefsten Punkt der Ozeane, der heute Challenger-Tief genannt wird.

**Das „echte" Atlantis** Island liegt über dem Schnittpunkt eines Manteldiapirs mit dem Mittelatlantischen Rücken. Vor 56 Millionen Jahren, als sich der Nordatlantik öffnete, begann offensichtlich der Manteldiapir sehr aktiv zu werden; er war aber wohl nicht heiß genug, um größere Eruptionen auszulösen. Stattdessen drangen große Mengen Magma in die tiefere Lithosphäre ein, demzufolge sich der Meeresboden hob. Seismische Erkundungen eines mehr als 10 000 $km^2$ großen Gebiets durch britische Wissenschaftler wiesen eine verschwundene Landschaft mit Küsten, Hügeln und Tälern nach, die einstmals über dem Meeresspiegel lag. Kernproben enthielten Pollen und Braunkohle aus Wäldern. Diese ganze Region des Nordatlantiks muss für ein oder zwei Millionen Jahre Festland gewesen sein. Heute liegt diese alte Landschaft 3000 m unter dem Meeresspiegel, überdeckt von 2000 m mächtigen jüngeren Sedimenten und 1000 m Wasser.

## Worum es geht

## Seafloor-Spreading von mittelozeanischen Rücken

# 15 Subduktion

**Neuer Ozeanboden entsteht. Kontinente verschieben sich ohne zu verschwinden. Die Erde wird dennoch nicht größer, also muss die alte Kruste irgendwie entsorgt werden – durch Subduktion. Sie vervollständigt den Zyklus der Mantelkonvektion, indem sie Material an Kontinentalränder anfügt und vulkanische Inselbögen entstehen lässt.**

Es existiert keine ozeanische Kruste, die älter ist als 200 Millionen Jahre und nur wenige Gebiete, die älter sind als 100 Millionen Jahre. Der Grund ist, dass ozeanische Lithosphärenplatten durch Abkühlung und Kontraktion fortwährend dichter werden und immer weniger Auftrieb haben, um auf dem heißen Oberen Mantel zu driften. Deshalb beginnen sie abzusinken.

**Tiefseerinnen** Folgt man dem Ozeanboden weg vom mittelozeanischen Rücken quer über die Tiefseeebene, so wird das Wasser allmählich tiefer, und der Meeresboden geht über in eine Tiefseerinne, deren Wassertiefe mehr als 10 000 m betragen kann. Dort taucht der Meeresboden in die Tiefe ab. Sein weiterer Weg ist aber anhand der Erdbebenzone, die durch sein Abtauchen entsteht, bis in große Tiefen zu verfolgen. Der Subduktionsprozess erfolgt mit derselben Geschwindigkeit, mit der an den mittelozeanischen Rücken neue Kruste gebildet wird – zwischen 2 und 10 cm pro Jahr, vergleichbar dem Wachsen der Fingernägel.

Zu Beginn taucht die Platte mit einem Winkel von ca. 30° ab. Nach dem Erreichen einer Tiefe von etwas mehr als 100 km geht der Basalt der Platte durch Temperatur und Druck in die dichtere Gesteinsart Eklogit über und der Winkel, mit dem die Platte abtaucht, versteilt sich. Die Platte reagiert zunehmend plastischer, so dass die Erdbebentätigkeit schwächer wird. Dennoch ist die Platte als Element hoher seismischer Geschwindigkeit (*high velocity layer*) weiterhin erkennbar. Schließlich kommt die Subduktion der Platte an der Basis des Oberen Mantels in etwa 660 km Tiefe zu einem temporären Stillstand.

## Zeitleiste Ozeane in der erdgeschichtlichen Vergangenheit

**650 Mio. Jahre**
Der Ozean Panthalassa öffnet sich zwischen der Antarktis und Australien im Norden sowie Sibirien und Kanada im Süden

**420 Mio. Jahre**
Der Iapetus-Ozean zwischen Europa und Nordamerika schließt sich

**365 Mio. Jahre**
Der Rheische Ozean zwischen Nord- und Südamerika sowie Florida schließt sich

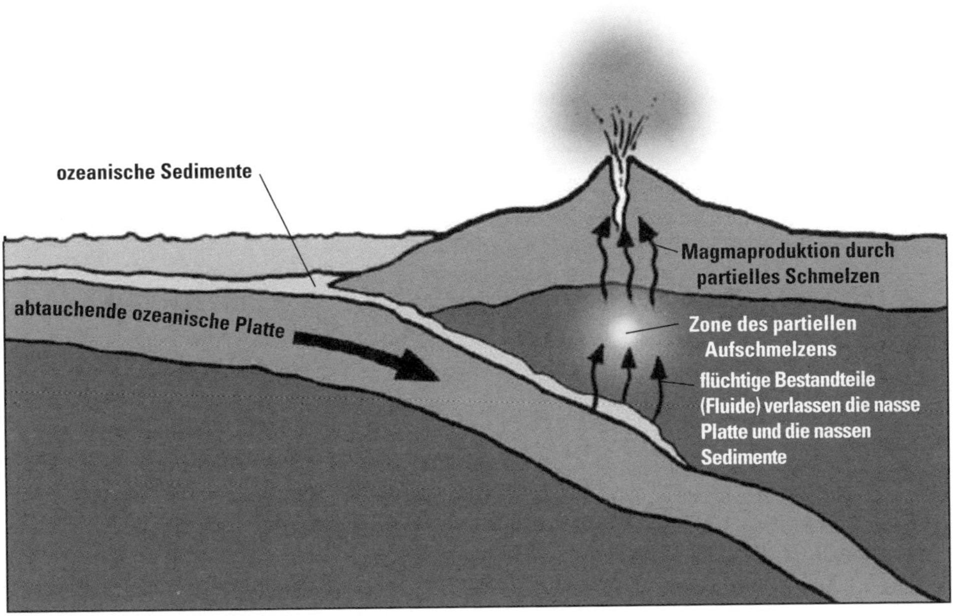


Eine ozeanische Lithosphärenplatte taucht ab, flüchtige Komponenten einschließlich Wasser verursachen partielles Aufschmelzen sowie explosiven Vulkanismus

**Vulkanische Bögen** Das Abtauchen ozeanischer Kruste geschieht nicht ohne Nebeneffekte. Nach 100 Millionen Jahren Meeresbedeckung enthält die Kruste große Mengen Wasser, sowohl in den Poren, als auch in den Mineralen. Beim Abtauchen heizt sie sich auf, das Wasser wird ausgetrieben, steigt nach oben und senkt in den darüber liegenden heißen Gesteinen den Schmelzpunkt. Das dadurch entstehende Magma bricht über der Subduktionszone in zahlreichen Vulkanen aus. Taucht die ozeanische Platte unter eine andere ozeanische Platte ab, entsteht ein vulkanischer Inselbogen wie etwa im Westpazifik. Taucht sie unter einen Kontinent ab, entsteht ein mit Vulkanen durchsetztes Kettengebirge wie die Anden Südamerikas oder das Kaskadengebirge im Westen der USA. Zusammen bilden sie den berühmten „Feuerring" rund um den Pazifik.

| 280 Mio. Jahre | 180 Mio. Jahre | 120 Mio. Jahre | 50 Mio. Jahre |
|---|---|---|---|
| Die Tethys öffnet sich zwischen Indien, Australien und Tibet | Der Atlantik beginnt sich zu öffnen | Der Südatlantik beginnt sich zu öffnen | Die Tethys schließt sich |

**Künftige Subduktionszonen** Keine ozeanische Kruste erreicht ein sehr hohes Alter. Der Ozeanboden des Atlantiks zählt zwar noch als Teil der Eurasischen, Afrikanischen, Nord- und Südamerikanischen Platten, aber irgendwann werden die ältesten Teile beginnen, am Rand eines Kontinents in einer Subduktionszone abzutauchen. Ein Teil dieses Prozesses hat bereits begonnen: in der Karibik in Gestalt des Puerto Rico-Grabens, und im Südatlantik, wo der Südsandwich-Graben zwischen Südamerika und der Antarktis aktiv ist.

Letztlich wird in vielleicht 150 Millionen Jahren der Atlantik beginnen, sich erneut zu schließen und die Kontinente werden sich in 250 Millionen Jahren zu einem neuen Superkontinent vereinen und damit den Wilson-Zyklus fortsetzen.

Nicht alles von einer subduzierenden ozeanischen Platte verschwindet in den Tiefen des Erdmantels. Ein Teil der auflagernden Tiefseesedimente kann abgeschürft und in Form eines Akkretionskeils dem Rand der überfahrenden kontinentalen Platte angegliedert werden. Dies ist eine der Möglichkeiten, wie Kontinente wachsen können.

**Verschwundene Ozeane** Große Ozeane der geologischen Vergangenheit haben sich durch Subduktion aus der Welt verabschiedet. Jüngstes Beispiel ist die Tethys, ein Ozean der Jurazeit. Als Afrika und Indien nach Norden drifteten und mit Europa bzw. Asien zusammenstießen, wurde der Tethys-Ozeanboden in nördlicher Richtung unter den Alpen bzw. dem Himalaja subduziert. Durch seismische Tomographie lassen sich immer noch Reste nachweisen, die bis in den Mantel reichen. Die abgeschürften Sedimente liegen zum Teil als überschobene Decken auf den

### Hugo Benioff (1899–1968)

Der am California Institute of Technology arbeitende amerikanische Geophysiker Hugo Benioff war ein begnadeter Konstrukteur. Die von ihm entwickelten Seismometer sind bis heute weit verbreitet. Im Jahr 1945 konnte er mit zehn dieser Instrumente sehr präzise den ersten Atomtest in der Wüste von Neu-Mexiko lokalisieren. Zusammen mit dem japanischen Seismologen Kiyoo Wadati erstellte er ein Diagramm, das die Tiefenlage kleiner Erdbeben unter einem Inselbogen im Westpazifik zeigte. Die Hypozentren der Beben lagen alle auf einer mit 30° unter den Inseln abtauchenden Fläche. Bald war klar, dass eine solche nach ihnen benannte Wadati-Benioff-Zone nichts anderes als eine abtauchende ozeanische Platte nachzeichnete.

Gebirgskernen. Ein Rest des mittelozeanischen Rückens der Tethys liegt inmitten von Zypern (Troodos-Gebirge), wo reiche Kupfererze die Rohstoffe für die Metallverarbeitung in der Bronzezeit lieferten.

Die Nahtstellen, an denen nach der Subduktion eines dazwischen liegenden Ozeans die Kontinente miteinander kollidierten und Gebirge bildeten, bezeichnet man als (Geo-)Suturen. Die Southern Uplands von Schottland sind so eine Nahtzone, an der sich der Iapetus-Ozean vor 420 Millionen Jahren schloss. Heute kann diese Region auf einer kurzen Fahrt von England nach Schottland durchquert werden; vor 500 Millionen Jahren wäre es eine Seereise gewesen, denn Teile des heutigen Schottlands waren damals Bestandteil Amerikas. Zwischen den beiden Kontinenten wurde die Meeresinsel Avalonia eingezwängt, deren Reste bis heute in Südwestengland, Neufundland und Neuengland zu finden sind.

**‚Wir sind mit den Ozeanen eng verbunden. Und wenn wir immer wieder zum Meer zurückkehren – ob zum Segeln oder zum Beobachten –, dann deshalb, weil wir einst von dort gekommen sind.‘**
**John F. Kennedy**

**Fossile Moho** Erstarrte kalte Ozeankruste sinkt in der Regel per Subduktion in den Mantel zurück. In seltenen Fällen gelangen jedoch Fragmente an die Oberfläche und werden durch Erosion freigelegt, so dass Geologen sie als Überreste von Moho-Gesteinen identifizieren können. Solche Gesteine heißen Ophiolithe; sehr gut erhaltene Beispiele findet man in Oman, im Osten der Arabischen Halbinsel. Diese kreidezeitlichen Ophiolithe repräsentieren aufgeschobene ozeanische Kruste aus hellem Gabbro über dunklem, dichten Peridotit. Die Übergänge sind allerdings undeutlich. Über mehrere Meter verzahnen sich beide Gesteinsarten in Gestalt von zentimeterstarken Adern. Moderne seismische Befunde zeigen, dass die Moho ähnliche Verzahnungen aufweisen kann.

## Worum es geht

## Subduktion – wo Ozeane verschwinden

# 16 Vulkane

**Vulkane sind auf spektakuläre Weise das Abbild der Energie- und Wärmeproduktion im Innern der Erde. Früher galten sie als Kamine der Hölle oder Verstecke von Drachen, heute weiß man, dass sie nicht nur Urlaubsattraktionen sind, sondern auch große Städte und ganze Regionen zerstören und sogar das Klima beeinträchtigen. Man kann Vulkanausbrüche zwar untersuchen, verstehen und teilweise auch vorhersagen, aber niemals verhindern.**

Was unter unseren Füßen passiert, haben wir bereits erfahren: Konvektionsströmungen im Mantel führen zu Vulkanausbrüchen. Dazu zählen die Ausflüsse basaltischer Lava an mittelozeanischen Rücken, die zur Bildung neuer Kruste führen; die riesigen Lavamassen durch Manteldiapire, die an Hot Spots austreten; und die explosiven Eruptionen viskoser Laven über Subduktionszonen. Diese Vorgänge sollen nun im Einzelnen betrachtet werden.

**Vulkanisches Intermezzo auf Hawaii** Die hawaiischen Inseln sitzen einem Hot Spot auf, der von einem Manteldiapir genährt wird. Da sich die Pazifische Platte über einen ortsfesten Diapir hinwegbewegt, der sich wie ein Schweißbrenner durch die Kruste brennt, ist dort im Verlauf der letzten 80 Millionen Jahre eine Kette von Vulkanen und untermeerischen Seamounts entstanden. Die Kette ist etwa in der Mitte abgeknickt, weil die Pazifische Platte zuerst nach N wanderte, vor 48 Millionen Jahren aber nach NW umschwenkte.

Von der Basis des Vulkans aus gemessen, die 5400 m unter Wasser liegt, ist der Mauna Kea mit einer Höhe von 4205 m NN der höchste Gipfel der Erde. Auf ihm befindet sich ein berühmtes internationales Observatorium. Der zweite markante Gipfel, kaum niedriger, ist der Mauna Loa, dessen letzter Ausbruch 1984 stattfand.

An seiner Flanken sitzt der Krater des Kilauea, aus dem seit 1991 ununterbrochen Lava fließt. Vor der Küste südöstlich von Loihi entsteht derzeit der jüngste Hawaii-Vulkan der Kette, der den Meeresspiegel aber noch nicht überragt.

## Zeitleiste Einige berühmte Eruptionen

| 2,1 Mio. Jahre | 68 000 v. Chr. | 1627 v. Chr. | 79 n. Chr. | 1707 | 1815 |
|---|---|---|---|---|---|
| Yellowstone (USA): Schleudert 2500-mal mehr Asche heraus als der Mt. St. Helens 1980 | Toba (Indonesien): Löscht durch Klimaverschlechterung beinahe die frühe Menschheit aus | Santorin (Griechenland): Führt möglicherweise zum Untergang der Minoischen Kultur | Vesuv (Italien): Zerstörung von Pompeji | Fudschijama (Japan) | Tambora (Indonesien): Vulkanische Asche führt zum „Jahr ohne Sommer“ |

### Vulkangesteine

Die vulkanischen Gesteine unterscheiden sich hinsichtlich ihrer Zusammensetzung, ihrer Eruptionsform, ihres Gasgehaltes und der Geschwindigkeit ihrer Erstarrung. Bei rascher Abkühlung entsteht Obsidian, ein schwarzes vulkanisches Glas. Kann dabei das in der Lava enthaltene Gas bei der Eruption nicht entweichen, entsteht ein an eingeschlossenen Blasen reiches Gestein, der Bims, der auf Grund seines geringen Gewichts sogar schwimmt. Das bei einem explosiven Ausbruch entstehende Lockermaterial fällt als Asche herab; ist diese noch sehr heiß, verschmilzt sie zu einem Schweißtuff. Wird heiße Asche in Form einer Glutwolke ausgestoßen, entsteht ein Ignimbrit. Größere Brocken Lava, die bei ihrer Abkühlung rotierend durch die Luft fliegen, landen als vulkanische Bomben, andere nicht rotierende als Schlacken. Die Oberfläche fließender Lava erstarrt entweder zu scharfkantigen Blöcken (Blocklava), die kaum begehbar sind, oder die Lava bewegt sich als dünne heiße Haut abwärts, die sich seilartig zusammenschiebt (Stricklava).

Der aufsteigende Manteldiapir beginnt bei rund 150 km Tiefe partiell zu schmelzen. Unter den dort herrschenden Druck- und Temperaturbedingungen schmelzen zwar nur 3–4 % des Gesteins. Es entsteht jedoch eine sehr dünnflüssige Basaltlava, die für die großflächigen Lavaergüsse der so genannten Schildvulkane typisch ist. Wegen der guten Fließfähigkeit entgast sie sehr rasch, neigt also nicht zu Explosionen und die Eruptionen gelten als wenig gefährlich. Touristische Beobachtungspunkte reichen daher bis an die Krater heran. Die Lavaströme legen beachtliche Strecken zurück und blockieren auf ihrem Weg zum Meer gelegentlich auch Verkehrswege.

**Champagner-Vulkane** Wesentlich „gewalttätiger" sind die Vulkane über den Subduktionszonen. Die dort entstehenden Magmen sind wasserreicher und enthalten mehr freien Quarz; deshalb sind sie zähflüssiger als die Laven auf Hawaii.

Wasser und Fluide machen sie gasreicher. Wenn Magma aufsteigt, verringert sich der Druck und das Magma reagiert wie der Inhalt einer Sektflasche, die vor dem

| 1883 | 1902 | 1943 | 1963 | 1980 | 1991 |
|---|---|---|---|---|---|
| Krakatau (Indonesien): Zerstört die ganze Insel, löst Tsunami aus und fordert 30 000 Menschenleben | Mt. Pelée (Martinique): Stadt St. Pierre durch Glutwolke zerstört | Paricutín (Mexiko): Neuer Vulkan bricht auf einem Acker aus | Surtsey (Island): Neuer Vulkan bricht im Meer aus | Mt. St. Helens (USA): Verheerende Explosion und Schlammlawine | Pinatubo (Philippinen): Aschewolke senkt weltweit die Temperaturen |

**Anatomie eines Vulkans**

Der Ätna auf Sizilien ist ein komplex aufgebauter und gut untersuchter Schichtvulkan. Er ist vergleichsweise jung (250 000 Jahre alt), 3200 m hoch und wächst unentwegt. In den letzten 50 Jahren wurde er zunehmend aktiver und explosiver. Seinen Nachschub erhält er über mehrere Förderschlote eines Manteldiapirs. Am Krater öffnen sich mehrere Nebenkrater, deren Schlote nach allen Seiten Lava auswerfen, und auf den Flanken kommt es zu zahlreichen Spalteneruptionen. Empfindliche Instrumente an den Kraterflanken registrieren jede Aufblähung des Magmas im Innern sowie jede Änderung der Schwerkraft, so dass der Magmaaufstieg genau erfasst werden kann. Ätnas Masse lässt befürchten, dass eine der Flanken einstürzen könnte, was einen katastrophalen Ausbruch zur Folge hätte.

Entkorken geschüttelt wird. Da aber das Gas nicht so leicht entweichen kann wie beim Sekt, sind die Eruptionen häufig extrem explosiv und schleudern Asche und Lavafetzen hoch in die Luft. Eine derartige Form der Eruption, die im Jahr 79 n. Chr. von Plinius d. J. beobachtet und beschrieben wurde und bei der sein Onkel ums Leben kam, verwüstete die Städte Pompeji und Herkulaneum.

Vulkane über Subduktionszonen sind meist Strato- oder Schichtvulkane, klassische aus Lava- und Ascheschichten bestehende Vulkankegel wie etwa der Fudschijama in Japan. Vereinzelt steigen Aschewolken bis zu 20 km hoch in die Stratosphäre auf und verteilen sich mitunter weltweit. Manchmal ist die geförderte heiße Aschemenge sehr groß, dann steigt die Aschewolke nicht auf, sondern rast als heiße Mischung aus Gasen und Asche mit Geschwindigkeiten bis zu 1000 km/h den Vulkanhang hinab, um alles auf ihrem Weg zu verbrennen. Eine solche tödliche Glutwolke oder Pyroklastischer Strom brach am 8. Mai 1902 aus dem Mt. Pelée auf Martinique aus und raste über die Stadt St. Pierre hinweg. Mit Ausnahme einiger Häftlinge kamen alle 30 000 Bewohner ums Leben.

**Der Deckel fliegt weg** Am 18. Mai 1980 brach im US-Bundesstaat Washington der Vulkan Mt. St. Helens in einer der heftigsten Eruptionen seit langem aus. Schon zwei Monate vorher hatte der Vulkan Asche und Dampf ausgestoßen und seine Nordseite hatte sich bedrohlich aufgebläht. Als die Beule schlagartig kollabierte, setzte die in der Magmakammer vorhandene Schmelze abrupt ihre Gase frei, die mit einer katastrophalen Druckwelle von mehr als 620 km/h Geschwindigkeit noch in 30 km Entfernung ganze Wälder umwarf. Über 1,4 $km^3$ Vulkangestein wurden bei der Explosion zerkleinert und in einem Aschefall von 10 cm Dicke über weite Teile der nordwestlichen Vereinigten Staaten verstreut.

**Vulkane und Klima** Vulkanische Gase und Aschewolken haben bedeutende Auswirkungen auf das Weltklima. Der (unaussprechliche) isländische Vulkan Eyjafjallajökull, der 2010 ausbrach, beeinträchtigte mit seinen scharfkantigen, für die Triebwerke schädlichen Aschepartikeln mehrere Wochen lang den gesamten nordwesteuropäischen Flugverkehr. Diese Aschewolke entstand, weil der Vulkanausbruch unter einem Gletscher erfolgte, was zu einer heftigen Reaktion mit dem Schmelzwasser des Gletschers führte.

**» Ich blicke zurück: eine dichte Wolke glüht hinter uns und verfolgt uns wie eine sich über das Festland ausbreitende Flutwelle … Das Feuer ging tatsächlich in einiger Entfernung aus, aber Dunkelheit und Asche kamen wieder, mit voller Wucht. «**

**Plinius d. J.,** 79 n. Chr.

Bei der Eruption des Pinatubo auf den Philippinen gelangten im Januar 1991 über 10 $km^3$ Asche zusammen mit 20 Millionen Tonnen Schwefeldioxid in die Atmosphäre. In der Stratosphäre angelangt, verteilte sich das gelbliche Aerosol-Schwefelsäure-Gemisch wie ein Schleier über die ganze Erde und senkte die Durchschnittstemperatur für zwei Jahre um ein halbes Grad. Selbst die Ozonschicht wurde beschädigt.

Vermutlich entfalteten stärkere Eruptionen in der Vergangenheit noch weit größere Wirkungen. Offensichtlich ging die Zahl der Hominiden vor 70 000 Jahren schlagartig zurück, als zu dieser Zeit der Vulkan Toba auf Sumatra explodiert war. Die große und lang anhaltende Effusion der Dekkan-Trapp-Basalte in Indien vor 65 Millionen Jahre sowie der Sibirischen Trapps vor 250 Millionen Jahre waren möglicherweise Auslöser großer Massenaussterben.

Worum es geht

## Die Gewalt geschmolzenen Magmas

# 17 Erdbeben

**Kontinente verschieben sich scheinbar ungebremst rund um den Globus. Dennoch ruckt es immer wieder – und zwar gewaltig. Denn die Ränder der Platten sind „schlecht geschmiert“, sie können sich verhaken und es kommt zu Spannungen, die sich so lange aufbauen, bis die Bruchgrenze erreicht ist. Das Gestein zerbricht und die Spannungsenergie wird als Erdbeben freigesetzt. Diesen Mechanismus zu erforschen erfordert sehr viel Detektivarbeit.**

Die Relativbewegungen der tektonischen Platten lassen sich mit modernster Technik wie lasergestützter Satellitenvermessung, Satellitengravimetrie und GPS bis in den Millimeterbereich erfassen. Das gilt vor allem für die Zentralbereiche der Platten. Zu den Rändern hin werden die Verhältnisse zunehmend komplexer, denn Plattengrenzen sind selten glatte, gerade Linien: Spalten und Klüfte werden von anderen Störungen durchschlagen, Schollentreppen verlaufen parallel zueinander, andere Verwerfungen spalten sich auf. Manche Plattenränder können über Jahrhunderte hinweg stabil sein, um dann plötzlich die angestaute Spannung in einem verheerenden Erdbeben freizusetzen, bei dem sich der Untergrund innerhalb von Sekunden um Meterbeträge gegeneinander verschiebt.

**San-Andreas-Störung** Die wohl berühmteste Störung der Welt ist die San-Andreas-Verwerfung in Kalifornien (USA). In Wirklichkeit handelt es sich um ein kompliziertes System von Bruchzonen, Rissen und Klüften, das San Francisco durchzieht und weit nach Süden bis in das Hügelland hinter Los Angeles zu verfolgen ist. An dieser Zone verschiebt sich die Pazifische Platte relativ zur Nordamerikanischen Platte nach Norden. In 20 Millionen Jahre wird – zumindest theoretisch – Los Angeles unmittelbar neben San Francisco liegen.

Im Jahr 1906 ereignete sich in San Francisco ein verheerendes Erdbeben, das zusammen mit der Feuersbrunst fast die ganze Stadt verwüstete. Seither gab es jede

## Zeitleiste Große Erdbeben, Magnituden und Anzahl der Todesopfer

| 526 n. Chr. | 1556 | 1730 | 1737 | 1755 | 1906 | 1908 |
|---|---|---|---|---|---|---|
| Antiochia (heute Türkei) möglicherweise 250 000 Tote | Shaanxi (China) 830 000 Tote | Hokkaido (Japan) 137 000 Tote | Kalkutta (Indien) 300 000 Tote | Lissabon (Portugal) bis zu 100 000 Opfer, meist durch Tsunami | San Francisco (USA) Magnitude 7,8, über 3000 Tote | Messina (Sizilien) Magnitude 7,1, 123 000 Tote |

## Magnitude

Erdbeben können in jeder Tiefe bis zu 700 km stattfinden. Der Punkt, an dem das Erdbeben begonnen hat, ist der Erdbebenherd oder das Hypozentrum, der an der Erdoberfläche darüber liegende Punkt ist das Epizentrum. Die Erdbebenstärke wird heute auf einer Skala gemessen, die auf der Momentmagnitude beruht; früher benutzte man hierfür die Richter-Skala. Beide Skalen entsprechen sich in groben Zügen. Die Momentmagnitude ist eine Funktion des mittleren Verschiebungsbetrages, der Bruchfläche und die Festigkeit der Gesteine im Herdgebiet. Sie ist ein Maß für die Energiemenge, die im Hypozentrum freigesetzt wird. Die Zerstörungen an der Erdoberfläche hängen deshalb auch von der Herdtiefe ab. Da die Magnituden logarithmisch skaliert sind, bedeuten zwei zusätzliche Einheiten auf der Skala eine 1000-fache Energiefreisetzung.

Menge kleinerer Beben – einige waren schon ziemlich heftig, etwa das Beben von Loma Prieta bei San Francisco von 1989. Und Kalifornien wartet noch immer auf das „Big One“ – auf die Apokalypse.

**Wo der Pazifik abtaucht** Japan wartet ebenfalls. Die vielen Erdbeben entstehen durch das Abtauchen der Pazifischen Platte unter der Ostküste des japanischen Inselbogens. Tokio wurde 1923 mit 143 000 Toten schwerst getroffen. Beim Kobe-Beben kamen 1995 über 6000 Einwohner ums Leben und das Tohuku-Beben im März 2011 war zusammen mit dem nachfolgenden Tsunami eine der schlimmsten Naturkatastrophen der Gegenwart. Es forderte über 20 000 Opfer und richtete Schäden in vielfacher Milliardenhöhe an Euro an.

**Vorhersage ist unverzichtbar** Die Vorhersage, *wo* ein Erdbeben stattfinden wird, ist einfach – ein Blick auf die Plattenränder genügt. Die wirkliche Herausforderung aber ist: *Wann* wird es stattfinden? Messgeräte liefern zwar manchmal Hinweise, dass sich Spannungen aufbauen. Historische Aufzeichnungen zeigen, wel-

| 1923 | 1960 | 1964 | 2004 | 2010 | 2011 |
|---|---|---|---|---|---|
| Kanto (Japan)<br>Magnitude 7,9,<br>142 000 Tote | Valdivia (Chile)<br>Magnitude 9,5,<br>stärkstes gemessenes Beben,<br>bis 5000 Tote | Prince William Sound, Alaska (USA)<br>Magnitude 9,2,<br>131 Tote | Indischer Ozean (Indonesien)<br>Magnitude 9,1,<br>230 000 Tote | Karibik (Haiti)<br>Magnitude 7,0,<br>220 000 Opfer | Tohoku (Japan)<br>Magnitude 9,0,<br>20 000 Tote |

**› Am Morgen nach dem Erdbeben lernen wir, die Geologie zu verstehen. ‹**
**Ralph Waldo Emerson**

cher Teil der Störung aktiv ist und welcher schon lange ruht. Mit Glück können Seismologen sagen, ob sich nächstens – sagen wir in 10 Jahren – ein Erdbeben ereignen wird. Aber selbst dann besteht eine Chance von 1:3650, dass dies morgen der Fall sein wird. Also kein Grund, Panik auszulösen oder eine Evakuierung anzuordnen.

**Bauvorschriften in Erdbebengebieten** Aber es gibt Möglichkeiten, sich darauf vorzubereiten. Zu oft noch fallen die Worte, dass die Gebäude und nicht die Erdbeben tödlich waren. Japan und Kalifornien haben heute sehr strenge Bauvorschriften, um die Gefahr todbringender Einstürze zu minimieren. Viele Erdbebengebiete in Asien, Lateinamerika und im südlichen Europa sind weniger gut vorbereitet, wenn man zum Beispiel das Erdbeben betrachtet, das 1988 Armenien heimsuchte und über 100 000 Menschen das Leben kostete. Im Vergleich forderte das Loma-Prieta-Beben in Kalifornien mit der gleichen Magnitude ein Jahr später nur 62 Opfer.

Besonders gefährdet sind Gebiete mit Fluss- und Auensedimenten. Dort kommt es häufig zur Bodenverflüssigung. Erschüttert ein Beben wassergesättigte Sedimente, gehen diese – ähnlich wie Quicksand – schlagartig in den flüssigen Zustand über und sind nicht mehr in der Lage, Lasten aufzunehmen. Erdbebenwellen werden, wie etwa 1985 in Mexiko City, sogar verstärkt. In Städten besteht zudem die Gefahr, dass Gas- und Wasserleitungen zerstört werden, Brände ausbrechen und Löschwasser nicht mehr zur Verfügung steht. In den Versorgungsnetzen von San Francisco werden automatisch ganze Bereiche abgesperrt, sobald dort ein Druckabfall eintritt.

**Frühwarnsystem** Selten genug kann eine begründete Evakuierungsempfehlung ausgegeben werden, aber eine Zunahme kleinerer Beben kann sehr wohl ein großes ankündigen und den Grund dafür liefern, Versorgungsleitungen abzustellen sowie Chemiewerke und Nuklearanlagen herunterzufahren und den Katastrophenschutz zu mobilisieren. Auch nach den ersten Bodenerschütterungen ist noch eine Warnung möglich, denn ist das Epizentrum weit vom Stadtkern entfernt, können

**Ungewöhnliche Erdbebenvorläufer**

An Versuchen, Erdbeben vorherzusagen, fehlte es nicht – von bizarren Bräuchen bis hin zu empfindlichsten Geräten. Auffälliges Verhalten von Tieren vor Erdbeben ist ebenso überliefert wie Grundwasserschwankungen in Brunnen. Solche Beobachtungen veranlassten die Behörden, die chinesische Stadt Haicheng 1975 zu evakuieren, bevor ein Erdbeben die Stadt traf. Aber schon ein Jahr darauf starben ohne Vorwarnung in der Stadt Tengshan 240 000 Menschen. Wissenschaftler beobachten die aus den Gesteinen austretenden Radonmengen, suchen nach winzigen piezoelektrischen Entladungen, die dann entstehen, wenn auf Kristalle Druck ausgeübt wird. Auch langwellige Radiowellen sollen einem Beben vorausgehen. Aber keines dieser Anzeichen scheint verlässlich zu sein. Kurz bevor es an einer Störung zum Bruch kommt, kann ein hoher Tidenhub oder ein Platzregen das „letzte Tröpfchen" zum Auslösen des Bebens sein. Aber wer kann schon sagen, ob es auch eintritt?

Radiowellen die Distanz schneller überbrücken als die Erdbebenwellen. Im Falle eines Tsunamis sind sogar noch längere Warnzeiten möglich. Einer der Gründe für die katastrophalen Verluste durch den Tsunami des Asien-Bebens vor Sumatra am zweiten Weihnachtsfeiertag 2004 war ein fehlendes Frühwarnsystem in den betroffenen Gebieten.

## Worum es geht

# Erdbeben: unvermeidbar und nicht vorhersagbar

# 18 Gebirgsbildung

**Immer wieder kollidieren Kontinente frontal miteinander. Kein Wunder, denn ein Gesteinsblock von der Größe eines Kontinents auf Reisen ist nicht einfach zu stoppen. Wenn eine unaufhaltsame Kraft auf ein Objekt einwirkt, das etwa wie ein Kontinent als unerschütterlich gilt, muss eines davon nachgeben. Die Folge einer solchen interkontinentalen Begegnung sind hohe Gebirge und eine Knautschzone von mehreren hundert Kilometern Breite.**

Wir kennen drei Formen konvergierender Plattengrenzen: Konvergenz zweier ozeanischer Platten unter Bildung eines Inselbogens (Aleuten); Konvergenz ozeanischer und kontinentaler Platten (Anden); und Konvergenz zweier kontinentaler Platten (Himalaja).

**Die Anden** Die Anden sind das Musterbeispiel für eine Gebirgsbildung durch Subduktion einer ozeanischen Platte. Dabei entstehen an der Oberfläche nicht nur höchst aktive andesitische Vulkanketten, in der Kruste kommt es zu großen Granitintrusionen sowie insgesamt zu einer Heraushebung des im Werden begriffenen Gebirges. Die Gebirgsbildung begann in der Kreidezeit vor rund 100 Millionen Jahren und dauert, begleitet von Erdbeben und aktivem Vulkanismus, bis heute fort. Über die Drake-Straße hinweg finden die Anden ihre Fortsetzung in der gebirgigen Antarktischen Halbinsel. Im Osten der Anden kam es in der Kruste zur Ausbildung einer Randsenke, was zum Teil auf eine „Sogwirkung" der abtauchenden Pazifischen Platte zurückzuführen ist.

Weiter nördlich, im Westen der USA, ist die Situation komplizierter. Der Winkel der abtauchenden Ozeanplatte ist flacher, die Gebirgsketten verlaufen weiter landeinwärts und umschließen das „Große Becken" – etwa deckungsgleich mit dem Bundesstaat Nevada –, das durch Krustendehnung und -ausdünnung entstanden ist.

## Zeitleiste Große Gebirgsbildungsphasen (Orogenesen)

| 490–390 Mio. Jahre | 350–300 Mio. Jahre | 370–280 Mio. Jahre |
|---|---|---|
| Kaledonische Orogenese, Europa kollidiert mit Nordamerika | Appalachen-Orogenese, Afrika und Nordamerika kollidieren | Herzynische oder Variszische Orogenese, Gondwana (Südkontinent) und Laurussia (Nordamerika und Russland) kollidieren |

**Interkontinentaler Verkehrsunfall** Vor 80 Millionen Jahren löste sich Indien von den anderen Südkontinenten und driftete nach Norden. Die Kruste des dazwischen liegenden Ozeans wurde unter Asien subduziert und vor etwa 30 Millionen Jahren trafen schließlich die beiden Platten in einer langsamen Kontinent-Kontinent-Kollision frontal aufeinander – ein Vorgang, der noch heute andauert.

Ozeanische Kruste hat eine ausreichend hohe Dichte, um subduziert zu werden, die kontinentale Kruste ist leichter. Dies ist vergleichbar mit dem Versuch, einen Korken unter das Wasser zu drücken, oder um bei unserer Analogie zu bleiben: der unten befindliche Wagen kann bei einem Unfall nicht unter der Straße verschwinden. Stattdessen wird die obere Platte als Folge ihres Auftriebs herausgehoben und nimmt nicht nur die Knautschzone mit, sondern auch noch das Hinterland – im Falle des Himalaja das Hochland von Tibet.

Betrachtet man die Sutur, den Kontakt zwischen Asien und Indien, dann erscheint es so, als ob dort bereits eine Einkerbung vorhanden gewesen wäre, in die der Subkontinent gewissermaßen „hineingerutscht" wäre. Falsch. Eine Simulation der Kollision mithilfe eines Blocks, der in eine dicke Lage nassen Tons gedrückt wurde, ergab, dass sich in dem vor dem Block befindlichen Ton ein System von

### Die afrikanische Superbeule

Nicht nur horizontale Kollisionen führen zur Heraushebung großer Gebiete. Südafrika war über einen Zeitraum von etwa 400 Millionen Jahren in keine Kontinentkollision verwickelt, und dennoch hebt es sich seit 300 Millionen Jahren. Es liegt derzeit um 1,5 km höher als es seiner normalen Position auf dem Mantel entspricht. Verantwortlich hierfür ist der bereits erwähnte Mantel-Superplume, der unter Afrika eine Hebung der Kruste ausgelöst hat. Dieser Kontinent sitzt seit 300 Millionen Jahren gewissermaßen auf einem „Heizkissen", das seine Energie aus dem Mantel bezieht. Auf ähnliche Weise müssen ungefaltete, horizontale marine Sedimente in der Mitte des Kontinents, weitab von Gebirgen, dorthin gebracht worden sein, als die ganze Region hinter einer abtauchenden Platte abgesenkt wurde. In geologischen Zeiträumen betrachtet, wippen Kontinente wie Korken auf und ab.

**100 Mio. Jahre bis heute**

Anden-Orogenese durch Subduktion der Pazifischen Platte unter Südamerika

**45 Mio. Jahre bis heute**

Alpidische Orogenese, Afrika gegen Europa und Indien gegen Asien

kreuz und quer verlaufenden Rissen entwickelte, an denen keilförmige Tonbrocken nach der Seite ausgewichen sind – ein Vorgang, der als „tektonische Extrusion" bezeichnet wird. Genau dasselbe passierte hier mit Asien, wobei Indochina nach Osten weggeschoben wurde.

**Rasante Hebung** Wie rasch der Aufstieg des Himalaja vor sich ging, lässt sich an bestimmten Mineralen ablesen. Wenn sich die Kruste hebt, kühlen Plutonite, wie etwa der Granit, rasch ab. Lassen sich die zu bestimmten Zeiten herrschenden Temperaturen bestimmen, kann daraus die Hebungsrate ermittelt werden. Glücklicherweise ist dies möglich. Wir haben bereits erfahren, dass Zirkonkristalle bei ihrer Bildung Uran einbauen und dass durch den Zerfall von Uran zu Blei die radioaktive Uhr zu ticken beginnt. Zirkon kristallisiert bei über 1000 °C, was einer Tiefe von 18 km entspricht. Andere Minerale haben verschiedene so genannte „Schließtemperaturen", z.B. Hornblende 530 °C, Rutil 400 °C oder Biotit 280 °C. Zerfällt ein Uranatom, entstehen in seinem Wirtskristall mikroskopisch kleine Strahlenschäden, so genannte Spaltspuren. Diese Schäden verheilen oberhalb der Schließtemperatur. Die Schließtemperatur des Apatits liegt bei niedrigen 70 °C, die des Zirkons dagegen bei ungefähr 240 °C. Minerale dienen daher nicht nur als Uhr, sondern auch als Thermometer.

Die Auskünfte, die sie uns über den Himalaja geben, sind die eines rasanten Aufstiegs. Der Mt. Everest und seine Nachbargipfel sitzen großen Granitarealen auf. Vor rund 20 Millionen Jahren scheinen sie in der kurzen Zeitspanne von etwas über 1 Millionen Jahre um mehr als 20 km aufgestiegen zu sein. Das entspricht einer Hebungsrate von erstaunlichen 2 cm pro Jahr. Das ist mehr, als eine Kollision allein zustande bringt. Der rasche Aufstieg könnte die Folge einer Hebung des Hochlands von Tibet sein, nachdem kalte dichte Gesteine an der Basis der Lithosphäre in den Mantel abgestürzt sind. In einigen Teilen des Himalajas dauert die Hebung an. Das Nanga-Parbat-Massiv in Pakistan hebt sich mit 1 cm pro Jahr. Sedimente im Indischen Ozean weisen darauf hin, dass der Indische Monsun ebenfalls vor 20 Millionen Jahren einsetzte, als Reaktion der atmosphärischen Zirkulation auf die neu entstandene Hochgebirgskette.

**„Es muss fast als unwahrscheinlich erschienen sein … dass die Gesetze der Erdbeben eines Tages Licht auf den Ursprung der Gebirge werfen würden, so wie das Fallen eines Apfels half, die Bewegungen des Mondes zu verstehen."**

**Sir Charles Lyell,**
***Principles of Geology* (1830–1833)**

**Alpenfaltung und -hebung** Als sich der westliche Ausläufer der Tethys schloss und fast gleichzeitig der Aufstieg des Himalajas begann, schob sich Italien in Europa hinein und die Alpen wurden aufgefaltet. Dieses Gebirge ist kaum weniger

> **Ein Blatt aus Tibet**
>
> Pflanzenblätter können überraschend gute Klimaindikatoren sein. Ungeachtet der Arten haben Pflanzen in ariden Gebieten kleine, schmale Blätter, solche in den feuchten Tropen dagegen große. Die Zähnelung der Blattränder ist ein weiterer Klimaindikator. Sie ermöglicht den Ablauf großer Niederschlagsmengen ohne Zerstörung des Blattes. Fossile Blätter vom tibetischen Hochland zeigen, dass dieses Gebiet bereits vor rund 15 Millionen Jahren seine heutige trockene Höhenlage erreicht hatte.

spektakulär, aber als vergleichsweise kleiner Gebirgszug wesentlich einfacher zu untersuchen. Im nördlichen und südlichen Alpenvorland lagern mächtige Beckensedimente. Dazwischen wurden Kalk- und Dolomitgesteine, aber auch das kristalline Grundgebirge in eindrucksvoller Weise gefaltet und als Decken mit Schubweiten bis zu 200 km weit nach Norden überschoben. Dabei kamen in Umkehr der normalen Schichtenfolge ältere Sedimentgesteine über jüngeren zu liegen. In den Zentralalpen erodierten die Sedimentdecken („Tauernfenster“) und legten das kristalline Grundgebirge aus Metamorphiten und Graniten frei.

Worum es geht

## Interkontinentale Knautschzone

# 19 Metamorphose

**Gesteine entstehen durch Lavaergüsse, durch Magmenintrusionen oder aus Sedimenten. Sie können verwittern, erodiert werden oder vollständig in Lösung gehen, und ihre Verwitterungsbruchstücke entweder auf dem Festland oder im Meer als Sedimente wieder abgelagert werden, und sie können zu Gebirgen aufsteigen. Doch früher oder später gelangen alle in die tieferen Stockwerke der Erdkruste. Dort erfahren sie eine grundlegende Wandlung: Hohe Temperaturen und Drücke führen zur Umwandlung des vorhandenen Mineralbestands und des Gefüges. Das Ergebnis sind die so genannten metamorphen Gesteine oder Metamorphite.**

Für Geologen, die in Gesteinen nach Resten der ältesten Kontinente suchen oder Fossilien finden wollen, sind metamorphe Gesteine ein echtes Ärgernis. Einige Geowissenschaftler bezeichnen solche Gesteine als völlig unbrauchbar. Den Spezialisten gewähren ihre Merkmale wie Gefüge, Mineralbestand und Textur jedoch detaillierte Einblicke in ihre Entstehungsgeschichte.

**Hohe Temperaturen, niedriger Druck** Die einfachste Möglichkeit, Gesteine durch Temperatur zu verändern, ist durch die so genannte Kontaktmetamorphose gegeben. Sie erfolgt in geringer Tiefe und in einem eng begrenzten Bereich des Nebengesteins entlang der Kontaktzone zu einem Intrusivgestein wie etwa Granit. Die Mineralumwandlungen innerhalb des Nebengesteins, normalerweise eines Sedimentgesteins, erfolgen hierbei lediglich durch die hohen Temperaturen der abkühlenden Gesteinsschmelze.

Eine der Konsequenzen ist die Abgabe von Wasser aus den Mineralen (z.B. den Tonmineralen) und den Gesteinsporen, oder das Wasser wird von der heißen Intrusion aufgenommen. Das führt zu einer weiteren Variante, der Hydrothermal-Metamorphose. Typischerweise erfordert diese keine hohen Temperaturen – zwischen 70 und 350 °C reichen aus. Der Mineralbestand des Nebengesteins wird davon kaum betroffen, doch kann es dort durch die Zufuhr wasserlöslicher Verbindungen

## Metamorphe Zonen Temperatur, Druck, typische Mineralfazies

| 120 °C | 225 °C | 300–900 °C | 150–400 °C | 330–550 °C |
|---|---|---|---|---|
| Niedriger Druck: Durch schwache Diagenese Verfestigung der Sedimente. | Niedriger Druck: Zeolith | Niedriger Druck: Hornfels | Hoher Druck: Blauschiefer | Mittlerer Druck: Grünschiefer |

zu einer Mineralneubildung bzw. zur Ausfällung von Porenzementen oder zur Bildung von Erzgängen kommen. Auf diese Weise sind in den Anden in der Nähe von Granitintrusionen riesige Kupferlagerstätten entstanden.

**Pentti Eskola** (1883–1964)

Der finnische Mineraloge Pentti Eskola führte das Konzept der metamorphen Mineralfazies ein. Seine Idee war, metamorphe Gesteine ungeachtet des Ausgangsgesteins nach den bei ihrer Bildung herrschenden Druck- und Temperaturbedingungen einzuteilen. Seine klassische Arbeit erschien 1920, nachdem er ein Jahr in Norwegen verbracht hatte, wo er die dort auftretenden metamorphen Gesteine mit denen seines Heimatlandes verglich. Seine Ergebnisse fanden international so große Anerkennung, dass er nach seinem Tod mit einem Staatsbegräbnis geehrt wurde.

## Hoher Druck, niedrige Temperatur

Ein weiterer Grund für schnelle Gesteinsumwandlung kann ein Impakt sein, ein Einschlag eines Meteoriten oder anderen kosmischen Körpers. Das findet man zwar eher auf dem Mond als auf der Erde, denn die meisten Hochländer des Mondes sind auf diese Weise entstanden. Als Folge einer solchen Impakt- oder Stoßwellenmetamorphose kommt es lokal zum Schmelzen und zur Bildung glasiger Gesteinsbruchstücke. In seltenen Fällen verdampft das Gestein. Im Nebengestein führt sie zu einer parallel verlaufenden Rissbildung. Zum völligen Zerbrechen und Zermahlen der Gesteine kann es kommen, wenn diese unter extreme Scherbeanspruchung geraten – zum Beispiel in Störungszonen. Das auslösende Moment, gerichteter Druck bei niedriger Temperatur, nennt man Dynamometamorphose.

**Regionalmetamorphose** Der größte Teil der Metamorphite entsteht jedoch durch Regionalmetamorphose. Sie tritt dort auf, wo ganze Gesteinsserien in tiefe Krustenteile versenkt und – in Abhängigkeit von den jeweils herrschenden Temperatur- und Druckbedingungen – in unterschiedlichem Ausmaß verändert werden. Dabei entstehen aus Gesteinen jedweder Herkunft Gesteinsabfolgen mit jeweils kennzeichnendem Mineralbestand, die als metamorphe Fazies bezeichnet werden.

**Geologische Küche** In jüngster Zeit wurden ausgeklügelte Hochdruck- und Hochtemperaturexperimente durchgeführt. In Verbindung mit theoretischen Berech-

| 550–700 °C | 600 °C | 300–800 °C | 700–900 °C |
|---|---|---|---|
| Mittlerer Druck: Amphibolit | Mittlerer Druck: Schmelzpunkt von wasserhaltigem Granit | Hoher Druck: Eklogit | Mittlerer bis hoher Druck: Granulit |

nungen gewannen Petrologen daraus ein relativ genaues Bild von den Prozessen, die bei den spezifischen Temperaturen und Drücken in den Gesteinen ablaufen und welch höllischen Bedingungen sie bei der Metamorphose unterliegen.

Köche haben eine Vorstellung von dem, was im Topf geschieht. Wenn man einen englischen *Christmas pudding* zubereiten will, gibt man die Zutaten in einen Dampfkochtopf, darin bildet sich aus einer Verbindung von geschmolzenem Talg und Mehl ein Bindemittel um die Früchte und Schalen herum. Konditoren schmelzen Zuckerkristalle, um sie in Verbindung mit anderen Zutaten in eine neue kristalline Form zu bringen.

**Metamorphosegrade** Die empfindlichsten Gesteine, die als erste auf Druck- und Temperaturanstiege reagieren, sind Tone, Schiefertone und Tonsteine. Sie enthalten große Mengen an wasserreichen Tonmineralen, die auf Druck und Temperatur äußerst empfindlich reagieren und deren Umwandlungsprodukte gute Indikatoren für den Grad der Metamorphose darstellen. Das erste Mineral, das im niedriggradigen Metamorphosestadium auftaucht, ist Chlorit. Nehmen Druck und Temperatur zu, erscheint als nächstes der Biotit, dann Granat und so weiter. Aus Schieferton wird Schiefer und Kalkstein wird zu Marmor. Auch wenn Quarz im Sandstein sehr lange stabil bleibt, kommt es bei sehr hohem Metamorphosegrad zu einer Sammelkristallisation und seine Körner verschmelzen zu Quarzit.

**Metamorphe Gefüge** Die verschiedenen Arten der Metamorphose prägen dem Gestein, das sie verändern, ein neues Gefüge auf. Durch Druck richten sich

### Marmor

Geologisch betrachtet ist Marmor ein metamorpher Kalkstein oder Dolomit. Das Calcium- oder Calcium-Magnesiumkarbonat im Marmor ist rekristallisiert, Sedimentstrukturen sind weitgehend verschwunden. Reiner Marmor ist weiß, aber er kann von farbigen Adern durchzogen sein, die Spuren färbender Elemente wie etwa Eisen enthalten. In der Natursteinindustrie werden sämtliche polierfähigen Kalksteine, die sich für Werksteine und Skulpturen eignen, als Marmor bezeichnet. Der bekannteste weiße Marmor kommt aus Carrara in der Toskana (Italien). Dieser schon in klassischer Zeit geschätzte rein weiße Stein war das bevorzugte Material des Renaissance-Bildhauers Michelangelo, der daraus den berühmten David schuf. Aus Carrara-Marmor besteht auch die Trajanssäule in Rom, der Marble Arch in London sowie die Harvard Medical School in Boston (USA).

**„Bei der Bildung metamorpher Gesteine ist nichts zufällig. Alle Schichten, die einst tief genug versenkt wurden (und denen die gebotene Zeit zur Verfügung stand), müssen diesen Zustand annehmen – keines kann sich dem entziehen. Alle Überlieferungen früherer Welten werden letztlich verschwinden.“**

**Sir John Herschel**

blättrige Minerale, wie etwa Glimmer, senkrecht zur Druckrichtung aus, so dass ein Glimmerschiefer entsteht. Auch feinkörnige Gesteine wie Schiefertone entwickeln metamorphe Gefüge, in diesem Fall entsteht Schiefer. Die Umwandlung von Schieferton zu Schiefer ist so durchgreifend, dass im Schiefer von der ursprünglichen Schichtung nichts mehr zu erkennen ist – das neu entstandene Gefüge, die so genannte „Schieferung“, dominiert.

Mit zunehmendem Druck- und Temperaturgradienten werden die Kristalle ausgelängt und nehmen eine bevorzugte Einregelung an, oder sie beginnen zu schmelzen und zu rekristallisieren, so dass es schwierig wird zu erkennen, ob das Ausgangsgestein ein Magmatit oder ein Sedimentgestein war.

## Worum es geht
## Umwandlung durch Temperatur und Druck

# 20 Das Schwarze Gold

**Außer dem Sonnenlicht beziehen wir unsere gesamte Energie aus Ressourcen der Erde: Geothermische Energie aus heißen Quellen oder aus Bohrungen, alle unsere Kernbrennstoffe sowie die fossilen Energieträger wie Kohle, Erdöl und Erdgas zum Betrieb von Öfen, Kraftwerken und Autos – alle diese Stoffe sind geologischen Ursprungs.**

Seit über einer Milliarde Jahre breitet sich das Leben über die Erde aus, nimmt die Strahlen der Sonne auf und verwendet deren Energie zur Synthese komplexer Kohlenhydrate. Viele Organismen dienen wiederum als Nahrung für andere, aber letztlich landen die meisten Organismenreste in Sedimenten, werden in große Tiefen versenkt und können dort langsam in fossile Brennstoffe übergehen.

**Fossile Bäume** Vor 300 Millionen Jahren, im Zeitalter des Karbons, bedeckten ausgedehnte Sumpfwälder das Land. Gigantische Baumfarne und Palmfarne wuchsen heran, starben ab und unterlagen den weiteren Abbauprozessen. Ihre Reste sammelten sich in mächtigen Torflagen, die von Sedimenten überdeckt, in größere Tiefe versenkt und schließlich zu Kohle wurden. Die Bezeichnung „Karbon" deutet an, dass aus dieser Zeit große Mengen an Kohlenstoff fossil überliefert wurden, sowohl als Kohle oder als Calciumcarbonat in Kalksteinen und Dolomiten.

**Fossilien im Meeresboden** Die Entstehung von Erdöl erfordert bestimmte geologische Bedingungen. Zum Glück für uns gab es sie in der Vergangenheit in reichem Maße. Erste Bedingung sind reich belebte Flachmeere. Sterben die Myriaden von Algen und Mikroorganismen ab, gelangen sie mit etwas Glück in Bereiche mit geringer Sauerstoffsättigung, die den weiteren Abbau der organischen Substanz verhindert und in denen kontinuierlich weiteres Sedimentmaterial abgelagert wird. Als Folge geschehen zwei Dinge: Erstens gelangen die organischen Reste in immer größere Tiefen und werden zunehmendem Druck ausgesetzt. Zweitens wird die sich dehnende Kruste von unten aufgeheizt. Sie werden gewissermaßen gekocht, und

## Zeitleiste Kurze Geschichte der fossilen Brennstoffe

| 300 v. Chr. | 1775 | 1825 | 1908 | 1920 |
|---|---|---|---|---|
| Erste datierte Verwendung von Kohle zur Verhüttung von Erzen durch die Griechen | James Watt lässt sich seine verbesserte Dampfmaschine patentieren; Untertagebau auf Kohle breitet sich aus | In Russland beginnt die kommerzielle Ölproduktion | Henry Ford erfindet die Massenproduktion des Automobils | Die USA überholen Russland in der Ölproduktion |

dadurch kommt es zu chemischen Reaktionen, wobei die im Sediment lebenden Bakterien bei der Reifung des Erdöls und Erdgases wahrscheinlich eine wichtige Rolle spielen.

Erdöl und Erdgas sind im Sedimentgestein diffus verteilt. Um ausbeutungswürdige Mengen zu erreichen, müssen sie ihren Entstehungsort verlassen und in bestimmte Gesteine und tektonische Strukturen, so genannte „Fallen" einwandern, wo sie große Lagerstätten bilden. Meist sind dies porenreiche Gesteine, die nach oben durch dichte Schichten wie etwa Ton oder Salz abgeschlossen werden. In Norddeutschland sind es aufsteigende Salzstöcke, an deren Flanken sich solche Erdölfallen befinden.

**Förderung des Erdöls** Die Ölindustrie hat wichtige Beiträge zum Verständnis der Geologie geliefert, besonders in den sonst unzugänglichen Schelfgebieten vor der Küste. Mit schiffsgestützten seismischen Explorationsmethoden werden die fraglichen Sedimentschichten bis in beträchtliche Tiefen akustisch „durchleuchtet", um die erhofften Fangstrukturen zu finden. Explorationsschiffe sind in der Lage, auch in Meeresströmungen oder rauer See exakt Position zu halten und zentimetergenaue Bohrungen niederzubringen, die nicht nur Tausende Meter tief vordringen,

### Speicherung von Kohlendioxid

Während Politiker in der Absicht, eine Klimaänderung in erträglichen Grenzen zu halten, um eine Übereinkunft zur Reduzierung der Kohlendioxidemissionen aus der Verbrennung fossiler Energieträger ringen, erforschen die Geologen Methoden zur Beseitigung des in den Kraftwerken anfallenden Kohlendioxids. Eine Möglichkeit wäre, dass es durch den in Tiefseerinnen herrschenden hohen Druck in gefrorenem Zustand gespeichert werden könnte. Eine weitere Lösung wird vor der Küste Norwegens erforscht. Dort soll das Kohlendioxid in die ehemaligen Öl- und Gasfelder verpresst werden („Sequestrierung"). Es könnte dort die bereits geförderten fossilen Brennstoffe ersetzen und vielleicht dabei helfen, noch die letzten Reste Erdöl und Erdgas zu gewinnen.

| 1967 | 1984 | 1988 | 2008 |
|---|---|---|---|
| Das erste Nordsee-Gasfeld beginnt zu fördern | Bergarbeiterstreiks legen britische Kohleminen lahm; Kohlegruben werden geschlossen | Das Intergovernmental Panel on Climate Change warnt vor zunehmender Verbrennung fossiler Brennstoffe | Das Barrel Rohöl kostet erstmals über 100 Dollar (zehnfacher Anstieg in zehn Jahren) |

**Wir liegen auf der Zielgeraden der letzten Tage des Ölzeitalters. Umarmt die Zukunft und nehmt Notiz von der wachsenden Nachfrage nach einer Vielzahl von Brennstoffen, oder aber ignoriert die Realität und verpasst langsam – aber sicher – den Anschluss.**

**Mike Bowlin, Vorstandsvorsitzender und Firmenchef von ARCO (jetzt BP) (1999)**

sondern auch exakt horizontal ausgerichtet werden können, um auch weniger zugängliche Bereiche der Erdölfallen anzufahren.

Die Anforderungen sind hoch, ebenso die Risiken, und je tiefer die Offshore-Vorkommen unter Wasser liegen, umso größer die Gefahren. Am meisten fürchtet man einen *Blow Out*, die plötzliche Freisetzung von unter extremem Druck stehendem Gas oder Öl. Die Bohrgeräte sind zwar standardmäßig mit einem Blow-Out-Preventer ausgerüstet, einem starken Sperrventil, das bei Überdruck das Rohr verschließt, doch im April 2010 versagte im Golf von Mexiko so ein Preventer. Die Bohrplattform *Deepwater Horizon* bekam die ganze Wucht des Blow Out zu spüren und sank mit 11 Mann Besatzung. Zurück blieb das offene Förderrohr, aus dem monatelang Millionen Tonnen Rohöl in ein empfindliches Ökosystem ausflossen und weite Gebiete an der Nordküste des Golfes von Mexiko verschmutzten.

**Peak Oil** Dieser Begriff beschreibt den Punkt, ab dem die weltweite Erdölförderung ihren Höhepunkt überschreitet und ab dem die Gesamtfördermenge ständig absinkt. Möglicherweise hat die Welt den Peak Oil bereits überschritten, wenn man die Fördermenge auf konventionelles Erdöl bezieht, also jenes Öl, das durch konventionelle Bohrungen an Land und auf dem Schelf gewonnen wird. Mit steigenden Preisen rücken aber zunehmend Lagerstätten ins Blickfeld, die sehr teuer oder nur mit neuen Fördertechniken zu erschließen sind, z.B. Tiefseevorkommen, Ölsande und Ölschiefer. Letztere sorgen in den USA derzeit für einen Boom: In normaler vertikaler Bohrtechnik kaum zu fördern, werden sie in horizontaler Technik parallel zur Schichtung angebohrt und durch „Fracking" mithilfe von unter hohem Druck eingepressten Flüssigkeiten und Chemikalien aufgeschlossen. Dieses Verfahren wird allerdings von Umweltschützern heftig kritisiert, weil sie eine Gefährdung des Grundwassers befürchten.

Wenn die fossilen Brennstoffe einst zu Ende gehen sollten, bleiben zwei Alternativen: Erneuerbare Energien (also Solar-, Wind- und Wellenenergie bzw. Energie aus Biomasse) und Kernenergie. Gegenwärtig laufen Kernreaktoren mit Uran-235

**Gashydrate**

Eine bedeutende Kohlenwasserstoffressource ist bislang noch ungenutzt: Gashydrate. Sie sind eine Form von Wassereis, das im Kristallgitter große Mengen Naturgas, meist Methan, enthält. Gashydrate kommen in Küstennähe tief unter dem Meeresspiegel vor, wo sie sich unter hohem Druck und niedriger Temperatur bilden und stabil sind. Ihr Gesamtvorkommen enthält doppelt so viel Gas wie alle anderen Vorkommen zusammen. Methanhydrateis kann das 164-fache seines Volumens an Gas halten, was allerdings eine hohe Explosionsgefahr bei der Förderung mit sich bringt. In der Vergangenheit kam es durch warme Meeresströmungen zu einer Destabilisierung der Gashydrate und Freisetzung des Methans, was zu massiven Klimaerwärmungen geführt hat.

als Brennstoff, das ebenfalls eine endliche Ressource ist, aber noch eine Verfügbarkeit von mehreren hundert Jahren hat. Eine nukleare Alternative könnte Thorium sein, das noch für ein Jahrtausend reicht. Und schließlich wird an der kontrollierten Kernfusion geforscht, also am „Sonnenfeuer“. Deren kommerzielle Nutzung dürfte aber noch Jahrzehnte auf sich warten lassen.

## Worum es geht

# Früheres Leben – heutige Brennstoffe

# 21 Schätze aus der Tiefe

**Alles was wir herstellen, von den Autos bis zu den Mobiltelefonen, enthält Rohstoffe aus der Erdkruste. Aber wie kamen sie dort hin? Wie findet man sie und wie werden sie ausgebeutet? Gibt es genug davon, um unsere zunehmend technisierte Zivilisation auch künftig damit zu versorgen?**

Weil die Erdkruste zum größten Teil aus Silikatgesteinen besteht, übersieht man leicht den großen Reichtum an Mineralen, die praktisch jedes Element des Periodensystems bis hin zum schweren Uran enthalten. Würde man alle Gesteine miteinander mischen, wären die Konzentrationen an wertvollen Elementen so gering, dass es zu teuer wäre, sie aufzubereiten und damit zu nutzen. Zum Glück hat die Natur selbst eine Vielzahl interessanter Konzentrationsprozesse vorgenommen und in den Gesteinen wirtschaftlich wichtige Minerale angereichert, die wir in Gestalt von Erzen abbauen. Als „Erz" bezeichnet man Gesteine, deren Abbau eine wirtschaftliche Gewinnung der in ihnen enthaltenen Rohstoffe ermöglicht. Die Launen der Marktpreise, die Umweltfaktoren und die Politik sind unberechenbar, so dass der Begriff gewöhnlich für jede Konzentration eines potenziell nutzbaren Minerals verwendet wird.

**Küchenherd Kruste** Lagerstätten nutzbarer Minerale entstehen meist bei der Platznahme heißer Magmen. Gelegentlich bilden sie sich sogar direkt aus dem Magma. Wenn ein schmelzflüssiges granitisches Magma abkühlt, erstarren die verschiedenen Minerale je nach Schmelzpunkt zu unterschiedlichen Zeiten und setzen sich lagenweise ab. Auch sind die immer noch flüssigen Restschmelzen oftmals nicht in der Lage, sich mit anderen Komponenten zu vermischen. Dies trifft vor

## Zeitleiste Kurze Geschichte des Bergbaus

| 43 000 Jahre | 5500 v. Chr. | 3000 v. Chr. | 2500 v. Chr. |
|---|---|---|---|
| Erster Hinweis auf Hämatitabbau für Ocker in Swaziland (Südafrika) | Kupferbergbau auf dem Balkan | Neolithischer Feuersteinabbau in Grimes Graves (Norfolk, GB) | Bronze (Legierung aus Zinn und Kupfer) kommt in Gebrauch, vermutlich mit Zinn aus Cornwall |

allem für einige sulfidreiche Schmelzen zu, die Nickel, Kupfer und Platin enthalten, und die sich am Boden der Magmakammer absondern.

In vielen Fällen, vor allem in großen Erzlagerstätten, stehen Erze in Zusammenhang mit einem Magmakörper. Die Erzminerale entstammen zwar dem Magma, werden aber in dem vom Magma beeinflussten Nebengestein abgeschieden. Ursache hierfür ist stets Wasser. Steigt heißes Magma nach oben und der Druck verringert sich, dringt das im Magma gelöste Wasser in Form von heißem Wasserdampf in die Klüfte und Risse des Nebengesteins ein.

**Heißes Wasser** Hydrothermale Fluide führen große Mengen gelöster Salze mit sich, vor allem Sulfide, die mit sehr vielen in Lösung befindlichen Metallen Verbindungen eingehen. Diese Stoffe fallen bei sinkenden Temperaturen und Drücken aus der Lösung aus, imprägnieren die Kluftwände und bilden auf diese Weise Erz- und Mineralgänge. Deren Mächtigkeiten reichen vom Millimeter- bis in den Meterbereich. Die häufig die Erzgänge begleitenden, wirtschaftlich relativ wertlosen

### Seltene Erden

Unsere zunehmend technisierte Zivilisation hängt immer stärker von bestimmten Elementen ab, von denen einige von Natur aus sehr selten oder sehr schwer zu gewinnen sind. Extrem starke Magneten, Lasergeräte, Solarzellen, Spezialgläser, Bildschirme und Touchscreens – alle funktionieren nur mit einer Vielzahl seltener Elemente. Weltweit betrachtet ist die Gruppe der Platinmetalle am seltensten. Die so genannten „Seltenen Erden" wie etwa das in den Magneten der Windgeneratoren und Elektroautos enthaltene Neodym, sind gar nicht so selten, sie kommen aber nur in wenigen Lagerstätten in wirtschaftlich bauwürdigen Mengen vor. Besonders China kontrolliert über 90 % der Weltproduktion dieser Metalle. Zwei Dinge müssen vorangetrieben werden: Die Suche nach neuen Lagerstätten und neue Verfahren zur Gewinnung dieser Elemente – vielleicht aus Meerwasser, vor allem aber aus Recyclingmaterial. Letztendlich bleibt noch der Blick über die Erdkugel hinaus, auf Asteroiden, auf denen große Mengen solch seltener Elemente vermutet werden.

| 1400 v. Chr. | 700 v. Chr. | 100 n. Chr. | 1709 | 2007 |
|---|---|---|---|---|
| Eisendolch als geschätzter Besitzstand im Grab Tutanchamuns | In Europa beginnt die Eisenzeit | Weitverbreiteter Bergbau im Römischen Imperium | Abraham Darby baut den ersten mit Koks befeuerten Hochofen | Die Kupfermine von Chuquicamata (Chile) wird zur größten produzierenden Mine der Welt |

Minerale bezeichnet man als Gangart. Sie führen den Bergmann oft zu den reicheren Vorkommen hin.

Hydrothermale Lösungen sind zum Teil starke Säuren und reagieren intensiv mit dem Nebengestein, lösen es manchmal und ersetzen es durch Erzminerale, die Gold, Silber und Kupfer enthalten. Dort, wo granitisches Magma in Kontakt zu Kalkstein kommt, können als Umwandlungsprodukte so genannte Skarn-Lagerstätten entstehen, die reich an Zinn, Eisen, Kupfer, Blei und Zink sind.

Nahe der Oberfläche wird selbst das Grundwasser erhitzt, und reagiert mit dem Nebengestein. Die Sulfid- und Säuregehalte sind zwar geringer, aber dennoch können in solchen epithermalen Lagerstätten Gold, Silber, Kupfer, Blei und Zink enthaltende Minerale abgeschieden werden.

**Schätze von den mittelozeanischen Rücken** In der ozeanischen Kruste der mittelozeanischen Rücken zirkulieren große Mengen Meerwasser. Gelangt dieses in Kontakt mit heißem oder sich abkühlendem Magma, wird es aufgeheizt und beginnt Substanzen aus dem Basalt zu lösen. Dieses nun an Blei-, Zink- und Kupfersulfiden reiche Wasser steigt auf Rissen und Klüften nach oben und tritt am Meeresboden aus. Beim Eintritt in das Meerwasser sinken schlagartig Temperatur und Löslichkeit, so dass die Minerale als „Schwarzer Rauch" ausfallen. Um die Austrittsstellen bilden die Sulfidminerale typische Kamine, die irgendwann zusammenbrechen und Lagen von Sulfidmineralen bilden. Letztlich werden diese Lagerstätten mit der wandernden ozeanischen Platte an Subduktionszonen abtauchen. Unter speziellen geologischen Bedingungen können sie aber auch in seichtere Stockwerke der Kruste gelangen und dort überliefert werden, wie etwa im Troodos-Gebirge auf Zypern, wo sie die großen Kupferlagerstätten der Antike bildeten.

**Reicher Boden** Es gibt aber auch Lagerstätten, die fern aller Magmen entstehen. Alles, was es dazu braucht, ist ein tief verwitterter tropischer Boden in feucht-

**❛ Dort, wo oben Zinnober liegt, wird man darunter Gold finden. Dort, wo oben Magneteisenstein liegt, wird man darunter Gold und Kupfer finden. Dort, wo oben Galmei liegt, wird man darunter Blei, Zinn und Kupfer finden. Dort, wo oben Roteisenstein liegt, wird man darunter Eisen finden. Man sieht also, dass die Berge voll von Schätzen sind. ❜**

**Guan Zhong (720–645 v. Chr.)**

**Goldrausch**

Die Natur unterstützt oftmals die Erzgewinnung. Gold ist eines der wenigen Elemente, die in gediegener Form, also als reines Gold vorliegen. Leider ist es häufig sehr fein in großen Gesteinsmassen verteilt. Wenn aber diese Gesteine verwittern, verfrachten Flüsse und Bäche das abgetragene Sediment und lagern es mitsamt dem Gold in so genannten Flussseifen ab. Goldsucher nutzen das und trennen das Gold mit speziellen Waschpfannen durch Schwenken aus dem Sand ab. Beim Goldrausch machte man im 19. Jahrhundert in Kalifornien und Alaska Jagd auf solche Seifen.

warmem Klima. Unter diesen Bedingungen entstehen aggressive saure Sickerwässer, welche die Silikate zerstören und viele Kationen und sogar Eisen, Aluminium und Silizium in Lösung bringen und in tieferen Bodenschichten wieder ausfällen. Auf diese Weise sind vor 100 Millionen Jahren die Eisenlager bei Weald of Kent entstanden, und so entstehen in den Tropen auch heute noch die eisenhaltigen Laterite. Auch Bauxit ist ein solches Rückstandssubstrat, das reich an Aluminium ist und das wirtschaftlich wichtigste Ausgangsmaterial für dessen Herstellung ist.

Worum es geht

## Intrusionswärme und Wasser – Grundlagen der Erzminerale

# 22 Das Geheimnis der Diamanten

**Diamanten sind nicht nur die besten Freunde der Frauen. Auch Geologen sind an Diamanten höchst interessiert. Im Kristallgitter dieses härtesten aller Minerale verbergen sich die Geheimnisse einer 3 Milliarden Jahre währenden Reise durch den Erdmantel.**

Diamanten bestehen aus reinem Kohlenstoff, wie Holzkohle oder Grafit. Beim Diamant wurden durch extrem hohen Druck die chemischen Bindungen zu einem dreidimensionalen Gitter neu geordnet, das ihn unglaublich hart und durchsichtig macht und – als Brillant geschliffen –verheißungsvoll funkeln lässt. Kleine Beimengungen an Stickstoff anstelle des Kohlenstoffs lassen gelbe, Bor blaue Diamanten entstehen. Durch radioaktive Strahlung verursachte Gitterfehler erzeugen grüne, Scherspannungen braune, sowie die extrem teuren rosafarbenen und roten Varianten.

**Zutaten für Diamanten** Damit aus Kohlenstoff Diamanten entstehen, sind extrem hohe Drücke gefragt – und dementsprechende Bildungstiefen zwischen 130 und 200 km. Die für diesen Prozess notwendigen Temperaturen von 900–1300 °C sind in diesen Tiefen allerdings zu niedrig. Die idealen Druck- und Temperaturbedingungen herrschen dagegen in der Lithosphäre unter den alten Kernen der Kontinente, wo sich folglich auch die meisten Diamantenfundorte befinden.

**Eruptionen in Überschallgeschwindigkeit** Damit Diamanten aus diesen Tiefen nach oben kommen, müssen ungewöhnliche Prozesse ablaufen. Die meisten Vulkane wurzeln mit ihrer Magmakammer in Tiefen von 5 bis 50 km. Aber der Ursprung des Kimberlit-Vulkanismus reicht wesentlich tiefer, ihr Magma kommt

## Zeitleiste Die lange Geschichte eines brasilianischen Diamanten

| 2,5 Mrd. Jahre | 2,2 Mrd. Jahre | 1,3 Mrd. Jahre |
|---|---|---|
| Mikroorganismen adsorbieren $CO_2$, sterben ab und reichern sich im Sediment an | An Kohlenstoff reiches Sediment wird mit ozeanischer Kruste in den Mantel subduziert | Tief im Unteren Mantel beginnt der Kohlenstoff als Diamant zu kristallisieren |

> **Smaragd**
>
> Was Härte und Wertschätzung betrifft, kommen Smaragde gleich nach dem Diamant. Sie gehören zur Gruppe der Berylle mit den grün färbenden Metallen Chrom oder Vanadium. Beryll kristallisiert häufig in Pegmatiten, Gesteinen, die sich am zeitlichen Ende einer Intrusion aus den Restschmelzen bilden. Die Kristalle können gewaltige Größen erreichen: Ein Beryllkristall aus Madagaskar war 18 m lang! Enthalten die Restschmelzen Chrom oder Vanadium, kann sich grüner Smaragd bilden – auf diese Weise entstehen die meisten dieser Edelsteine. Nur in Kolumbien treten sie in Schwarzschiefern auf, wo chromhaltige Lösungen durch tektonischen Druck in die Schiefer gepresst worden sind. Jeder Smaragd hat seine individuelle Sauerstoffisotopen-Signatur. Damit ließ sich z.B. nachweisen, dass der Smaragd eines römischen Ohrrings aus dem Swat-Tal in Pakistan stammt!

aus denselben Tiefen, in denen die Diamanten entstehen. Noch nie hat jemand unmittelbar den Ausbruch eines Kimberlit-Vulkans erlebt. Das wäre auch nicht ratsam, denn das aus großer Tiefe aufsteigende Magma gleicht einer Sektfontäne, bei der man vorher die Flasche geschüttelt hat. Die im Magma gelösten flüchtigen Bestandteile dehnen sich nahe der Oberfläche explosionsartig aus, so dass das Magma mit Überschallgeschwindigkeit austritt.

Die Diamanten findet man keineswegs ausschließlich im Auswurfradius der Kimberlitvulkane; in der Regel wurden sie oftmals durch ehemalige Flüsse abtransportiert und in Fluss- und Küstenseifen angereichert. Dort werden sie heute mit großen Baggern abgebaut. Die größten Diamantminen befanden sich lange Zeit in den Kimberlit-Schloten selbst. In diesen Schloten, die sich wie riesige Trichter in die Tiefe erstrecken, sind die Diamanten in geringen Konzentrationen verteilt, so dass große Gesteinsmassen zerkleinert werden müssen, um sie abzutrennen. In den berühmten und namengebenden Minen von Kimberley (Südafrika) fanden die Eruptionen vor 100 Millionen Jahren statt; die Verwitterung ist seither einen Kilometer tief vorgedrungen. Die Diamanten selbst sind über 1 Milliarden Jahre, manchmal bis zu 3 Milliarden Jahre alt. Nicht alle Kimberlit-Pipes (so heißen die Schlote) ent-

| 200 Mio. Jahre | 100 Mio. Jahre | Gegenwart |
|---|---|---|
| Ein Manteldiapir transportiert den Diamanten in den Oberen Mantel | Diamanten erreichen in einem Kimberlit-Schlot die Erdoberfläche | Diamanten werden abgebaut, geschliffen und zu Schmuck und Werkzeugen verarbeitet |

halten Diamanten und viele enthalten nicht genug, um den Abbau rentabel zu betreiben.

**Organische Diamanten** Der Kohlenstoff, aus dem die Diamanten entstehen, stammt aus zwei unterschiedlichen Quellen, die man mithilfe des Isotopenverhältnisses von C-12 zu C-13 unterscheiden kann. Kohlenstoff aus dem Erdmantel enthält mehr C-13. Manche Diamanten enthalten aber mehr von dem isotopisch leichteren Kohlenstoff C-12, vergleichbar marinen Organismen. Einzige Schlussfolgerung ist, dass dieser Kohlenstoff am Kohlenstoffkreislauf einschließlich Pflanzen und Tieren teilgenommen hat, in marinen Sedimenten eingebettet und durch Subduktion zurück in den Mantel befördert wurde.

**Nachrichten aus Diamanten** Juweliere lieben perfekte, lupenreine Diamanten, die keine oder nur wenige Einschlüsse enthalten. Geologen suchen hingegen gezielt nach solchen Einschlüssen, winzigen Kristallen, die bei der Bildung der Diamanten in deren Gitter eingebaut wurden. Sie geben Auskunft über das Bildungsalter und die einstige Bildungstiefe. Damit kann man auch Rückschlüsse auf die Geschichte des Diamanten ziehen.

Steve Shirey und Mitarbeiter an der Carnegie Institution (Washington) haben im Lauf der Jahre Tausende von Diamanten auf ihre Einschlüsse hin untersucht. Dabei ergab sich, dass alle Diamanten, die älter als 3,5 Milliarden Jahre sind, die Isotopenverhältnisse des Erdmantels zeigen. Kohlenstoff organischer Herkunft taucht erst in den jüngeren Diamanten auf. Sie folgerten daraus, dass dies der Zeitpunkt war, zu dem die ersten ozeanischen Krusten subduziert wurden und damit der Wilson-Zyklus als Abbild der weltweiten Plattentektonik seinen Anfang nahm.

### Diamantbearbeitung

Das härteste bekannte Material, der Diamant, ist nicht einfach zu bearbeiten. Da die Härte etwas von der Richtung der Kristallachsen abhängt, ist es möglich, mit diamantbesetzten Werkzeugen Facetten zu schleifen und zu polieren. Diamanten wurden bereits im 14. Jahrhundert bearbeitet – heute ist dies eine Hightech-Industrie. Neun Zehntel aller Schmuckdiamanten werden in Surat im indischen Bundesstaat Gujarat geschliffen. Häufig wird vom Rohdiamanten ein Computermodell erstellt, um Kristallachsen und Einschlüsse abzubilden und um eine optimale Schliffausbeute zu erreichen. Zunehmend kommen bei der Bearbeitung auch Präzisionslaser zum Einsatz.

**„Ein Diamant ist nichts weiter als ein Stück Kohle, das unter zu hohem Druck stand.“**
**Henry Kissinger**

**Diamanten aus großen Tiefen** Gelegentlich tauchen Diamanten auf, die in ihren Einschlüssen mineralogische Hinweise auf viel größere Tiefen liefern, als die kontinentale Lithosphäre mächtig ist. Einige enthalten sogar Perowskit, ein Hochdruckmineral des Unteren Mantels. Diamanten einer brasilianischen Mine tragen sogar zwei Signaturen in sich: Perowskit aus 600 km Tiefe neben isotopisch „leichtem“ organischem Kohlenstoff aus den oberflächennahen Bereichen. Dieser erste Hinweis auf eine komplette Mantelzirkulation zeigt: Ozeanische Kruste mit kohlenstoffhaltigen Sedimenten muss durch Subduktion bis zur Unteren Mantelgrenze abgetaucht sein, von wo das Material über einen Manteldiapir aufstieg und in der Kreidezeit in Brasilien an die Oberfläche gelangte (s. Zeitleiste).

Worum es geht

## Kristallhistorie unter Druck

# 23 Kreislauf der Gesteine

**Kein Gestein, kein Kontinent steht für sich allein. In diesem Kapitel geht es um die Erdoberfläche, um Atmosphäre und Ozeane und die mit ihnen verbundenen Prozesse. Die Vorstellung, die alles zusammenbringt, nennt man Kreislauf der Gesteine. Was einst aus den Tiefen der Erde nach oben gelangte, taucht auch wieder ab. Die Erde ist ein optimaler Recyclinghof.**

Wir haben gesehen, wie der feste Mantel zirkuliert, wie ein Teil von ihm schmilzt und neue Kruste bildet und wie ozeanische Kruste, zusammen mit den Tiefseesedimenten via Subduktion in den Mantel abtaucht. Nun kommen wir zu dem, was außerhalb passiert – auf dem Festland und in den Ozeanen. Luft, Wasser, Wärme, und sogar das Leben, alles zirkuliert in Kreisläufen. Im Folgenden betrachten wir den Kreislauf, der die Festsubstanz der Erde betrifft: die Gesteine.

**Huttons große Idee** Einer der ersten, der die zyklischen Prozesse auf den Kontinenten und in den Ozeanen erkannte, war James Hutton, oft als „Vater der modernen Geologie" bezeichnet. Bereits 1785 beschrieb er die Erosion von Sedimenten an Land, ihren Transport ins Meer, ihre Ablagerung am Meeresboden, die Verfestigung zu Sedimentgestein sowie die tektonische Hebung und die aufs Neue beginnende Erosion. Er war seiner Zeit weit voraus und erkannte, dass in diesem Kreislauf manche Einzelprozesse nur schwer zu beobachten und dass hierfür lange Zeitspannen erforderlich sind – deutlich längere, als die Schöpfungsgeschichte der Theologen.

**Plutonismus** Huttons Idee vom Kreislauf der Gesteine hing direkt zusammen mit seiner Vorstellung vom Plutonismus, dass viele Gesteine wie Basalt und Granit aus schmelzflüssigen Magmen entstehen. Dies wurde damals von einer großen

## Zeitleiste

**1679**
Robert Hooke weist nach, dass die fossilführenden Schichten zu mächtig sind, als dass sie sich in den 150 Tagen der biblischen Sintflut hätten bilden können

**1776**
James Keir erkennt, dass der Giant's Causeway aus erstarrten Vulkangesteinen besteht

**1779**
Comte de Buffon geht davon aus, dass die Erde mindestens 75 000 Jahre alt ist

**1788**
James Hutton veröffentlicht sein Buch *Theory of the Earth*

**James Hutton** (1726–1797)

Nach seiner Ausbildung zum Arzt kehrte James Hutton ins heimatliche Edinburgh zurück und bewirtschaftete einen in der Nähe gelegenen Bauernhof. Mit 42 Jahren verkaufte er den erfolgreichen Betrieb und ging wieder in die Stadt, wo er ein aktives Mitglied der Edinburgh Philosophical Society wurde, die später als Royal Society of Edinburgh Berühmtheit erlangte. Hier studierte er Geologie und Chemie und veröffentlichte 1788 sein klassisches Werk *Theory of the Earth*. Darin formulierte er das Konzept des Geologischen Kreislaufs und verwies auf die enormen Zeiträume, die für die einzelnen Phasen zu seiner Vervollständigung erforderlich waren. Er erkannte die Bedeutung von Temperatur und Druck und wurde ein überzeugter Plutonist, der Gesteine wie Granit als Produkt glutflüssigen Magmas und nicht als sedimentäre Bildungen betrachtete.

Gruppe von Wissenschaftlern bestritten, die dem Neptunismus anhing, der Lehre, dass alle Gesteine aus „wässerigen Lösungen abgelagert" worden seien. Hutton war der erste, der behauptete, dass alle Gesteine der Erdkruste, Sedimente, Magmatite und Metamorphite, die in große Tiefen versenkt werden, in den schmelzflüssigen Zustand übergehen würden. Dann würde das geschmolzene Gesteinsmaterial aufsteigen und entweder in Vulkanen austreten oder in geringeren Tiefen in andere Gesteine intrudieren, um Gebirge aufzufalten.

Im Gegensatz zum staubtrockenen, luftlosen Mond befinden sich die Gesteine der Erdoberfläche selten im Gleichgewicht mit ihrer Umgebung. Kaum, dass sie zu Gebirgen aufgefaltet wurden, beginnt auch schon die zerstörende Wirkung von Temperaturschwankungen, Wasser und Eis und damit die Abtragung. Die genaueren Einzelheiten kommen im nächsten Kapitel zur Sprache.

**Die Chemie im Kreislauf der Gesteine** Einer der wichtigsten Schlüsselprozesse im Kreislauf der Gesteine ist die chemische Verwitterung. Kohlendioxid reagiert mit Regenwasser unter Bildung der schwachen Kohlensäure, die wiederum mit den Mineralen der Gesteine, wie etwa dem Basalt, reagiert, wobei Tonminerale entstehen. Diese lagern große Mengen Wasser ein, das nachfolgend bei einigen tek-

**1797**
Sir James Hall beweist, dass magmatische Gesteine aus geschmolzenem Material auskristallisieren

**1807**
Die Geological Society of London ist die weltweit erste wissenschaftliche Vereinigung, die sich der Geologie widmet

**1830**
Charles Lyell zeigt in *Principles of Geology*, dass die Erde Hunderte von Millionen Jahre alt sein muss

**1964**
Tuzo Wilson erweitert den Kreislauf der Gesteine auf die Plattentektonik

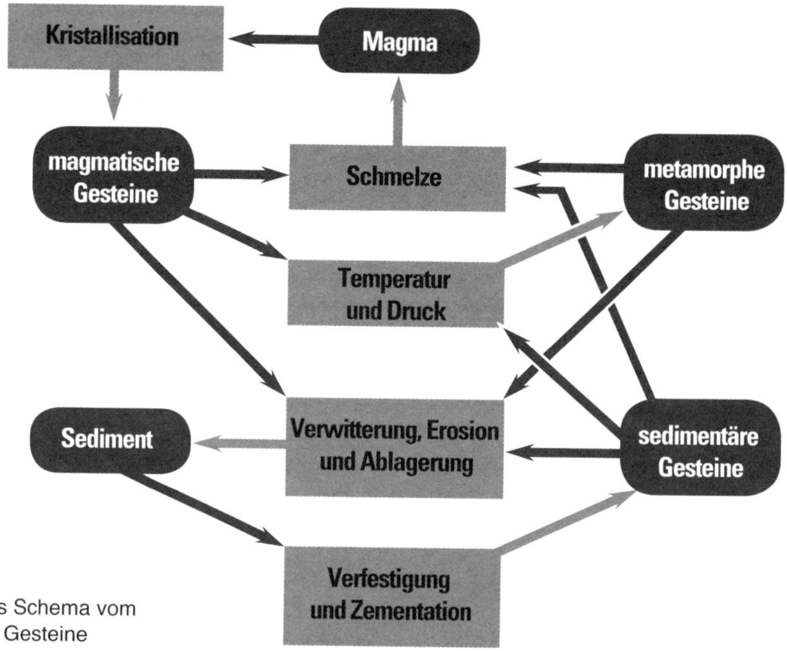


Vereinfachtes Schema vom Kreislauf der Gesteine

**❜ Wir sollten nicht annehmen, dass es irgendwelche übernatürlichen Kräfte gibt, die erforderlichenfalls ein großes Ereignis in kurzer Zeit ermöglichen. In der Natur finden wir weder einen Mangel an Zeit noch irgendwelche Grenzen hinsichtlich der Kräfte. ❛**
**James Hutton**

tonischen Prozessen im Kreislauf wie ein Schmiermittel wirkt. Durch die chemische Verwitterung ändert sich außerdem die Zusammensetzung der Atmosphäre, so dass die Auffaltung neuer Gebirge mit einem Absinken des Kohlendioxidgehalts der Luft einhergeht.

Wasser ist im Kreislauf der Gesteine unverzichtbar. In ihm löst sich Kohlendioxid unter Bildung von Kohlensäure, ein wichtiges Reagens der chemischen Verwitterung. Wasser erodiert die weichen Gesteine und zerstört die löslichen Minerale. Es gefriert zu Eis, das in Klüfte eindringt, sie erweitert und dabei den Gesteinsverband lockert. Als Gletschereis vertieft es Gebirgstäler und schleift die Gesteinsoberflächen ab. Wasser verfrachtet Sediment hang- und talabwärts, bis es letztlich in den Ozeanen zur Ablagerung gelangt. Zusammen mit den abtauchenden ozeanischen Platten gelangt das Wasser in den Mantel und erniedrigt den Schmelzpunkt der dabei entstehenden Magmen.

**Diskordanz**

Huttons Ideen beruhten auf Beobachtungen, vor allem an geologischen Aufschlüssen in Schottland, die man heute „Huttons Diskordanzen" nennt. Als erstes auf der Insel Arran, wo kambrische Schiefer durch tektonische Bewegungen nahezu senkrecht gestellt wurden. Nachfolgend unterlagen sie der Erosion und wurden von jüngeren, horizontal lagernden Sandsteinschichten überdeckt. Hutton fand später bei Jedburgh ein noch viel deutlicheres Beispiel und schrieb wie „ich über mein Glück frohlockte, als ich über ein dermaßen interessantes Objekt der Naturgeschichte der Erde stolperte." Solche Diskordanzen beweisen die ständige Wiederkehr und Abfolge von Hebung, Erosion und Sedimentation.

**Zu Gestein verwandelt** Die Definition von „Gestein" ist so locker wie manche Sedimente, die als Gestein bezeichnet werden! In der Natur vollzieht sich der Übergang der erodierten, transportierten und abgelagerten Sedimente wie etwa Schlamm, Sand und Kies, zu Sedimentgestein langsam und schrittweise. Grundsätzlich verringert sich der Porenraum im Sediment, entweder durch den Vorgang der Kompaktion als Folge des ausgeübten Drucks der auflagernde Sedimente oder durch Zementation, bei der aus Porenlösungen Minerale ausgefällt werden, die die Poren zwischen den Gesteinspartikeln schließen. Der Zement kann entweder aus dem Sediment selbst stammen oder er kann mit dem Porenwasser aus den umgebenden Schichten zugeführt werden. Insgesamt bezeichnet man diese Umwandlung lockerer Sedimente in Festgesteine als Diagenese.

Natürlich ist der Kreislauf der Gesteine nicht einfach nur ein simpler Kreislauf. Alle drei Gesteinsgruppen – Sedimente, Metamorphite, Magmatite – sind der Hebung und Erosion ausgesetzt, und alle können in große Tiefen versenkt werden, wo sie durch Druck und Temperatur der Metamorphose bis hin zur partiellen Aufschmelzung unterliegen.

**Der Wilson-Zyklus** In den 60er Jahren des vorigen Jahrhunderts erweiterte Tuzo Wilson das Konzept des Gesteinskreislaufs, um seine neue Idee der Plattentektonik zu integrieren. Er gliederte die Vorstellung einer Mantelkonvektion in den Ablauf ein, die den Kreislauf um die Prozesse der Subduktion und Magmabildung erweiterte und vervollständigte.

## Worum es geht

## Der immerwährende Kreislauf der Gesteine

# 24 Formung der Landschaften

**Jeder Stein könnte seine eigene Geschichte erzählen. Aber nicht nur die Gesteine, sondern auch die Landschaften, in denen sie vorkommen, können das – Geschichten von den abtragenden Kräften, die insgesamt die uns umgebenden Landschaften formen. Die physische Geographie beschäftigt sich mit dem Werden und Vergehen der Landschaften.**

**Sonnenenergie** Letztendlich gehen alle auf der Erdoberfläche ablaufenden Prozesse der Erosion auf die Sonnenenergie zurück. Diese setzt die Atmosphäre und ihre Luftmassen in Bewegung, lässt Wasser verdunsten, Wasserdampf zu Wolken kondensieren und als Niederschlag fallen, der wiederum Flüsse und Gletscher nährt. Was die Sonne emporhebt, zieht die Schwerkraft nach unten und verstärkt die Erosionskraft das fließenden Wassers und des transportierten Gesteinsschutts, bis das entstandene Sedimentmaterial schließlich in den tiefsten Bereichen der Täler, Senken und Ozeane zur Ablagerung kommt.

**Die Erosionsrate** Je höher hinaus, umso tiefer die Fallhöhe. In jungen Faltengebirgen ist die Erosionsrate stets am höchsten. Sie hängt von zwei Größen ab: von der Verwitterungsrate und der Transportrate. Man unterscheidet zwei Arten der Verwitterung: die physikalische und die chemische Verwitterung. Bei der chemischen Verwitterung löst das durch die aufgenommene Kohlensäure schwach sauer reagierende Niederschlagswasser Gesteine wie etwa Karbonatgesteine auf, oder es reagiert mit den Silikatmineralen unter Bildung von Tonmaterial. Diese Prozesse konzentrieren sich auf Klüfte und Spalten und können auf diese Weise auch der physikalischen Verwitterung Vorschub leisten.

## Zeitleiste Grand Canyon

| 2 Mrd. Jahre | 1 Mrd. Jahre | 500 Mio. Jahre | 280 Mio. Jahre | 230 Mio. Jahre |
|---|---|---|---|---|
| Älteste Gesteine im Canyon | Entstehung der „Großen Diskordanz“ durch Erosion des Festlands | Ende der erosiven Phase und Ablagerung transgressiver mariner Sedimente | Zeitalter des Perm; Ablagerung äolischer Sanddünen | Jüngster Kalkstein im Canyon |

**Die Kraft des Wassers** Wasser ist das wesentliche Element der physikalischen Verwitterung, vor allem wenn es gefriert. In Risse und Klüfte eingedrungenes Wasser dehnt sich aus und lockert den Gesteinsverband. Im großen Maßstab, als Gletscher, schürft das abwärts kriechende Eis breite Täler aus und zermalmt Gesteine zu Schutt und Gesteinsmehl. Gebirgsbäche transportieren das Schuttmaterial genauso rasch ab, wie es entstanden ist. Die Erosion wird lediglich von der Verwitterungsgeschwindigkeit begrenzt und erzeugt eine kahle Landschaft mit freiliegenden Gesteinsoberflächen.

> **Physische Geographie und Geologie sind untrennbar miteinander verbundene Wissenschaften.**
>
> **Sir Roderick Impey Murchison,** auf dem Jahrestreffen der Royal Geographical Society (1857).

Wo die Erosion von der Transportrate begrenzt wird, kommt es normalerweise zur Anreicherung von Sedimenten. Während der letzten Eiszeit übertraf die Verwitterungsrate bei weitem die Transportrate. Daher besteht die Sedimentfracht vieler Flüsse in den nördlichen Breiten aus Lockermaterial, das von den eiszeitlichen Gletschern losgerissen und beim Abschmelzen zurückgelassen wurde.

### Geschichte eines Sandkorns

Viele Geowissenschaftler widmeten sich ihr Leben lang der Erforschung von Sand und Sandsteinen. Jede einfache Aussage, wie beispielsweise die Feststellung, dass gerundete Körner vom Wind und eckigkantige vom Wasser transportiert wurden, ist wahrscheinlich falsch. Der Rundungsgrad eines Sandkorns hängt vielmehr davon ab, wie lange es beim Transport den abschleifenden Kräften ausgesetzt war. Vom Wind, das heißt äolisch transportierte Körner werden rascher gerundet und zeigen unter dem Mikroskop eine narbige oder matte Oberfläche. Wasser dämpft hingegen den Aufprall der Körner. Äolisch transportierte Sande sind besser sortiert, da das feinere Material über eine größere Distanz verfrachtet wird als das gröbere. Durch die Bestimmung, wie lange Quarzkörner der kosmischen Strahlung ausgesetzt waren, konnte man berechnen, dass Sandkörner etwa eine Million Jahre benötigen, um die Wüste Namib in Südafrika zu überqueren.

**17 Mio. Jahre**
Möglicher Beginn der Entwicklung des westlichen Canyons

**5,3 Mio. Jahre**
Öffnung des Golfs von Kalifornien, rasche Eintiefung des Canyons; östlicher und westlicher Canyon verbinden sich

**32 000 Jahre**
„Pueblo-Indianer" tauchen auf

**1919**
Grand Canyon wird Nationalpark

**Boden** Jedes auf dem Festland abgelagerte Sediment verwittert früher oder später an der Oberfläche zu einem Boden mit Humus, auf dem Pflanzen wachsen. Die Vegetation vermindert die weitere Erosion, da die Pflanzen den Aufprall der fallenden Tropfen dämpfen und die Kraft des fließenden Wassers verringern. Andererseits erweitern ihre Wurzeln kleine Risse zu Klüften, wohingegen bei der Verrottung der Pflanzen Humussäuren entstehen, die eine chemische Verwitterung begünstigen.

Wenn die schützende Pflanzendecke verschwindet, etwa durch Feuer oder Ernte, kann die Erosion drastisch zunehmen. In den 20er und 30er Jahren des letzten Jahrhunderts begünstigten großräumige Monokulturen im Mittelwesten der USA die Winderosion und aus der Dust Bowl („Staubschüssel") wurden mehrere Milliarden Tonnen Humus ausgeweht.

**Winderosion** In ariden Regionen mit Wassermangel und Pflanzenarmut wird der Wind zur wichtigsten Erosionskraft. Mitgerissene Sandkörner wirken wie ein Sandstrahlgebläse und schleifen die Felsen ab – typisch für Wüstenlandschaften. In der Luft hält sich nur sehr feines Material. Größere Sandkörner befördert der Wind durch Saltation, der hüpfenden Bewegung von zeitweise in die Luft geschleuderten Körnern. Dabei wird bei jeder Bodenberührung ein anderes Korn angeschubst. Auf diese Weise findet der größte Teil der Kornbewegung im bodennahen Bereich statt und führt dort zur Unterhöhlung der Gesteine.

**Bestandteile einer Landschaft** Erosion beginnt im Kleinen mit Regentropfen und hüpfenden Sandkörnern, aber in der Zusammenwirkung aller Elemente entstehen große Landschaftsformen. Klassische Unterschiede ergeben sich schon in Gebirgen mit und ohne Gletschererosion. Gletscher räumen breite, U-förmige Trog-

### Der Grand Canyon

Dieser größte Canyon der USA zählt zu den spektakulärsten Erosionsschluchten der Erde. Trotz der Behauptungen biblischer Fundamentalisten, er wäre eine Folge der Sintflut, sind sich Geologen darin einig, dass er Millionen Jahre alt ist. Altersbestimmungen in Kalkhöhlen sprechen für einen Beginn der Erosion vor 17 Millionen Jahren. Mit seiner Länge von 446 km, einer Breite von fast 30 km und einer Tiefe von 1800 m erschließt der Canyon beinahe 2 Milliarden Jahre Erdgeschichte und ist ein eindrucksvolles Beispiel, welche Erosionskraft ein Fluss wie der Colorado River am Grund der Schlucht hat.

täler mit konkaven Flanken und sanften Talsohlenformen aus. Dort, wo Nebengletscher dem Haupteisstrom zuflossen, bleiben nach dem Abschmelzen seitliche Hängetäler erhalten, deren Talböden hoch über dem Boden des Haupttals einmünden. Ein vom Gletscher geformtes Tal kann übertieft sein und auf dem Talboden können tiefe Seen und Fjorde entstehen.

Flusstäler sind im Gegensatz dazu V-förmige Kerbtäler mit geraden oder konvexen Flanken. Der Flusslauf kann sich in engen Windungen durch das Tal schlängeln. Aufgrund bestimmter geologischer Gegebenheiten können Seen und Wasserfälle entstehen, doch Gewässer fließen stets dem Gefälle folgend hangabwärts und übertiefen ihre Talsohle nicht.

**„Die Elemente, die sich vereinten, um den Grand Canyon, dieses großartigste Naturschauspiel, zu schaffen, sind mannigfaltig und äußerst verschieden.“**

**John Wesley Powell, nach seiner ersten dokumentierten Erkundungsreise durch den Grand Canyon (1869).**

**Entwicklung einer Landschaft** Im Jahr 1899 veröffentlichte der amerikanische Geologe William M. Davis seine so genannte Zyklentheorie der Denudation. Er ging davon aus, dass ein auf tektonischem Weg entstandenes Hochgebirge sich vom jugendlichen Reliefstadium mit spitzen, hohen Gipfeln und engen, tiefen Tälern über ausgeglichene Oberflächenformen im Reifestadium bis hin zu niedrigen flachen Höhenrücken im Altersstadium entwickelt.

Heute wird diese Phasenlehre als zu stark vereinfachend angesehen. Jedes Landschaftsmerkmal ist ein Produkt der geologischen Verhältnisse im Untergrund und der darauf einwirkenden Kräfte. Und jedes Merkmal hat seine eigene Geschichte.

## Worum es geht

## Alles was in die Höhe steigt, muss auch wieder runter

# 25 Aktualismus und Katastrophismus

**Die Erde unter unseren Füßen erscheint fest und unveränderlich, aber geologisch betrachtet bewegen allmähliche Veränderungen selbst Gebirge. Weitaus dramatischer sind Veränderungen durch Hurrikane und Erdbeben, Überschwemmungen und Vulkanausbrüche. Die Frage ist, was verändert mehr – allmähliche oder plötzliche Phänomene? Diese bis in das 18. Jahrhundert zurückreichende Diskussion dauert bis heute fort.**

**Biblische Katastrophe** Bis zum 18. Jahrhundert wurde jeder angehende Wissenschaftler zunächst in Theologie unterwiesen. Die Kirche dominierte den damaligen Wissenschaftsbetrieb und sie unterstützte auch Bischof Usshers Berechnungen mithilfe der in der Bibel beschriebenen Generationenabfolge, aus der die Entstehung der Erde auf 4004 v. Chr. datiert wurde. Sechstausend Jahre waren einfach zu wenig für geologische Alltagsphänomene wie Verwitterung und Transport, um all die Gesteine abzulagern und die Landschaften zu formen. Die einzige Alternative war, dass sich weit mehr Katastrophen ereignet haben mussten; diese Vorstellung führte zu einer breiten Akzeptanz biblischer Geschichten wie die von der Sintflut.

Damaliger Wortführer des Katastrophismus war der französische Baron Georges de Cuvier (1769–1832). Er war Anatom von Beruf und kannte aus eigenen geologischen Untersuchungen nur wenig mehr als das Pariser Becken. Dennoch faszinierte ihn, wie viele verschiedene Fossilien sich in den unterschiedlichen Gesteinsschichten verbargen und wie einige Schichten gegenüber andern verkippt waren. In biblischen Zeiträumen gesehen, so behauptete er, war es unmöglich, dass solche Veränderungen ohne gewaltige Umbrüche stattgefunden hätten. Aber er nannte weder einen Mechanismus noch brachte er Vernunftgründe vor, warum es solche Katastrophen gegeben haben musste.

## Zeitleiste

**1654**
Bischof Ussher behauptet, dass die Erde um 4004 v. Chr. entstanden sei

**1787**
Abraham Gottlob Werner begründet die Theorie des Neptunismus

**1796**
Georges Cuvier postuliert seine Theorie des Katastrophismus

**Neptunismus** Darüber hinaus war Cuvier ein Verfechter des Neptunismus, zu dessen Protagonisten der deutsche Mineraloge Abraham Gottlob Werner und auch Johann Wolfgang von Goethe zählten. Grundsätzlich galt, dass alle Gesteine der Erdkruste, auch Basalt und Granit „vorzeiten aus wässrigen Lösungen urozeanischer Gewässer abgesetzt" wurden. Sie erkannten, dass es sich bei den gelegentlich im Hochgebirge gefundenen Fossilien um marine Organismen handelte. Das inspirierten sie zu der Annahme, dass einst tiefe Ozeane die gesamte Erde bedeckt hätten. Für sie war die Ur-Erde ein Planet aus Wasser, aus dem alle Festgesteine ausgefällt wurden.

**» Die Gegenwart ist der Schlüssel zur Vergangenheit. «**

**Sir Archibald Geikie (1865)**

**Aktualismus** Das Aktualitätsprinzip, wie es Hutton in seinem Standardwerk *Theory of the Earth* (1788) darlegte, ist eines der grundlegendsten geologischen Gesetze. Seine Kernaussage fasste einige Jahre später ein weiterer schottischer Geologe, Sir Archibald Geikie, in einem einzigen Satz zusammen: „Die Gegenwart ist der Schlüssel zur Vergangenheit". Mit anderen Worten, alle Prozesse und Veränderungen im geologischen Archiv können mit gegenwärtig an der Oberfläche der Erde ablaufenden Prozessen und Veränderungen erklärt werden.

### **Baron Georges Cuvier** (1769–1832)

Nach seiner Ankunft in Paris 1795 veröffentlichte Cuvier einen Aufsatz, in dem er die Schädel von afrikanischen und indischen Elefanten mit Fossilien eines Mammuts und von Lebewesen verglich, das man damals als „Ohio-Tier" bezeichnete – heute identifiziert als Mastodon. Er erkannte, dass sie eigenständige Arten waren und dass die fossilen Spezies ausgestorben sind. Die Möglichkeit, dass Arten aussterben können, war damals nicht allgemein akzeptiert. Da seine anatomischen Untersuchungen für klare Unterschiede zwischen den Arten sprachen und keine Zwischenformen erkennbar waren, lehnte er das Konzept der Evolutionstheorie ab. Er glaubte, dass ein Artensterben und Veränderungen nur durch Katastrophen ausgelöst würden und favorisierte diese Theorie gegenüber aktualistischen Argumenten.

**1788**
James Hutton veröffentlicht sein Buch *Theory of the Earth* und bekennt sich darin zu Aktualismus und Plutonismus

**1830**
Charles Lyell publiziert seine *Principles of Geology*

**1865**
Sir Archibald Geikie prägt den Satz: „Die Gegenwart ist der Schlüssel zur Vergangenheit"

**❜ Wir finden keine Spur eines Beginns und keine Wahrscheinlichkeit eines Endes. ❛**

**James Hutton, *Theory of the Earth* (1788)**

Auf den ersten Blick erscheint nichts beständiger als ein Gestein. Bei näherer Betrachtung bemerkt man diese abgerutschte Böschung, die gestern noch vorhanden war und jene Sanddüne, die letzten Monat noch kleiner war – überall kleine Veränderungen. Wichtig ist für die Veränderungen nur eines: Zeit, Millionen und Abermillionen Jahre. Wenn man die eng gefassten Zeitgrenzen von Bischof Ussher ignoriert, ist alles möglich.

**Aktualismus** Mit Charles Lyell vertrat ein anderer großer britischer Geologe offensiv das Aktualitätsprinzip. Der Untertitel seines berühmten Werks *Principles of Geology* (1830) macht deutlich, welches Argument er für besonders wichtig hielt: „… ist ein Versuch, die früher stattgefundenen Veränderungen auf der Erdoberfläche anhand der aktuell stattfindenden Ereignisse zu erklären." Lyells Beharren auf der Tatsache, dass nur ausreichend Zeit vorhanden sein müsste, um allmähliche Veränderungen zu ermöglichen, lieferte darüber hinaus das Gerüst für seinen Freund Charles Darwin, seine Evolutionstheorie der natürlichen Selektion voranzutreiben.

**Neokatastrophismus** Veränderungen in kleinen Schritten über geologische Zeiträume hinweg kann vieles erklären. Aber nicht jeder Tag ist gleich. Gestern noch mild, morgen schon Schneesturm; alle paar Jahre eine Flut oder ein Orkan. Erdbeben und Vulkanausbrüche sind weltweit alltäglich, aber einige Male im Jahr geschehen entsetzliche Naturkatastrophen und im Rhythmus einiger tausend Jahre bricht ein Supervulkan aus. Kleine Katastrophen sind häufig, große selten. In Hollywood- und auch in wissenschaftlichen Dokumentarfilmen erscheinen sie stark überzeichnet, sind aber Realität. Sie hinterlassen in ihrer kurzen Zeitspanne der Zerstörung tiefere Spuren als die ereignisarmen Zeiten dazwischen.

Ein Blick zurück in die Erdgeschichte zeigt, dass nicht alles an Veränderungen gleichförmig erfolgte und häufig geschahen Dinge sprunghaft und spontan. So waren das Paläoklima und selbst die Zusammensetzung der Atmosphäre früher anders. Die Sonne schwächelte, das Klima kühlte ab, die Sonne wurde wieder wärmer und umgekehrt. Das Leben veränderte die Ozeane, es eroberte das Festland und

**Sir Charles Lyell** (1797–1875)

Charles Lyell war der einflussreichste Geologe seiner Zeit. Als Schotte war er beseelt von David Humes *Scottish Enlightment Movement*, das Huttons Aktualitätsprinzip philosophische Unterstützung verlieh und das auch Lyell selbst vertrat. Seine *Principles of Geology* (1830–1833), ein dreibändiges Werk, wurden zum Standardlehrbuch. Für Charles Darwins Expeditionen mit der *Beagle* war es eine unverzichtbare Quelle, um die geologischen Funde zu interpretieren. Darwin und Lyell wurden enge Freunde, und obwohl sich Lyell mit der Evolutionstheorie schwer tat, brachten es seine *Principles* auf nicht weniger als 12 überarbeitete Auflagen.

begann es zuzubetonieren! Allmähliche Veränderungen gibt es auch heute, doch die Anfangsbedingungen sind nicht dieselben wie vor einer Milliarde Jahre.

**Aussterben** Aus der Fossilabfolge ist klar ersichtlich, dass es mehrere Großkatastrophen gegeben haben muss, durch die mehr als ein Drittel oder gar die Hälfte aller Arten verschwunden sind. Ob nun ein Meteorit einschlug, Vulkane explodierten, magnetische Inversionen stattfanden, ein Gammablitz die Erde traf oder sich das Klima veränderte, all diese Ereignisse waren für die Organismenarten katastrophal und bedrohten sie mit Auslöschung. Wie schon der Geologe Derek Auger salopp meinte: Es ist wie im Soldatenleben, lange Perioden der Langeweile und kurze des Terrors.

## Worum es geht

## Die Gegenwart ist der Schlüssel zur Vergangenheit

# 26 Sedimentation

**Sie bilden eigentlich nur eine dünne Haut, die weniger als 10 Prozent der Krustengesteine ausmacht, aber Sedimentgesteine sind immerhin diejenigen, denen wir am häufigsten begegnen und die wir in unseren Häusern und Straßen verbauen. Jedes davon erzählt seine eigene Entstehungsgeschichte, die wie in Stein gemeißelt vor uns liegt. Neben den Magmatiten und Metamorphiten sind sie die dritte wichtige Gesteinsgruppe.**

Die Bildung von Sedimentgesteinen ist Endpunkt im Kreislauf der Gesteine – falls ein Kreislauf überhaupt enden kann. Die zerkleinerten oder gelöste Reste ehemaliger Gebirge und selbst die organischen Reste von Pflanzen und Tieren – alles wird irgendwann zu Sedimenten und Sedimentgesteinen.

**Sedimenttypen** Sedimentgesteine werden gewöhnlich anhand ihrer Herkunft, Zusammensetzung und Gefüge unterteilt. Die Mehrzahl gehört zur Gruppe der klastischen Sedimente, das heißt, sie bestehen aus den Bruchstücken und Komponenten erodierter Gesteine. Meist handelt es sich hierbei um Silikatminerale, vorwiegend um Quarz, da dieser sehr widerstandsfähig ist. Feldspat ist ebenfalls häufig, hinzu kommen Tonminerale als Verwitterungsprodukte silikatischer Gesteine wie beispielsweise Basalt.

Nichtklastische Sedimentgesteine sind entweder biogener, chemisch-biogener oder chemischer Herkunft. Beispiele für biogene Sedimente sind alle Kohlearten, Erdöl, Schalentrümmerkalke oder die Schreibkreide, die aus den Schalenresten von Mikroorganismen besteht. Beispiele chemischer Sedimente sind Steinsalz, Gips, Anhydrit sowie Kalksteine sofern diese rein durch Ausfällung in Flachmeeren, Seen oder Höhlen entstanden sind.

**Sedimentbildungsräume** Sedimentgesteine können wichtige Informationen hinsichtlich ihres Bildungsraumes liefern und einiges über die Umweltbedingungen

## Zeitleiste Sedimente im Untergrund des Londoner Bodens

**420 Mio. Jahre**

In großer Tiefe: Gesteine aus dem Silur

**130 Mio. Jahre**

Tone des Gault (Kreidezeit); abgelagert in sauerstoffarmem Milieu

**70 Mio. Jahre**

Mächtige Sedimente der Schreibkreide, abgelagert in einem warmen Flachmeer

## Klassifikation der klastischen Sedimentgesteine

Klastische Sedimentgesteine unterteilt man nach ihrer Korngröße. Als Kies bezeichnet man Gerölle mit Durchmessern von 63 bis 2 mm; die Sandfraktion besteht aus Komponenten zwischen 2 und 0,063 mm Durchmesser, die Korngröße von Schluff liegt zwischen 0,063 und 0,002 mm und Sedimentbestandteile mit Korngrößen unter 0,002 mm werden als Ton bezeichnet. Diagenetisch mit $SiO_2$ oder Calcit verfestigter Kies, dessen Komponenten deutlich zugerundet sind, wird zu einem Konglomerat. Sind die Gesteinsbruchstücke dagegen eckig-kantig, spricht man von einer Brekzie. Verfestigter Sand wird zu Sandstein, verfestigter Schluff zu Schluffstein und verfestigter Ton zu Tonstein. Alle diese Kategorien werden noch in Grob-, Mittel- und Feinkorn unterteilt, z.B. Grob-, Mittel-, Feinsand. Auch wird auf den Mineralbestand verwiesen, z.B. Quarzsand, Feldspat führender Sand oder Ölschiefer.

verraten, unter denen sie entstanden sind. Ein entscheidender Parameter sind die im Ablagerungsraum herrschenden Energieverhältnisse. Ein rasch fließender Fluss oder eine schäumende Brandungsküste ist ein ausgesprochen hochenergetisches Milieu. Ein stiller See, ein Schlickküste oder die Tiefsee sind dagegen energiearme Milieus. In einem energiereichen Milieu können Komponenten aller Größen transportiert werden. Wenn sich ein Fluss im Unterlauf verbreitert oder weit ausufert, verringert sich die Wasserenergie, und er kann die gröberen Gerölle nicht mehr mitführen; infolgedessen wird aus der Suspension zuerst Kies, dann Sand und schließlich nur noch das feine tonige Material abgelagert.

Bestimmte Sedimentgesteine werden auf dem Festland abgelagert. Am bekanntesten sind die äolischen, d.h. vom Wind verfrachteten Sedimente, die stets sehr gut sortiert sind, und die glazialen, vom Eis verfrachteten Ablagerungen, die aus Komponenten aller Größenordnungen bestehen, vom Felsblock bis zum Gesteinsmehl. Ein weiteres terrestrisches Sediment ist der in

**„Durch wiederholte Beobachtung bin ich überzeugt, dass Marmore, Kalksteine, Kreidesteine, Mergel, Tonsteine, Sand und fast alle terrestrischen Substrate, egal in welcher Lage, voll sind von Gehäusen und anderem Schuttmaterial des Ozeans."**

**Comte Georges-Louis Leclerc de Buffon (1749)**

**55 Mio. Jahre**

Wechselnde Abfolge ästuariner Sedimente, bestehend aus marinen und lakustrischen Sanden und Schluffen

**45 Mio. Jahre**

Mächtige Ablagerungen des London Clay (Ton); abgelagert im Flachwasser

**500 000 Jahre**

Aus Skandinavien vorrückende Eismassen schürfen das heutige Bett der Themse aus, in dem nachfolgend Kiese und Sande abgelagert wurden

Mooren gebildete Torf, der zunächst in Braunkohle und bei tieferer Versenkung in Steinkohle übergehen kann.

**Delta- und Dünensedimente** Sobald Flüsse das Meer erreichen, verlieren sie ihre Schleppkraft und entladen ihre Sedimentfracht ins Meer. Die auf diese Weise entstehenden Mündungsdeltas können sich über mehrere hundert Quadratkilometer erstrecken und mehrere tausend Meter Mächtigkeit erreichen. Normalerweise lagern sich Sedimente in horizontal verlaufenden Schichten ab, aber es gibt Ausnahmen. In einem Delta werden die Sedimente auf einem flachen Hang abgelagert, der sich ins Meer hinaus vorbaut. Ähnliches geschieht in Wanderdünen: Wenn der Sand in Richtung Lee verfrachtet wird, entstehen ebenfalls schräg einfallende Schichtenfolge, eine Schichtungsform, die als Schrägschichtung bezeichnet wird. Zeigen die Schichten wechselnde Schüttungsrichtung, so spricht man von Kreuzschichtung.

**Transgression** Der Meeresspiegel kann steigen oder fallen, und auch das Land kann sich heben oder senken. Im Ergebnis entsteht wegen der sich ändernden Fazies eine Wechselfolge von Sedimenten unterschiedlicher Bildungsräume. Wandert die Küstenlinie landeinwärts und die Sedimente gehen von Flach- in Tiefwassersedimente über, so spricht man von einer Transgression. Zieht sich das Meer zurück und der Ablagerungsraum wird immer flacher, bezeichnet man diesen Vorgang als Regression. Wenn abgeschlossene Strandseen trocken fallen, kommen Evaporite, also Salze wie Steinsalz und Gips zur Ablagerung.

### Diagenese

Mit der Ablagerung der Sedimente endet die Geschichte noch lange nicht. Mit jeder abgelagerten Schicht erhöht sich der Druck auf die tiefer liegenden Schichten, das darin enthaltene Wasser wird allmählich ausgepresst und die Sedimente verdichten sich zunehmend. Durch chemische Lösung und Ausfällung von Mineralen aus dem zirkulierenden Porenwasser wird das Sediment weiter verfestigt und zementiert. Diese Vorgänge bezeichnet man insgesamt als Diagenese. Ton enthält bis zu 60 Volumen-% Wasser und geht, wenn das Wasser ausgepresst wird, in einen dünnschichtigen Schieferton über. Ist im Porenwasser Calcit vorhanden, verfestigt dieser den Ton zu einem harten Tonstein. Wird Sand verdichtet, beginnen die Sandkörner an den Berührungsflächen sich anzulösen und die Porenräume verkleinern sich. Aus dem Sand wird Sandstein.

**‚Gesteine sind Archive von Ereignissen, die aus der Zeit ihrer Entstehung berichten. Sie sind wie Bücher. Ihr Alphabet und Vokabular sind sehr speziell, aber man lernt, darin zu lesen.‘**

**John McPhee**

**Sedimentbecken** Tektonisch bedingte Dehnung führt zu einer Ausdünnung mit gleichzeitiger Absenkung der Kruste in der Dehnungszone; in Küstennähe kann das Meer eindringen und Sedimente ablagern. Durch das Eigengewicht der Sedimente sinkt das Becken kontinuierlich weiter ab, und bei entsprechender Sedimentzufuhr können Sedimentmächtigkeiten von 10 000 m und mehr erreicht werden.

Weil unter der gedehnten Kruste auch die Lithosphäre ausdünnt, reicht die heiße Asthenosphäre näher an das Sedimentbecken heran und heizt dieses auf. Die Folge ist eine beschleunigte Reifung der Kohlenwasserstoffe, z.B. des Erdöls. Ein Beispiel hierfür ist die Nordsee.

Ein weiterer Beckentyp entwickelt sich ausschließlich durch Subduktion. Wo eine ozeanische Platte unter eine andere abtaucht, wird die auflagernde Sedimentschicht abgeschürft und als Akkretionskeil oder Akkretionsprisma einem flachen Becken zwischen Tiefseerinne und Inselbogen angegliedert, in dem die Sedimente des entstandenen Inselbogens zur Ablagerung kommen. Dieses Becken wird als Forearc-Becken bezeichnet. Gleichzeitig entsteht durch das Abtauchen der Platte auf der abgewandten Seite des Inselbogens ein Unterdruck, ein Sog, mit nachfolgender Krustendehnung, Absenkung und Sedimentakkumulation – ein Backarc-Becken.

**Tiefseesedimente** In den Tiefseebecken, weit vom Festland entfernt, ist die Sedimentationsrate äußerst gering. Unter 4000 m Wassertiefe geht Calcit wegen des hohen Drucks in Lösung, weshalb dort kein Karbonatsediment abgelagert werden kann, und auch die absinkenden kalkhaltigen Gehäuse planktischer Organismen gelangen nicht bis zum Meeresboden. Das gilt nicht für Organismen mit kieseligen Hartteilen, die in der Tiefsee als Diatomeen- oder Radiolarienschlamm zur Ablagerung kommen.

Worum es geht

## Erdgeschichte in den Schichten der Zeit

# 27 Meeresströmungen

**Mit 71 Prozent Anteil an der Erdoberfläche und 97 Prozent Anteil am gesamten Wasser der Erde, stehen die Ozeane im Zentrum des dynamischen Geschehens, das sich auf der Erde abspielt. Die obersten zwei Meter des Meerwassers enthalten mehr Wärme als die gesamte Erdatmosphäre und die Zirkulation dieser Wärme in den Meeresströmungen beeinflusst maßgeblich das globale Klima.**

**Coriolis-Kraft** Oberflächennahe Meeresströmungen werden wesentlich von den vorherrschenden Winden angetrieben. Folgt man Newtons Trägheitsgesetz, dann versucht jede geradlinig sich bewegende Masse ihre Richtung beizubehalten. Auf der Erde wird eine geradlinige horizontale Bewegung durch die Coriolis-Kraft als Folge der Erdrotation abgelenkt. Auf der Nordhalbkugel werden horizontale Bewegungen nach rechts, auf der Südhalbkugel nach links abgelenkt. Das Ergebnis sind Meeresströmungen, die in ozeanweiten Strömungswirbeln zirkulieren, die sich auf der Nordhalbkugel im Uhrzeigersinn, auf der Südhalbkugel gegen den Uhrzeigersinn bewegen. Am deutlichsten ist der große nordpazifische Wirbel entwickelt, weil er durch keine Landmasse gestört wird. Ein trauriger Beweis unserer Verschwendungssucht ist der riesige Strudel aus Kunststoffabfällen, der in seinem Zentrum großräumig rotiert.

Im Januar 1992, während eines Sturms im Pazifik, verlor ein Containerschiff drei Behälter mit Plastikenten aus chinesischer Produktion. Über zwei Drittel der 29 000 gelben Entlein trieben nach Süden und strandeten an den Küsten Indonesiens und Australiens. Der Rest „schwamm" nach Norden und gelangte in den nordpazifischen Wirbel. Einige schafften es sogar durch die Beringstraße und froren im Packeis ein. Vielleicht tauchen sie eines Tages im Nordatlantik auf.

> **Wie unangebracht, diesen Planeten „Erde" zu nennen, wenn er doch in Wirklichkeit ein Ozean ist.**
>
> **Arthur C. Clarke**

## Zeitleiste Meilensteine der Ozeanographie

**1777**
Der britische Geograph James Rennell glaubt, dass Meeresströmungen vom Wind angetrieben werden

**1812**
Alexander von Humboldt beschreibt von der Westküste Südamerikas Strömungen, die vom Südpol kaltes Wasser in Richtung Äquator transportieren

**1835**
Der französische Ingenieur Gustave-Gaspard Coriolis erkennt das Rotationssystem der Meeresströmungen

**1872–1876**
Die HMS *Challenger* läuft zu ihrer ersten Forschungsreise unter wissenschaftlich-ozeanographischen Aspekten aus

### Die Jüngere Dryaszeit

Vor rund 12800 Jahren tauchte die Nordhalbkugel langsam wieder aus dem Eis auf und bald kehrten die ersten Laubbäume wieder nach Nordwesteuropa zurück. In Sedimentbohrkernen aus diesen Gebieten erscheinen zeitlich kurz danach plötzlich wieder Pollen der Pflanzenart *Dryas octopetala*, einem typischen Tundrengewächs. Es war also in Nordwesteuropa und Grönland plötzlich wieder kalt geworden. Möglicherweise war der atlantische Teil des weltweiten Förderbandes unterbrochen worden, verursacht durch einen plötzlichen Zufluss von Süßwasser – möglicherweise aus einem Schmelzwassersee, der sich in Nordamerika vor den sich zurückziehenden Gletschern aufgestaut hatte. Dadurch verringerte sich im Nordatlantik die Dichte des Wassers, der Golfstrom versiegte und transportierte keine Wärme mehr nach Norden. Etwa 1200 Jahre später verschwand die Kälteperiode so schnell, wie sie gekommen war.

**Fernerkundung** Ozeanographen bedienen sich modernster Methoden, um Meeresströmungen zu verfolgen, z.B. mit Bojen an der Oberfläche und solchen, die in eine voreingestellte Tiefe absinken, bevor sie nach einer bestimmten Zeit wieder aufsteigen und ihre Daten an Satelliten weiterleiten. Die Raumfahrttechnik hat auch die Ozeanographie revolutioniert. Früher haben Forscher und Freiwillige der Handelsmarine Wasserproben mit einem über Bord geworfenen Eimer genommen, um Salzgehalte und Temperatur zu messen. Heute analysieren Satelliten Wellen und Strömungen und selbst die Dichte des Phytoplanktons im Tagesrhythmus.

**Salzgehalt** Seit 4 Milliarden Jahren fällt Regen aus den Wolken, erodiert Boden und Gesteine, fließt dem Meer zu und führt die gelösten Minerale und Salze mit. Im Laufe der Erdgeschichte wurden die Meere immer salziger.

Würden alle Ozeane eindampfen und das Salz wäre gleichmäßig verteilt, würde es eine 75 m dicke Schicht ergeben.

Das in den Meeren gelöste Salz ist nicht gleichmäßig verteilt. Die Ostsee mit großen Süßwasserzuflüssen und geringer Verdunstung (kühles Klima) enthält im Mittel etwa 5000 ppm (parts per million) oder 5 Milligramm Salze pro Gramm

| 1894 | 1930er Jahre | 1940er Jahre | 1943 |
|---|---|---|---|
| Fridtjof Nansen versucht anhand von Studien über die Meereisbewegungen den Nordpol zu erreichen | Sir Georg Deacon entwickelt neue Messmethoden zur Erfassung tiefer Meeresströmungen | Henry Stommel untersucht den Golfstrom sowie die Bildung des antarktischen Tiefenwassers | Jacques Yves Cousteau entwickelt den als „Aqualunge“ bezeichneten Atemregler für Tauchgeräte |

Meerwasser. Der Persische Golf mit hoher Verdunstungsrate und geringem Süßwasserzufluss enthält dagegen 40 000 ppm Salze. Sowohl der Salzgehalt als auch die Temperatur verändern die Dichte des Meerwassers und zusammen mit den Windeffekten und der Erddrehung beeinflussen sie die Meeresströmungen einschließlich der dritten Dimension, da kaltes salziges Wasser eine höhere Dichte besitzt und absinkt.

**Das ozeanische Förderband** Dieses Phänomen ist am besten im Nordatlantik erkennbar, wo der Golfstrom warmes Wasser aus dem Golf von Mexiko bis nach Norwegen befördert und dort für ein etwas wärmeres Klima sorgt: der auf demselben Breitengrad liegende Osten Kanadas ist deutlich kälter. Auf seinem Weg nach Nordosten kühlt das Wasser ab und durch Verdunstung steigt sein Salzgehalt. Erreicht der Golfstrom schließlich die Arktis, sinkt das immer dichter werdende Wasser schließlich östlich von Grönland bis zum Meeresboden ab und fließt als atlantisches Tiefenwasser in den Südatlantik zurück.

Es gibt Hinweise, dass die Erderwärmung die Menge an atlantischem Tiefenwasser verringern wird, da das zufließende kalte Süßwasser der abschmelzenden Gletscher den Salzgehalt im Meer verringert. Auch würde das Oberflächenwasser deutlich erwärmt, sodass es nicht mehr absinkt. Falls der atlantische Anteil des Förderbands ins Stocken gerät, träte die paradoxe Konsequenz ein, dass die Winter in Nordwesteuropa trotz der Erderwärmung kälter würden.

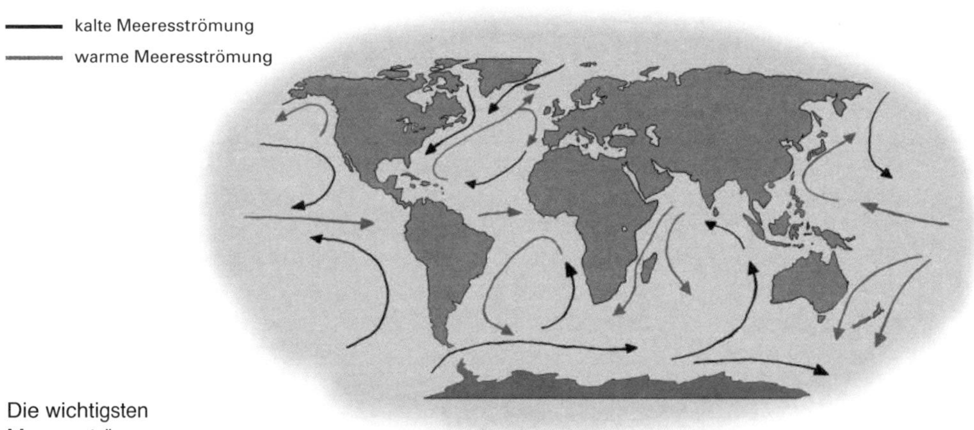


Die wichtigsten Meeresströmungen

**Das Agulhas-Leck** Salzwasser und damit Hilfe könnte aus dem Süden kommen. Der Agulhasstrom des Indischen Ozeans trennt sich an der Südspitze Südafrikas und ein Teil des warmen, salzigen Wassers gelangt vom Indischen Ozean in den Südatlantik. Dies sind zwar lediglich 10 % der gesamten Strömung, aber es ist etwa 200 mal so viel Wasser, wie der Amazonas einbringt. Auf diese Weise wird ein Teil des arktischen Süßwassereintrags durch salzreicheres Wasser kompensiert.

**Nährstoffe** Die vertikale Komponente der Meeresströmungen ist auch für das Meeresleben essenziell. Phytoplankton bildet die Basis der gesamten nachrangigen Nahrungsketten, und die Tiere, die es fressen, lieben warmes, sonnendurchflutetes Oberflächenwasser. Sie verzehren die an der Oberfläche verfügbaren Nährstoffe mit großer Geschwindigkeit. Käme nicht immer wieder Nachschub, wären diese Gebiete rasch leergefressen.

Kaltes Tiefenwasser ist reich an Nährstoffen. Wo es infolge Auftriebstendenzen an die Meeresoberfläche steigt, vermischen sich die Nährstoffe mit dem warmen Wasser. Das sich explosionsartig vermehrende Plankton setzt einen Fressmechanismus in Gang, der von Mikroorganismen über Fische bis zu Robben und Haien reicht. Satelliten erfassen alljährlich solche jahreszeitlich bedingten ausgedehnten Algenblütenteppiche.

### El Niño

Sporadisch und in sehr unregelmäßigen Abständen entwickelt sich über dem Indischen Ozean und Indonesien ein großes Hochdruckgebiet, während der Luftdruck über dem Ostpazifik niedriger ist als normal. Dadurch flauen die Passatwinde im Pazifik ab oder setzen ganz aus und gelegentlich kommt es auch zu einer Umkehr der Windrichtung, so dass sich ein warmer, nährstoffarmer Wasserstrom bis zur Küste Perus ausbreitet. Das ganze System wird El Niño (das Christkind) genannt, da es stets um Weihnachten auftritt. Dieser warme Meeresstrom blockiert den nährstoff- und fischreichen Humboldtstrom. Als Folge kommt die Küstenfischerei zum Erliegen. Perus Küstenwüsten werden von Dauerregen heimgesucht, während Australien und Indonesien unter Dürre leiden. Ein Jahr danach wird El Niño häufig von einem kalten Strom abgelöst, von La Niña, der die gegenteiligen Folgen bringt – für Teile Australiens Dauerregen und für Peru monatelange Dürre.

## Worum es geht

## Das weltweite Förderband durchmischt die Ozeane

# 28 Atmosphärische Zirkulation

**Das Raumschiff Erde schützt sich selbst vor den Unbilden aus dem All, wenn auch nur mit einem äußerst dünnen, fragilen Gasschleier. Aus der Sicht der Menschen ist die Erdatmosphäre ein riesiger Ozean, in dem wir leben, atmen und arbeiten. Sie ist darüber hinaus eine gewaltige, von der Sonne befeuerte Wärmemaschine, die Wasserdampf und Wärmeenergie weltweit verteilt und uns das tägliche Wetter beschert.**

Schwer zu sagen, wie dick eigentlich die Erdatmosphäre ist, da sie mit zunehmender Entfernung in Richtung All langsam ausdünnt. Auch in 400 km Höhe, wo die Internationale Raumstation *ISS* schwebt, finden sich noch einzelne Atome. Diese sind ionisiert und so energiereich, dass sie eine Temperatur von rund 2000 °C haben, die aber wegen der geringen Luftdichte nicht wirksam ist. Dieser Bereich ist die Thermosphäre.

**Der Schutzschleier** In einer Höhe von rund 80 km beginnt die Mesosphäre, in der auch die Ionosphäre liegt, eine dünne Schicht, die durch kosmische Strahlung ionisiert wird und daher eine erhöhte Leitfähigkeit besitzt. Sie schützt die Erde vor gefährlicher UV- und Röntgenstrahlung aus dem All. In derselben Schicht strömen die geladenen Teilchen des Sonnenwinds entlang der Magnetfeldlinien den Polen zu, um die spektakulären Polarlichter aufleuchten zu lassen. Und schließlich reflektiert die Ionosphäre kurze Radiowellen und beeinflusst die Reichweite des Funkverkehrs.

In 50 km Höhe kommen wir zur Stratosphäre, dem kältesten Stockwerk der Atmosphäre, die weder durch Strahlung von außen noch durch Konvektionsbewegungen von unten erwärmt wird. In der Stratosphäre befindet sich zwischen 15 und 30 km Höhe die Ozonschicht, die durch Einwirkung solarer UV-Strahlung auf

## Zeitleiste

**350 v. Chr.** Aristoteles prägt den Begriff „Meteorologie" im Titel eines Buches über die Erde

**1643** Evangelista Torricelli erfindet das Quecksilber-Thermometer

**1686** Edmund Halley erkennt in der Sonnenstrahlung den Antriebsmotor der atmosphärischen Zirkulation

**1724** Gabriel Fahrenheit erfindet eine verlässliche Skala zur Temperaturmessung

**Monsun**

Auf dem Festland wird die atmosphärische Zirkulation von den thermischen Oberflächeneffekten und den Hochgebirgen maßgeblich beeinflusst. Die höhere Wärmekapazität der Ozeane bedeutet, dass sich im Sommer die Luft über dem Land am Tag stärker erwärmt und aufzusteigen beginnt, gleichzeitig saugt sie kältere Seeluft nach. Das markanteste Beispiel dieser Art ist der indische Monsun. Im Winter wehen die vorherrschenden trockenen, kalten Winde von Nordosten, aus Tibet. Zwischen Juni und September kehren sich die Verhältnisse um, und aus dem Indischen Ozean gelangen warm-feuchte Luftmassen nach Nordosten. Der Himalaja zwingt sie zum Aufstieg, der Wasserdampf kondensiert und die Wolken geben an der Gebirgsfront ihre Feuchtigkeit in zum Teil sintflutartigen Niederschlägen als Regen und Schnee ab. Jahresniederschläge bis zu 10 m (!) sind mancherorts keine Seltenheit. Die auf der Leeseite liegenden Gebiete nördlich des Himalajas werden von den Niederschlägen dagegen nicht erreicht, das Tibetische Hochland bleibt trocken. Sedimentproben zeigen, dass mit dem Aufstieg des Himalajas auch der Monsun einsetzte.

Sauerstoffmoleküle entsteht; sie schützt uns vor schädlicher UV-Strahlung. Die geringen, in der Stratosphäre vorhandenen Wasserdampfmengen können in den Polargebieten hohe Eiswolken erzeugen, die zusammen mit anthropogen freigesetzten Inertgasen (z.B. FCKW, Halon) Ozonmoleküle spalten und die Ozonschicht gefährlich ausdünnen können.

**Wo das Wetter ist** In der Troposphäre, der untersten Schicht, befinden sich 80 % der Luft und 99 % des Wasserdampfs der Atmosphäre. Ihre Höhe variiert mit Jahreszeit und geographischer Breite zwischen 20 km über den Tropen und 7 km über den Polen. Ihre Grenze zur Stratosphäre bildet die Tropopause, eine Schicht, in der es zur Umkehr des Temperaturgradienten kommt. Sie verhindert weitgehend einen weiteren Aufstieg und damit eine Durchmischung der Luftmassen. Innerhalb der Troposphäre spielt sich der Großteil der Wärme- und Wasserdampfzirkulation ab – sie ist der Schauplatz unserer Wetterküche.

**1735**
George Hadley veröffentlicht seine Erklärung der atmosphärischen Zirkulation und der Passatwinde

**1806**
Francis Beaufort führt eine Skala zur Einteilung der Windstärken ein

**1928 und 1933**
Wasaburo Oishi in Japan und Wiley Post in den USA gelingt der Nachweis der Jetstreams

**1960**
Der erste Wettersatellit wird erfolgreich ins All geschossen

**❜ Die Sonnenstrahlen sind letztendlich die Quelle nahezu jeder Bewegung, die irgendwo auf der Erdoberfläche stattfindet. Ihre Wärme erzeugt jeden Wind … Durch sie zirkulieren alle Meeresströmungen, der gesamte Wasserdampf der Luft, alle Gewässer an Land mit ihren Quellen und Flüssen. ❛**

**Sir John Herschel,**
**Outlines of Astronomy (1849)**

**Zirkulierende Zellen** Die atmosphärische Zirkulation innerhalb der Troposphäre kann vereinfacht mit einer Reihe von zirkulierenden Zellen dargestellt werden, die Wärme von den Tropen zu den hohen Breiten transportieren. Dieser Prozess beginnt mit dem Aufsteigen warmer Luft über dem Äquator, über der Zenithlinie, da diese mit den Jahreszeiten nord- bzw. südwärts wandert. Hoch in der Troposphäre fließt die Luft nach Norden bis in eine Breite von 30° N, wo die inzwischen abgekühlte Luft im tropischen Hochdruckgürtel absinkt und in Richtung Äquator zurückströmt und damit den Kreislauf schließt. Auf der Südhalbkugel passiert spiegelbildlich dasselbe.

George Hadley veröffentliche 1735 eine Studie, die zeigte, dass die Luftmassen durch die Coriolis-Kraft etwas nach rechts ablenkt werden, was sich in den Tropen in den von Nordost nach Südwest wehenden Passatwinden äußert. Es brauchte 100 Jahre, bis sein Beitrag endlich Beachtung fand; die Luftmassenzelle trägt seinen Namen und heißt heute „Hadleyzelle". Seine Erklärung war jedoch unvollständig. Fließt eine Luftmasse in Richtung der Pole ab, nähert sie sich immer mehr der Rotationsachse der Erde. Würde sie auf ihrem Weg nach Norden ihren Drehimpuls beibehalten, würde sie allmählich auf Sturmstärke beschleunigt. In der Praxis beeinflussen außerdem auch Luftdruckschwankungen die Windstärke und halten diese in Grenzen.

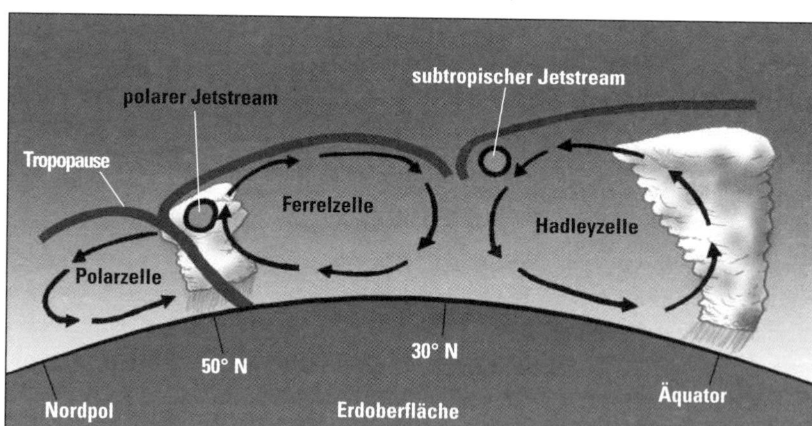


Atmosphärische Zirkulationszellen auf der Nordhalbkugel.

### Hurrikane

Wenn feuchte Warmluft über erwärmtem Meerwasser aufsteigt, entwickelt sich ein Tiefdruckgebiet, das von der Seite weitere feuchte Warmluft ansaugt. Dieses Gebilde kann sich rasch zu einem kräftig wirbelnden Wettersystem entwickeln, das in der Karibik Hurrikan, in Südasien Zyklon und im Westpazifik Taifun genannt wird. Solche Wirbelstürme können wochenlang stabil sein, sich verstärken und mit den Passatwinden ziehen – bis sie auf Land treffen. Über dem Meer können Windgeschwindigkeiten bis 300 km/h erreicht werden, begleitet von Sturzregen. Der Luftdruck kann dabei so stark fallen, dass er den Meeresspiegel örtlich um bis zu 8 m ansteigen lässt. Auf dem Land verlieren die Wirbelstürme sehr rasch an Kraft, weil dort das warme Meerwasser als Energielieferant fehlt.

Ein anderes System, die Polarzellen, beginnt mit dem Aufstieg warmer Luft auf etwa 60° Nord und Süd, um an den Polen als Kaltluft abzusinken. Zwischen Polarzelle und Hadleyzelle liegt eine dritte Zelle, die Ferrelzelle, deren Zirkulation aber nur schwach ausgeprägt ist.

Diese Zellen erklären nicht nur die vorherrschenden Winde, sie sind auch für die Wettersysteme verantwortlich. Wo warme Luft aufsteigt, vor allem am Äquator und bei 60° N und 60° S, entstehen Tiefdrucksysteme mit Regenwolken. Am Äquator dominiert der Regenwald und in den Mittleren Breiten überquert der Westwindgürtel mit Tiefdrucksystemen den Atlantik. Dazwischen liegen die ariden Wüstengürtel, über denen die trockene Luft absinkt.

**Jetstreams** Hoch in der Troposphäre, wo Zellen aufeinandertreffen, entwickeln sich schmale, nach Westen gerichtete Bänder sehr hoher Windgeschwindigkeiten, die so genannten Jetstreams. Es gibt zwei auf jeder Hemisphäre, im Norden den so genannten Polarfront-Jetstream, und im Süden den Subtropen-Jetstream. Im Polarfront-Jetstream werden im Extremfall Windgeschwindigkeiten bis zu 500 km/h erreicht. Die Jetstreams bewegen sich in ungleichmäßigen, so genannten Rossby-Wellen. Diese pendeln sowohl nach Norden und Süden, als auch in ihrer Höhenlage, sind dann aber meist langsamer. Ihre Position bestimmt, ob sich ein atlantisches Niederschlagsgebiet über London oder über Glasgow entlädt.

## Worum es geht

## Wärme und Feuchtigkeit steuern Wind und Wetter

# 29 Wasserkreislauf

**Eines der Merkmale, die unseren Planeten sehr speziell, ja einzigartig machen, ist das Wasser in seinen drei Erscheinungsformen: flüssig, dampfförmig und fest. Diese Eigenschaft befähigt es, zwischen Meer, Luft und Erde zu zirkulieren. Dabei verteilt es Wärme und ermöglicht das Leben.**

Wasser, oder wenigstens seine atomaren Bestandteile Wasserstoff und Sauerstoff, zählen zu den häufigeren Elementen im Universum. Bisher kennen wir außer unserer kleinen Welt keine andere, auf der so viel Oberflächenwasser existiert. Auf dem Jupitermond Europa und dem Saturnmond Enceladus gibt es Meere, doch sind diese von einer dicken Eisschicht bedeckt.

**Die habitable Zone** Es scheint nicht unwahrscheinlich, dass von den hunderten entdeckten Exoplaneten einige in der habitablen Zone liegen – der richtigen Distanz von ihrem Zentralgestirn, um flüssiges Wasser zu ermöglichen. Weitere Erkundungen sind noch nötig, denn es ist von größtem Interesse, weil flüssiges Wasser die Grundvoraussetzung für Leben auf anderen Planeten ist.

**Wo es Wasser geben kann** Mit großer Wahrscheinlichkeit verdampfte das in der Frühzeit der Erde an ihrer Oberfläche vorhandene Wasser als Folge der Vulkanismus und der Kollisionen und wurde von dem kräftigen Sonnenwind aus der frühen Atmosphäre entfernt. Das gesamte heutige Wasser ist entweder durch Vulkanismus oder von außen her durch Kometen und Asteroiden eingetragen worden. Die gegenwärtige Menge wird auf 1386 Millionen km$^3$ geschätzt, von denen 97 % auf die Ozeane, 2,1 % auf die Gletscher, 0,6 % auf das Grundwasser, 0,02 % auf Flüsse und Seen und 0,001 % auf Wasserdampf und Wolken in der Atmosphäre entfallen.

**„Wenn die Brunnen trocken sind, schätzen wir den Wert des Wassers.“**
**Benjamin Franklin (1757)**

## Zeitleiste Meilensteine der Wasserkraft

**250 v. Chr.**
Von Philo von Byzanz stammt die erste überlieferte Erwähnung eines Wasserrads

**100 n. Chr.**
Weite Verbreitung von Wasserrädern im Römischen Reich für Bewässerung und Bergbau

**1300**
Weite Verbreitung von Wassermühlen zur Mehlherstellung und für andere Zwecke

**1878**
In England wird die erste wasserbetriebenen Anlage zur privaten Stromgewinnung gebaut

**Wasserkraft**

Der Wasserkreislauf wird von der Sonne angetrieben. Bei der Verdunstung wird Wärme entzogen; ohne sie läge die Meerwassertemperatur bei rund 65 °C. Ein Teil dieser Energie wird bei der Kondensation abgegeben, beispielsweise bei der Bildung von Gewitterwolken mit ihrer elektrischen Ladung, die sich in Blitz und Donner äußert. Mehr von der potenziellen Energie, die im Wasser steckt, sehen wir, wenn es als Regen niederfällt, Gebirge erodiert, Sediment und Bodenmaterial transportiert, als Wasserfall herabstürzt und gelegentlich von den Menschen dazu genutzt wird, um Wasserräder oder Turbinen und Generatoren anzutreiben. Im Jahr 2006 wurden nahezu 3000 Terawattstunden an Hydroelektrizität erzeugt: das entspricht etwa 20 % der weltweit verbrauchten elektrischen Energie, also mehr als in Kernkraftwerken erzeugt wurde, und 88 % der damals produzierten erneuerbaren Energie.

**Wie lange das Wasser verweilt** Das Wasser ist komplett in den dynamischen Prozess eingebunden, der zwischen Meer, Land und Luft abläuft. Jeden Tag verdunsten bis zu 1170 km$^3$ Wasser, davon 90 % über den Ozeanen. Die Verweildauer des Wassers in den verschiedenen Teilreservoiren schwankt beträchtlich; in tiefen Grundwasserleitern und im antarktischen Eisschild liegt die Verweilzeit in der Größenordnung von 10 000 Jahren. Ein Tropfen Wasser verbleibt im Ozean etwa 3000 Jahre, in großen Flüssen dagegen wenige Monate. In der Atmosphäre beträgt sie im Schnitt lediglich neun Tage.

**Destillation** Der Wasserkreislauf beliefert die Erde mit einem fortwährenden Destillations- und Reinigungs-Service. Die Verdunstung über dem Meer lässt Salze und Schmutzstoffe zurück. In der Atmosphäre nimmt das Niederschlagswasser Kohlendioxid auf und bildet die schwache Kohlensäure, die die Gesteinsverwitterung fördert. Andererseits erhalten Flüsse, Seen und das Grundwasser im Wesentlichen reines Wasser. Boden und Gestein wirken zusätzlich als Filter, wenn Sickerwasser in das Grundwasser übergeht. Im Grundwasser lösen sich wiederum Mineralstoffe, die Pflanzen, Menschen und Tieren als Nährstoffe dienen.

| 1881 | 1928 | 1984 | 2008 |
|---|---|---|---|
| Erstes Wasserkraftwerk an den Niagarafällen (USA) | Der Hoover-Damm versorgt das mit 1345 MW Leistung weltgrößte Wasserkraftwerk | Itaipu in Brasilien wird das größte Wasserkraftwerk der Welt mit 14 000 MW Leistung | Der Drei-Schluchtendamm in China geht mit einer anvisierten Leistung von 22 500 MW in Betrieb |

**Wasser des Lebens** Fast alle für das Leben wichtigen chemischen Prozesse finden in wässrigen Lösungen statt – flüssiges Wasser ist lebensnotwendig. In den meisten Organismen ist Wasser die dominierende Substanz. Nicht nur in seiner Eigenschaft als chemische Verbindung, sondern auch bei einer der wichtigsten Reaktionen: der Photosynthese. Mit einem raffinierten System von Enzymen und Membranen sind die Chloroplasten in den Pflanzen fähig, das Wassermolekül unter Nutzung der Energie des Sonnenlichts mit dem Kohlendioxid der Luft zu verbinden, um Sauerstoff und Kohlenhydrate, die Baustoffe des Pflanzenkörpers, zu produzieren. Allein diesem Prozess ist es zu verdanken, dass vor mehr als 2 Milliarden Jahren die Erdatmosphäre grundlegend „modifiziert" wurde und dass der Sauerstoff-und Kohlendioxidgehalt bis heute in einem konstanten Gleichgewicht zueinander stehen.

**Dürren überstehen** Seitdem Wasser zur Verfügung steht, haben lebende Organismen ausgeklügelte Methoden entwickelt, um mit übermäßigem Salzgehalt, Trockenheit und Kälte zurechtzukommen. Alle diese Herausforderungen haben ähnliche Auswirkungen. Salzwasser kann den Zellen über die Zellwand Flüssigkeit entziehen; Dürre kann zum Absterben der Zellen führen und Kälte verwandelt Wasser zu Eis, das die Zellen aufplatzen lässt. Wüstenpflanzen verwenden hierfür Trehalose, einen speziellen Typus von Zucker, der ihre Proteine vor Dehydratisierung schützt. Die kleinen wirbellosen Bärtierchen trotzen sogar der extremen Kälte von flüssigem Stickstoff; nach dem Auftauen sind sie munter wie zuvor. Fische in polaren Gewässern verfügen im Blut über ein natürliches Frostschutzmittel, das die Bildung von Eiskristallen verhindert. Im Winter kühlt das Blut des antarktischen Kabeljaus so weit ab, dass seine Temperatur weit unter dem Gefrierpunkt liegt, und allein die Berührung mit einem Eiskristall lässt es schlagartig gefrieren!

Viele Bakterien, vor allem die der Art *Pseudomonas syringae*, haben an ihrer Oberfläche Proteine, die eine Bildung von Eiskristallen fördern. Es gibt Hinweise, dass diese Bakterien in der hohen Atmosphäre eine wichtige Rolle bei der Bildung von Eiswolken spielen, die nachfolgend Regen und Hagel bringen können. Mit

**‚Für viele von uns kommt Wasser einfach aus dem Wasserhahn, ohne dass wir uns etwas dabei denken. Wir haben den Respekt vor wilden Flüssen verloren, vor dem komplexen Wirkungsgefüge eines Feuchtgebiets, vor dem komplizierten Netz des Lebens, das auf Wasser aufgebaut ist.‘**

**Sandra Postel, *Last Oasis: Facing Water Scarcity* (1997)**

**Eutrophierung**

Ein Risiko der Intensivlandwirtschaft ist der übermäßige Einsatz künstlicher Düngemittel, insbesondere solcher, die Stickstoff und Phosphor enthalten. Sie sickern ins Grundwasser, gelangen aber vor allem mit dem Oberflächenabfluss in Seen, Bäche, Flüsse und Küstengewässer, wo sie als überschüssige Nährstoffe im Sommer das Algenwachstum anregen („Algenblüten"). Die Folge ist, dass durch diese Massenvermehrung und dem mikrobiellen Abbau der gehäuft anfallenden Biomasse nahezu der gesamte im Wasser gelöste Sauerstoff aufgezehrt wird, so dass es in den warmen Sommerwochen in diesen Gewässern zu einem „Umkippen" des ökologischen Gleichgewichts kommen kann: abgestorbene Algen und Wasserpflanzen vermindern die Wasserqualität und Fische ersticken. Viele Oberflächengewässer sind heute eutroph, d.h. mit Nährstoffen überversorgt.

einer genetisch modifizierten Version, bekannt als „Eis-Minus-Bakterien", können Feldfrüchte damit besprüht werden, um sie vor Frost zu schützen. Kritiker befürchten jedoch, dass ein übermäßiger Einsatz zu erhöhten Niederschlägen führt.

**Wasser und Klima** Wasserdampf in der Atmosphäre ist das wichtigste Treibhausgas. Ohne ihn läge die mittlere Oberflächentemperatur bei –30 °C. Klimamodellierungen zeigen, dass die Erderwärmung zu einer erhöhten Verdunstungsrate führt. Der Wasserkreislauf könnte intensiviert werden, mit erhöhten Niederschlägen in den ohnehin regenreichen Äquatorregionen und in den hohen Breiten, während in den dazwischen liegenden ariden Gebieten die Dürreperioden noch schlimmer würden.

Worum es geht

## Wasser als Energieträger und Lebensbewahrer

# 30 Kohlenstoffkreislauf

**Ist Wasser das Blut, so ist Kohlenstoff der Körper des Lebens. Und wie vom Wasser gibt es vom Kohlenstoff einen essenziellen Kreislauf, der den ganzen Planeten umfasst. Seit Äonen bemüht sich das Leben, den Kohlenstoffkreislauf aufrecht zu erhalten, indem es versucht, die isolierende $CO_2$-Hülle im Gleichgewicht mit der schwankenden Sonneneinstrahlung zu halten. Heute scheinen menschliche Aktivitäten dieses Bemühen zu stören.**

Im Kohlenstoffkreislauf befinden sich riesige Reservoire in einem permanenten Austausch. Milliarden Tonnen an Kohlenstoff in Gesteinen, Böden, Ozeanen, Biomasse und Atmosphäre zirkulieren jährlich zwischen diesen Kompartimenten. Und bereits ein kleines Ungleichgewicht in diesem Kreislauf könnte eine große Klimaveränderung verursachen.

**Kohlenstoffreserven** Manche Krustengesteine haben Spuren aus der Frühzeit der Erdatmosphäre konserviert. Vor 2 Milliarden Jahren, als das Leben kaum richtig begonnen hatte, begann es auch schon den wärmenden Mantel zu zerstören, indem Kohlendioxid letztlich zu Kalkstein, Kohle und Erdöl umgewandelt wurde. In der Erdkruste lagern geschätzte 100 Millionen Milliarden Tonnen Kohlenstoff, vergleichbar der Menge in der unbelebten Venusatmosphäre. Die logische Konsequenz: Ohne Leben hätten wir auf der Erde eine ähnlich lebensfeindliche Treibhausatmosphäre wie auf der Venus.

Die in Oberflächennähe vorhandenen Kohlenstoffmengen sind kleiner, aber immer noch sehr groß. Die größten Reserven enthalten die Böden und die Tiefsee, gefolgt von Flachmeeren und der Biosphäre des Festlands. Die in der Atmosphäre vorhandene Menge an Kohlendioxid ist gering, gemessen an den anderen Reservoi-

## Zeitleiste

**1789** Antoine Lavoisier zeigt die Analogie von Atmung und Verbrennung

**1800** Eisbohrkerne ergeben einen atmosphärischen $CO_2$-Gehalt von 290 ppm

**1859** John Tyndall zeigt, dass Kohlendioxid und Wasserdampf Wärmestrahlung absorbieren

**1896** Svante Arrhenius vermutet, dass das vom Menschen produzierte $CO_2$ zu einer Klimaerwärmung führt

> **Kohlenstoff im Meer**
>
> Die Ozeane enthalten 60-mal mehr Kohlenstoff als die Atmosphäre; in ihnen lösen sich jedes Jahr rund 92 Milliarden Tonnen $CO_2$, die aus der Luft stammen. Einiges davon zirkuliert in den oberflächennahen Wasserschichten, wo ein Teil vom Phytoplankton aufgenommen, aber auch wieder freigesetzt wird. In die Atmosphäre kehren 90 Milliarden Tonnen zurück. Etwa 2 Milliarden Tonnen werden dem Kreislauf entzogen und sinken zum Meeresboden, entweder durch abtauchende Meeresströmungen oder auch in Form von Kotbällchen der Ruderfußkrebse. Diese Mikroorganismen ernähren sich von Algen und scheiden winzige Kotbällchen aus, die schwer genug sind, um auf den Meeresboden hinabzurieseln.

ren und liegt bei 750 Milliarden Tonnen. Ungefähr 200 Milliarden davon werden jährlich zwischen der Atmosphäre und anderen Reservoiren ausgetauscht; etwa die Hälfte tauscht mit den Ozeanen, der Rest geht auf das Konto von Photosynthese und der Atmung an Land.

**Kippt das Gleichgewicht?** All diese Stoffflüsse gleichen sich mehr oder weniger aus – mit einem leichten Überschuss, der dem Kreislauf durch Sedimentation in den Ozeanen entzogen wird. Aber in den Zahlen sind die 5,5 Milliarden Tonnen $CO_2$ nicht enthalten, die alljährlich durch die Verbrennung fossiler Energieträger in die Atmosphäre abgegeben werden. Ein Teil dieses Überschusses, sagen wir 10 %, dürften der Atmosphäre wieder entzogen werden, teils durch die Ozeane, teils durch die Vegetation. Aber der Rest eben nicht.

Im Jahr 1958 begann Charles Keeling auf dem Mauna Loa-Observatorium (Hawaii) Luftproben zu untersuchen – weit weg von jeder Verschmutzungsquelle. Er bestimmte den $CO_2$-Gehalt und stellte eine jahreszeitlich bedingte Schwankung fest. Als er die Messungen fortsetzt, zeigte sich, dass die $CO_2$-Konzentration insgesamt jedes Jahr ein wenig ansteigt. Die sich daraus ergebende „Keeling-Kurve" beginnt 1958 mit 320 ppm (Teile $CO_2$ pro Million Luft) und erreicht 2013 den Wert von 400 ppm. Mit dieser Rate werden gegen Ende des 21. Jahrhunderts zwischen 450 und 850 ppm erreicht sein.

| 1958 | 1988 | 2005 | 2009 | 2013 |
|---|---|---|---|---|
| Charles Keeling beginnt auf dem Mauna Loa (Hawaii) den $CO_2$-Gehalt kontinuierlich zu messen | Auf der Klimakonferenz in Rio wird das Intergovernmental Panel on Climate Change gegründet | Der Kyoto-Vertrag wird von allen Industrienationen außer den USA unterzeichnet | Die Kopenhagen-Konferenz mit dem Ziel einer verbindlichen $CO_2$-Reduktion scheitert | Der $CO_2$-Gehalt der Atmosphäre erreicht 400 ppm |

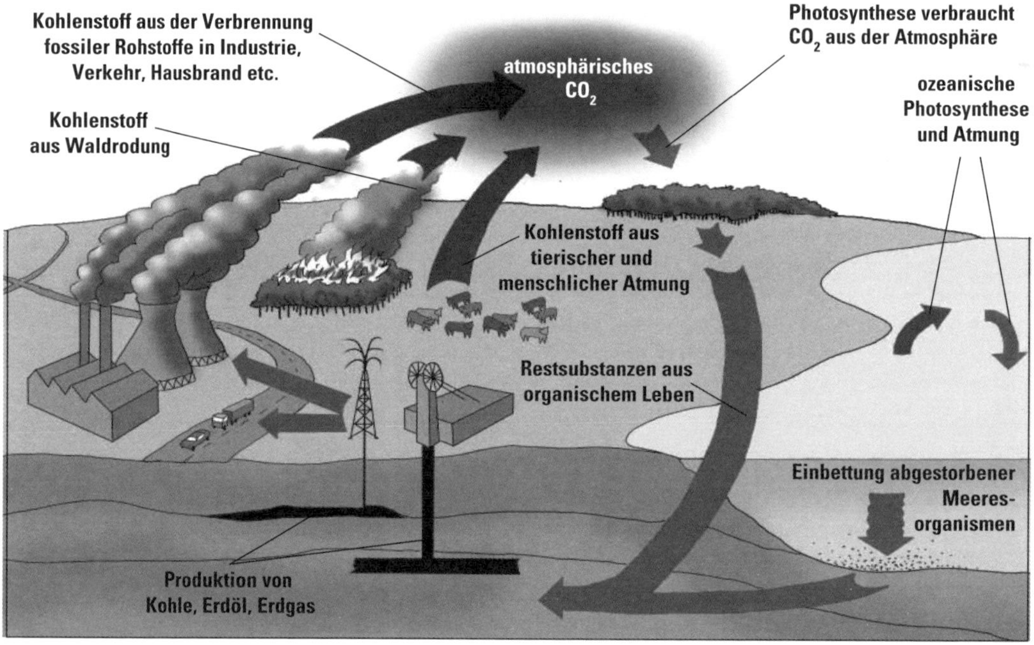


Die wichtigsten Teilprozesse im Kohlenstoffkreislauf.

**Treibhauseffekt** Der an der Royal Institution in London arbeitende John Tyndall untersuchte 1859 die Fähigkeit verschiedener Gase, Wärme zu absorbieren. Stickstoff und Sauerstoff erwiesen sich als ziemlich wirkungslos. Dann prüfte er Wasserdampf und Kohlendioxid – mit sensationellen Ergebnissen, denn was er beschrieb, bezeichnen wir heute als Treibhauseffekt. Sonnenlicht durchdringt mit Leichtigkeit die Lufthülle und wird von der Erdoberfläche reflektiert. Aber gewisse Anteile davon erwärmen den Boden und werden als Infrarot- oder Wärmestrahlung wieder in den Weltraum zurückgeführt und dort von den Wasserdampf-, $CO_2$- und anderen Treibhausgas-Molekülen, z.B. Methan, absorbiert. Dies führt zur Erwärmung der Troposphäre und damit unseres Klimas. Ohne diesen Effekt wäre die Erde ein „Eiskeller" und allein die Treibhausgase sorgen für ein lebensfreundliches Weltklima – aber nur so lange die Konzentrationen nicht weiter steigen.

### Kohlenstoff der Wälder

Die Pflanzen und Tiere des Festlands enthalten mehr als 6 Billionen Tonnen Kohlenstoff und davon entfallen allein auf die Wälder und Böden ungefähr 86 %. Pro Jahr werden ungefähr 100 Milliarden Tonnen für die Photosynthese verbraucht, von denen rund 60 % als Biomasse z.B. im Holz gebunden werden. Durch Entwaldung, Brandrodung und die Zerstörung der Böden wird dieser Anteil des Kohlenstoffs sehr rasch wieder freigesetzt. Möglicherweise leisten die Wälder einen gewissen Beitrag beim Entzug des überschüssigen Kohlenstoffs aus der Atmosphäre, da Pflanzen bei höheren $CO_2$-Konzentrationen in der Regel rascher wachsen.

**Methan** Neben dem Kohlendioxid existieren in der Atmosphäre noch weitere Kohlenstoffverbindungen, z.B. das Gas Methan. Es entsteht normalerweise durch bakterielle Tätigkeit in Mooren, Permafrostböden, biogenen See- und Meeressedimenten sowie im Darm von Wiederkäuern. Methan ist ein rund 30-mal stärkeres Treibhausgas als $CO_2$. Auch die Methangehalte in der Luft steigen, nicht zuletzt wegen der Intensivtierhaltung und der Erwärmung der polaren Tundrenböden. Doch es gibt noch eine größere Gefahrenquelle: In den gefrorenen Gashydraten der Meeresböden lagern riesige Methanreserven, die bei einer Erwärmung des Meerwassers oder einem Absinken des Meeresspiegels frei werden könnten. Das geschah schon einmal vor 55 Millionen Jahren. Man geht heute davon aus, dass im Eozän eine plötzliche Abgabe riesiger Methanmengen aus den am Meeresboden befindlichen Gashydraten zu einer abrupten Erwärmung des Klimas führte.

**» Du stirbst, der Kohlenstoff aber nicht; seine Existenz endet nicht mit dir. Er kehrt in den Boden zurück, eine Pflanze wird ihn aufnehmen und erneut dem Kreislauf der Tiere und Pflanzen zuführen. «**
**Jacob Bronowski**

## Worum es geht

## Eine kleine Störung im Kohlenstoffkreislauf kann das Klima kippen lassen

# 31 Klimawandel

**Seit der Jungsteinzeit durchlebte die Menschheit eine außerordentlich glückliche Zeitspanne klimatischer Stabilität. Das in den Schichtenfolgen konservierte geologische Archiv zeigt jedoch, dass es in der Vergangenheit nicht immer so war. Computermodellierungen unseres Klimasystems zeigen aber auch, dass dies nicht für alle Zukunft gelten muss.**

Sich auszurechnen, wie es sein wird, wenn das Klima sich ändert, ist schwerer, als es scheint. Wetterextreme kennen wir alle: heiße Sommer, kalte Winter, Überschwemmungen, Dürreperioden usw. – das ist aber nicht das Klima. Um Klimawandel überhaupt nachweisen zu können, müssen unglaublich viele standardisierte Messungen weltweit und über einen langen Zeitraum zusammengetragen werden.

**Temperaturen auf der Erde** Genaue Temperaturmessungen mit Thermometern sind vor rund 150 Jahren begonnen worden; für die Zeit davor gibt es nur indirekte Klimadaten. Dazu zählen historische Hinweise auf Erntezeiten, Gemälde mit zugefrorenen Gewässern, die Sequenzen von Wachstumsringen in Baumstämmen sowie die Isotopenverhältnisse in Sedimenten und Eisbohrkernen. Über das ganze letzte Jahrhundert können diese Indikatoren mit präzisen modernen Temperaturdaten kalibriert werden.

**Mittelalterliche Warmzeit** Alle Aufzeichnungen berichten, dass in den Jahren zwischen 950 und 1250 auf der Nordhalbkugel ein warmes Klima herrschte. Archivdaten beweisen, dass in englischen Klostergärten Wein angebaut wurde, während die Wikinger auf Grönland erfolgreich Landwirtschaft betrieben.

**Kleine Eiszeit** Zwischen 1550 und 1850 und gehäuft zwischen 1650 und 1770 kam es immer wieder zu heftigen Kälteeinbrüchen. Die Bilder zeitgenössischer Maler – wie etwa das Winterbild von Pieter Bruegel d. Ä. aus dem Jahr 1565 – oder

## Zeitleiste Temperaturmaxima und -minima im Klimaarchiv

| 55 Mio. Jahre | 3,25 Mio. Jahre | 18 000 Jahre | 12 800–11 600 Jahre |
|---|---|---|---|
| Abrupte Temperaturzunahme, möglicherweise verursacht durch die Freisetzung von Methan | Einsetzende Abkühlung markiert Beginn einer mehrphasigen Eiszeit | Maximaler Eisvorstoß der letzten (Würm-) Eiszeit | Jüngere Dryas: plötzlicher Temperaturabfall |

historische Berichte von der zugefrorenen Ostsee 1658 sowie von den „Frostmärkten", die in den Jahren zwischen 1607 und 1814 auf der zugefrorenen Themse abgehalten wurden, dienen als Beweise. Dieser Zeitraum der „Kleinen Eiszeit" äußert sich bei Bäumen in Form von engen Jahresringabständen. Man vermutet, dass das durch die bittere Kälte bedingte, verlangsamte Wachstum die einmalig dichten Hölzer für die klangvollen, in Cremona gefertigten Geigen, die Stradivaris, erst ermöglichte.

Über die Ursachen dieser Klimaverschlechterung wurden zahlreiche Vermutungen geäußert. Derzeit geht man davon aus, dass die Ursache in einer nachlassenden Sonnenaktivität zu suchen sei. Die Sonne folgt einem 11-Jahreszyklus zu- und abnehmender Aktivität und korreliert mit der Sonnenfleckenaktivität. Je mehr Sonnenflecken, desto stärker treten die UV-Wellenlängen im Spektrum zutage. Das Intervall zwischen 1645 und 1715, in dem die Sonnenfleckenaktivität fast zum Erliegen kam, ist das so genannte Maunder-Minimum.

**Vulkanische Klimaeffekte** In der Klimageschichte sind Vulkanausbrüche ein besonders wirksamer Faktor. Sehr genau dokumentiert ist der Ausbruch des Pina-

### 800 000 Jahre Eis

Wenn es schneit, sind die Räume zwischen den Schneeflocken mit Luft gefüllt. Auf Grönland und in der Antarktis bildet der gefallene Schnee typische Jahreslagen, die sich immer mehr verdichten. Die tiefer liegenden werden zu Eis, aus dem die Luft nicht mehr entweichen kann und in Blasen eingeschlossen wird. Das Eis enthält deshalb ein Archiv aus gefrorenem Wasser und eingeschlossener Luft. Der tiefste je gebohrte Eiskern stammt vom Dome C aus der Mitte des östlichen antarktischen Eisschilds, der 800 000 Jahre Klimageschichte konserviert hat. Die Sauerstoffisotopenverhältnisse des (gefrorenen) Wassers geben Auskunft über die einstigen Meerestemperaturen der Umgebung, die Gasblasen enthalten die ehemaligen $CO_2$-Gehalte der Luft. Beide sind eng miteinander verbunden und zeigen, dass das $CO_2$-Niveau nicht höher war als heute.

| 950–1250 | 1645–1715 | 1816 | 1991 | Bis 1998 |
|---|---|---|---|---|
| Mittelalterliche Warmzeit; Wikinger betreiben Ackerbau auf Grönland | Maunder-Minimum (extrem reduzierte Sonnenfleckenaktivität) führt zur „Kleinen Eiszeit" mit Frostmärkten auf der Themse | „Jahr ohne Sommer" auf der Nordhalbkugel nach dem Ausbruch des Tambora | Asche- und Aerosolwolken des Pinatubo senken global die Temperatur um ein halbes Grad Celsius | Höchste mittlere Jahrestemperaturen seit Beginn der Aufzeichnungen um 1850 |

tubo auf den Philippinen im Jahr 1991, dessen riesige Asche- und schwefelsauren Aerosolwolken in die Stratosphäre aufstiegen, sich weltweit verteilten und für die nächsten zwei Jahre die mittlere Jahrestemperatur durch Abschirmung des Sonnenlichts weltweit ein halbes Grad Celsius absenkten. Die Eruption des Tambora (Indonesien) 1815 verursachte auf der Nordhalbkugel das berüchtigte „Jahr ohne Sommer". Ernten fielen aus und im Winter 1816–1817 verhungerten und erfroren mehrere Tausend Menschen, viele litten Hunger. Eine noch stärkere Eruption des Tola auf Sumatra vor 70 000 Jahren führte fast zum Aussterben der damaligen Erdbevölkerung.

**Globale Verdunklung** Vulkanische Aerosole bilden in der Luft einen schwer durchdringbaren Dunstschleier, der das Sonnenlicht abschirmt, so dass die Erdoberfläche abkühlt. Dasselbe gilt auch für die durch Umweltverschmutzung verursachten Aerosole. Die Folge ist ein globaler Rückgang der eingestrahlten Sonnenenergie. Systematische Beobachtungen haben zwischen 1950 und 1990 eine um 4 % verminderte Sonneneinstrahlung auf die Erdoberfläche ergeben. Zusammen mit der Eruption des Pinatubo dürfte dies die Auswirkungen der durch die Treibhausgase verursachten globalen Erwärmung teilweise überdeckt haben. Die beschleunigte Erwärmung im ausgehenden Jahrhundert ist vermutlich – und paradoxerweise – die Folge einer verbesserten Luftqualität.

**Eiszeitalter** Geht man in der Erdgeschichte etwas weiter zurück, begegnet man Hinweisen auf wesentlich stärkere Klimaveränderungen als die des letzten Jahrtausends. Vor 3,25 Millionen Jahre begann eine Reihe von Kaltzeiten, jeweils getrennt durch wärmere Epochen (s. nächstes Kapitel). Die maximale Ausdehnung der Eismassen korreliert stets mit den $CO_2$-Minima der Atmosphäre. Der Temperaturanstieg erfolgt aber immer einige hundert Jahre früher als der Anstieg des $CO_2$-Gehalts. Die Skeptiker eines Klimawandels nutzen dies als Argument, dass die Erderwärmung nicht vom $CO_2$ abhängig sei. In Wirklichkeit ist das Zurückbleiben des $CO_2$ die Folge eines positiven Rückkopplungseffekts. Veränderungen der Erdumlaufbahn führen zu einem Erwärmen der Ozeane, die $CO_2$ freisetzen, was wiederum zu einer weiteren Erwärmung führt.

> **‚Der Klimawandel ist das ernsthafteste Problem, dem wir heute gegenüberstehen, ernster noch als die Bedrohung durch Terrorismus.'**
> **Sir David King,**
> **Chefberater Wissenschaft der britischen Regierung (2004)**

**Geologie und Klima** Gehen wir in der Erdgeschichte unter Berücksichtigung der Sauerstoffisotopenverhältnisse noch etwas

**Sauerstoffisotope**

Der Großteil aller Sauerstoffatome auf der Erde hat die Massenzahl 16 (O-16), es gibt aber auch ein schwereres Isotop, O-18. Wassermoleküle, die das leichtere O-16 enthalten, verdampfen bei kühleren Temperaturen an der Oberfläche leichter, als solche mit dem schwereren Isotop O-18, so dass das Verhältnis von O-18 zu O-16 die Oberflächentemperatur des Meeres wiederspiegelt. Der nach der Verdunstung an der Meeresoberfläche zurückbleibende Sauerstoff wird in die Kalkschalen kleiner Foraminiferen eingebaut, die nach ihrem Absterben in das Sediment gelangen, dem sie etwa in Bohrkernen wieder entnommen und untersucht werden können. Je höher das Verhältnis O-18/O-16 ist, desto niedriger war die Wassertemperatur des Meeres, in dem sie gelebt haben. Umgekehrt, je niedriger das Verhältnis in Eisbohrkernen ist, desto wärmer war der Ozean, aus dem das Wasser verdunstete. Abgesehen von einigen Einschränkungen lässt sich jedoch auf diese Weise die Meerestemperatur über hunderte von Millionen Jahren zurückverfolgen.

weiter zurück, gelangen wir rasch in eine Welt sehr hoher $CO_2$-Konzentrationen und wesentlich höheren Temperaturen. Zwar gab es damals immer wieder Eiszeiten, aber dazwischen lagen die Temperaturen 10 bis 15 °C höher als heute. Das heißt wohl, dass es verschiedene stabile Zustände des Erdklimas geben muss, die anders ausbalanciert werden. Die Frage ist nur: Stehen wir derzeit an einem Umkipppunkt zu einer neuen, wärmeren Welt?

## Worum es geht
## Das Klima im Wandel

# 32 Eiszeiten

**Die letzten 3,25 Millionen Jahre Erdgeschichte sind gekennzeichnet durch einen Wechsel von Kalt- und Warmzeiten. Die Kältephasen werden gewöhnlich als Eiszeiten bezeichnet und gehen ursächlich auf Schwankungen der Erdumlaufbahn zurück, was wiederum die Sonneneinstrahlung reduziert. Die Eiszeiten dürften wichtige Etappen in der menschlichen Entwicklung gewesen sein.**

**Erratika** Während des 18. Jahrhunderts fielen den Naturforschern die vielen im Alpenvorland herumliegenden „erratischen“ Blöcke oder Findlinge auf. Schon bald kamen sie zu der Ansicht, dass sie von ehemals in das Vorland vorstoßenden Gletschern verfrachtet und abgelagert worden sein mussten. Im Jahr 1840 begann ein junger Schweizer Geologe namens Louis Agassiz, nachdem er sich ein Jahr lang mit fossilen Fische beschäftig hatte, mit der Untersuchung der aus Kies, Sand und Blöcken bestehenden Ablagerungen, die das Alpenvorland weiträumig überdecken. Er schloss daraus, dass sie nicht etwa von einzelnen Gletschern, sondern von einer ausgedehnten Eismasse abgelagert worden waren, die die gesamten Alpen bedeckt haben musste. Sie waren wohl, so vermutete er, die Hinterlassenschaften einer Eiszeit.

**Die Eisausdehnung** Agassiz ging davon aus, dass sich das Eis vom Nordpol bis zum Mittelmeer sowie über den Atlantik und den gesamten nordamerikanischen Kontinent hinweg erstreckt hatte. Heute wissen wir, dass die Alpen von einer eigenständigen Eismasse überdeckt waren. Das skandinavische Gletschereis stieß jedoch sehr weit nach Süden vor und reichte bis zum Harz und in die Lausitz. Nordamerika war bis weit südlich der Großen Seen vom Eis bedeckt. Seine Dicke betrug mehr als 3000 m und in den Eismassen war insgesamt so viel Wasser gebunden, dass der Meeresspiegel weltweit um etwa 120 m absank. Die Schelfe der Kontinente fielen trocken und es entstanden Landbrücken, über die Tiere und Menschen in andere Erdteile gelangen konnten wie z. B. von Ostsibirien nach Alaska.

## Zeitleiste Eiszeiten der Erdgeschichte

| 2,4–2,1 Mrd. Jahre | 850–630 Mio. Jahre | 460–420 Mio. Jahre | 360–260 Mio. Jahre |
|---|---|---|---|
| Huronische Vereisung, die älteste bekannte Eiszeit | Im Cryogenium kommt es möglicherweise zu einer globalen Vereisung der Erde („Schneeball-Erde“) | Große Eiskappen an den Polen, weniger ausgedehnt als im Cryogenium | Permo-karbonische Vereisung, Gletscher auf dem Südkontinent |

**Milutin Milanković**

Milanković war ein serbischer Mathematiker und Astronom, der an der Universität von Belgrad 1909 eine Professur für Angewandte Mathematik angenommen hatte. Dort widmete er sich Berechnungen über die Menge der Sonnenstrahlung, die auf die Erde fiel, und wie stark diese schwankte. Im Jahr 1914 veröffentlichte er seine erste Arbeit über astronomische Theorien zur Entstehung von Eiszeiten. Als der Erste Weltkrieg ausbrach, wurde er aufgrund seiner Herkunft interniert und arbeitete in den folgenden vier Jahren in Haft an seinen Theorien. Im Jahr 1920 veröffentliche er eine Monografie mit genauen Untersuchungen, welche Auswirkungen Schwankungen der Erdachsenparameter und des Erdumlaufs auf das Erdklima haben könnten, was zu Eiszeiten führen kann. Die von ihm berechneten Schwankungskurven der Sonneneinstrahlung bezeichnet man heute als Milanković-Kurven. Er berechnete außerdem die Temperaturverhältnisse auf dem Mars und schloss ein Leben auf diesem Planeten aus. Schließlich fasste er 1941 in einem Buch seine gesamten Erkenntnisse zusammen. Als es in Belgrad in Druck ging, wurde die Druckerei bombardiert und Milanković konnte nur ein einziges Exemplar retten.

**Kalt, warm, kalt** Einige Lehrbücher vertreten immer noch die veraltete Ansicht von vier Kaltzeiten während des letzten Eiszeitalters. In Wirklichkeit war es weitaus komplizierter, es gab mindestens 20 Glaziale (Kaltzeiten), die von relativ warmen Interglazialen mit üppiger Vegetation und reicher Tierwelt unterbrochen wurden. Frühe Jägergesellschaften folgten den großen Herden über die damalige wasserfreie Nordsee und es gibt Hinweise, dass die Britischen Inseln sechs- oder siebenmal von jeweils anderen *Homo*-Formen besiedelt wurden, unter anderem von *Homo heidelbergensis*, von Neandertalern und schließlich vom *Homo sapiens*.

**Eiszeitursachen** Die genaue Ursache von Eiszeiten ist dennoch nicht klar, am wahrscheinlichsten ist eine komplexe Wechselwirkung mehrerer Faktoren, von denen periodische Veränderungen der Erdbahnelemente die plausibelsten sind. Sie

**3,25 Mio. Jahre**
Beginn der gegenwärtigen Vereisungsphase in der Antarktis

**2,4 Mio. Jahre**
Intensivierung auch auf der Nordhalbkugel

**800 000 Jahre**
Basis des ältesten Eisbohrkerns, der acht große Vereisungsmaxima gezeigt hat

**18 000 Jahre**
Ende des letzten Gletscherhöchststands

werden nach dem serbischen Mathematiker und Astronomen, der diese Idee entwickelt hatte, als Milanković-Zyklen, bezeichnet. Drei variable Faktoren sind bestimmend: (a) die Exzentrizität der Erdumlaufbahn, (b) die Neigung der Erdachse und (c) die Präzession der Erdachse. Alle drei variieren in unterschiedlichen langen Zyklen: (a) in 400 000 Jahren, (b) in 41 000 Jahren und (c) in 26 000 Jahren. Im Ergebnis fallen unterschiedliche Mengen an Sonnenstrahlung zu verschiedenen Jahreszeiten auf unterschiedliche Bereiche der Erde. Nach diesem Zyklus und ohne irgendeine Einflussnahme des Menschen wird in 15 000 Jahren eine erneute Kaltzeit einsetzen.

**Probleme** Diese Milanković-Zyklen stimmen zwar mit den glazialen Zyklen überein, sie können aber nicht die ganze Erklärung sein. Für die ersten 2 Millionen Jahre scheinen die Klimaschwankungen tatsächlich einer 41 000-Jahre-Periode gefolgt zu sein; die letzten 1 Millionen Jahre folgten sie jedoch einem 100 000-Jahre-Zyklus. Vermutlich hat das etwas damit zu tun, dass das Eis dem Strahlungsantrieb zeitlich hinterher hinkt. Auch scheinen die Schwankungen der Sonneneinstrahlung wesentlich geringer zu sein als die daraus resultierenden Klimaschwankungen, was zum Teil durch die verschiedenen positiven Rückkopplungsmechanismen bedingt ist. Zum Beispiel die Albedo, also dem Strahlungsanteil, der von der Erde in den Weltraum reflektiert wird. Je mehr sich das weiße Gletschereis ausdehnt, desto stärker die Albedo und der Rückgang der Temperatur. Sobald die Erwärmung einsetzt, wird aus den Ozeanen mehr $CO_2$ freigesetzt und die Tempera-

### Eiszeitliche Wüsten

Viele der Wüsten der Welt konzentrieren sich um 30° nördlicher und südlicher Breite, wo aus den Hadleyzellen die kühle und trockene Luft absteigt und für ein Hochdruckgebiet sorgt. Terrestrische und marine Bohrkernproben in Sedimenten zeigten, dass diese Wüsten einst ausgedehnter waren und dass nordafrikanische Seen während des Hochglazials vor 18 000 Jahren am stärksten ausgetrocknet waren. Man glaubt, dass dadurch der asiatische und afrikanische Monsun geschwächt wurde, weil die Temperaturdifferenzen zwischen Meer und Land geringer waren. Das Austrocknen von Ostafrika zu Beginn der letzten Kaltzeit dürfte der Grund für die beschleunigte Evolution des Menschen gewesen sein.

tur steigt. Die Interaktionen sind komplex, aber die Milanković-Zyklen sind von grundsätzlicher Bedeutung.

Der initiale Auslöser der letzten Kaltzeit könnte die Schließung des Isthmus von Panama gewesen sein, die den Wasseraustausch zwischen Pazifik und Atlantik beendete.

**Postglaziale Landhebung** Das Gewicht der eiszeitlichen Gletscher drückte die kontinentale Kruste der Nordhalbkugel tief in den Erdmantel. Als das Eis geschmolzen war, begann das Land sich zu heben – wie ein unter Wasser gedrückter Korken, nur viel langsamer. Der Grund hierfür ist die Viskosität des Mantelmaterials, die nur eine Hebung von 1 cm pro Jahr zulässt. Damit wird verständlich, warum dieser Prozess auch 10 000 Jahre nach der letzten Eiszeit in Skandinavien und Nordamerika noch andauert. Die dort überlieferten Strandterrassen sind Zeugen dieser Landhebung.

**» Der Gletscher war Gottes großer Pflug … vor Zeiten in Gang gesetzt, um sie abzuschleifen, umzupflügen und durchzukneten, so wie die Oberfläche der Erde eben ist. «**

**Louis Agassiz (1807–1873)**

**Frühere Vereisungsperioden** Die letzte große Eiszeit des Pleistozäns war nicht die einzige in der Erdgeschichte. Man kennt heute fünf große Vereisungsperioden, die durch lange Warmzeiten ohne jede Gletscherbildung getrennt waren. Die erste vor etwa 2,4 Milliarden Jahren fällt zusammen mit dem Aufblühen der Photosynthese, als Algen das $CO_2$ aus der Atmosphäre entzogen. In Gesteinen rund um den Huronsee in Kanada findet man so genannte Dropstones – große Gerölle, die von schwimmenden und abschmelzenden Eisbergen auf den Meeresgrund sanken. Gegen Ende des Präkambriums kam es zur größten globalen Vereisung (siehe Kapitel 34). Eine weitere ereignete sich am Ende des Ordoviziums und eine vierte im Permo-Karbon vor 360 Millionen Jahren; sie dauerte 100 Millionen Jahre und betraf den einstigen Südkontinent Gondwana mit Südafrika, Südamerika, Australien, Indien und der Antarktis (siehe Zeitleiste).

## Worum es geht

## Kleine Ursachen, große Wirkung

# 33 Eisschilde

**Die „Enden" der Erdachse sind mit Eis bedeckt. Es sind Regionen großer Naturschönheit und von hohem wissenschaftlichen Interesse. Während langer Perioden der Erdgeschichte war die Erde eisfrei bei gleichzeitig hohem Meeresspiegelstand. Die gegenwärtigen Eisschilde gibt es seit über 2 Millionen Jahren. Sind sie jetzt plötzlich bedroht? In den Polargebieten erwärmt sich die Erdatmosphäre schneller als anderswo auf der Erde.**

**Zugefrorenes Meer** Nord- und Südpol sind sehr unterschiedliche Regionen. Der Nordpol liegt mitten im Nordpolarmeer, umgeben von Kontinenten, der Südpol liegt dagegen auf einem Kontinent, umgeben vom Südpolarmeer. Das arktische Eis schwimmt, abgesehen vom grönländischen Eis, als Meereis auf dem Meer; es kann wegdriften und jeden Sommer schmilzt ein Teil davon ab. Andererseits kann das schmelzende Meereis nicht zu einem Anstieg des Meeresspiegels führen.

**Ein gefrorener Kontinent** Die Antarktis ist größer als die Vereinigten Staaten und fast komplett von Eis überzogen, insgesamt eine Fläche von etwa 14 Millionen km$^2$ Eis. Der Eisschild ist im Mittel rund 2 km mächtig und enthält ca. 75 % aller Süßwasserreserven der Erde. Durch den Eispanzer ist der Kontinent der höchste, aber auch der kälteste, der trockenste und der windigste. Die tiefste jemals auf der Erde gemessene Temperatur zeigte ein Thermometer auf der russischen Vostok-Station im Osten der Antarktis an: –89 °C

**Meereis** Beide Pole sind vereist, weil sie sehr wenig Sonnenstrahlung bekommen. Nördlich der beiden Polarkreise geht im Winter mehrere Monate lang keine Sonne auf und selbst im polaren Sommer ist der Einstrahlungswinkel sehr flach. Die auf dem Festland vorhandenen Eisschilde entstehen durch die Akkumulation von Schnee, der sich am Grund zu Eis verdichtet. Meereis bildet sich durch Gefrieren des Wassers und erst danach kann sich auch Schnee akkumulieren. Das meiste

## Zeitleiste Meilensteine der Polarforschung

| 1820 | 1841 | 1845–1848 | 1903–1906 | 1909 |
|---|---|---|---|---|
| Der russische Kapitän Bellingshausen und seine Crew sichten als erste die Antarktis | James Clark Ross erreicht das nach ihm benannte Schelfeis | Sir John Franklins Expedition durch die Nordwest-Passage scheitert | Roald Amundsen bezwingt die Nordwest-Passage | Robert Peary erreicht möglicherweise als Erster den Nordpol |

Meereis rund um die Antarktis ist jahreszeitlich bedingt, es wird selten älter als sechs Monate und ist nur wenige Meter mächtig. Das arktische Meereis hingegen überdauert mehrere Jahre, wird 4 bis 5 m dick – wo es sich übereinander schiebt, auch dicker.

**Die Nordwest-Passage** Seit dem ausgehenden 15. Jahrhundert wurde die Suche nach einer „Nordwest-Passage" in Entdeckerkreisen zu einer richtigen Obsession. In den nachfolgenden 400 Jahren wurden zahlreiche sinnlose und manchmal für die Teilnehmer tödlich endende Expeditionen unternommen, beispielsweise die von Sir John Franklin im Jahr 1845. Erst dem norwegischen Polarforscher Roald Amundsen gelang die Durchquerung des nordkanadischen Eises – er war von 1903 bis 1906 unterwegs. Heute ist die Passage im arktischen Sommer fast immer eisfrei, es ist sogar so, dass das Meereis jedes Jahr immer weiter abschmilzt; jeden September gibt es mehr offene Wasserstellen. Auch das verbleibende Eis wird zunehmend dünner. Schätzungen prognostizieren für die kommende Jahrhundertwende ein völliges Abschmelzen des sommerlichen Meereises, obwohl dies bei der derzeitigen Abschmelzrate bereits im Jahr 2050 eintreten könnte.

### Verborgene Seen

Die russische Vostok-Forschungsstation am Kältepol der Erde steht in der Ostantarktis auf einem ungewöhnlich flachen Gletschergebiet. Radaraufnahmen und seismische Untersuchungen zeigten, dass in 4 km Tiefe ein See mit flüssigem Wasser verborgen liegt. Er ist etwa so groß wie der Ontariosee, über 1000 m tief, hat dessen dreifaches Volumen und ist damit der größte unter den rund 140 subglazialen Seen in der Antarktis. Wahrscheinlich wurde er vor Millionen Jahren isoliert und möglicherweise könnte er unbekannte Lebensformen enthalten, die sich von hydrothermalen Quellen am Seegrund ernähren. Im Februar 2012 hat ein russisches Bohrteam den Wasserspiegel des Sees erreicht und Wasserproben entnommen, darin aber keinerlei Lebensformen festgestellt. Britische Forscher wollen ebenfalls eine Bohrung niederbringen – Ziel ist ein anderer subglazialer See, der Lake Ellsworth.

**14. Dez. 1911**
Roald Amundsen erreicht mit seiner Expedition als Erster den Südpol und gewinnt den Wettlauf gegen Scott

**17. Jan. 1912**
Robert F. Scott erreicht den Südpol und stirbt auf dem Rückweg

**1914–1917**
Ernest Shackletons Antarktisexpedition mit der *Endurance* scheitert im Packeis – letzte große Reise der Polarforschung

**❜ Hätten wir überlebt, hätte ich eine Geschichte gehabt, um über Kühnheit, Stehvermögen und Mut meiner Kameraden zu berichten, eine Geschichte, die das Herz eines jeden Engländers gerührt hätte. ❛**
**Robert Falcon Scott,**
**die letzten Worte in seinem Tagebuch vom 25. März 1912.**

Bleibt es bei dieser Entwicklung, könnte die Nordwest-Passage zu einem wichtigen Seeweg werden; außerdem werden Erdöl- und Erdgasvorkommen vermutet. Das zunehmend wärmere Wasser könnte Methanhydrate lösen und große Mengen des Treibhausgases Methan in die Atmosphäre freisetzen. Meereis bildet sich, ohne dass Salz in das Eis eingelagert wird, das heißt, es besteht aus Süßwasser. Als Folge steigt der Salzgehalt und damit die Dichte des Meerwassers. Es sinkt nach unten und fließt als atlantisches Tiefenwasser in Richtung Äquator ab und treibt das weltweite Förderband der Meeresströmungen an. Sollte sich in Zukunft weniger Meereis bilden, könnte das die ozeanische Zirkulation in erheblichem Ausmaß verändern.

**Zunehmende Isolation der Antarktis** Vor 170 Millionen Jahren war die Antarktis noch Teil des Südkontinents Gondwana, eines tropischen Großkontinents mit Wäldern und Dinosauriern. Dann zerbrach das Gebilde, Afrika trennte sich von Südamerika (160 Millionen Jahre), Indien brach los und trieb nach Norden (120 Millionen Jahre) und danach folgten Australien und Neuseeland (40 Millionen Jahre). Der Kontinent kühlte langsam ab und es bildete sich Eis. Doch erst mit der Öffnung der Drake-Straße zwischen der Antarktis und Südamerika vor 34 Millionen Jahren setzte eine stärkere Vereisung ein. Dadurch kam wiederum mit dem Antarktischen Zirkumpolarstrom eine Meeresströmung in Gang, der die Antarktis von West nach Ost umfließt, so dass der Kontinent völlig von warmen Strömungen abgeschnitten wurde.

**Eis in Bewegung** Im Zentrum der Ostantarktis, wo das Eis eine Mächtigkeit von 3000 m erreicht, hat es sich im Verlauf vieler Jahrtausende akkumuliert; aber gleichzeitig war es in ständiger, wenn auch sehr langsamer Bewegung – das Eis fließt. An seinen Rändern und in Talgletschern fließt es schneller und mündet als hunderte von Metern dickes Schelfeis ins Meer, um schließlich als Eisberge loszubrechen. Diese Eisströme fließen auf einem dünnen Wasserfilm, vermischt mit Gesteinsbrei, der an ihrer Basis durch den Auflastdruck und die von unten kommende Wärme fortwährend neu entsteht. Solange der nach außen gerichtete Eisfluss durch ausreichenden Schneefall ausgeglichen wird, ist alles in Ordnung.

**Die Schwachstelle der Antarktis** Andere Verhältnisse herrschen im Westen der Antarktis. Dort liegt der größte Teil des Landes unter dem Meeresspiegel, auch wenn das Eis ihn weit überragt. Das macht die Region besonders angreifbar für die

**Verlorene Landschaft**

Eis ist für Radarwellen durchsichtig. Dieser Umstand hatte in der Vergangenheit für einige Piloten fatale Folgen. In den letzten Jahren haben Forschungsflugzeuge die Landschaft unter dem Eis der Ostantarktis kartiert. Die Ergebnisse zeigten eine großartige Landschaft mit Gebirgen und Fjorden – ein Blick in die Entwicklungsgeschichte des ostantarktischen Eisschildes im Verlauf der letzten 34 Millionen Jahre.

geringfügig wärmeren Meeresströmungen, die sie umspülen. Der Pine-Gletscher ist der größte Gletscher der Antarktis und hat etwa die Größe von Texas. In den letzten Jahren hat sich sein Fließen zunehmend beschleunigt, das Eis wurde immer dünner. Ein unbemanntes Tauchboot hat festgestellt, dass nur noch ein Felsen an seiner Unterseite den letztlichen Zusammenbruch der Gletscherzunge verhindert hat. Würde der Pine-Gletscher kollabieren, würde dies weltweit zu einem Anstieg des Meeresspiegels um 25 cm führen. Würden die benachbarten Gletscher ebenfalls schmelzen, würden sie 1,5 m zum Meeresspiegelanstieg beisteuern.

Worum es geht

## Alte vereiste Landoberflächen beginnen zu schmelzen

# 34 Schneeball-Erde

**Die Erdgeschichte kennt fünf große Eiszeiten, aber keine war annähernd so einschneidend wie das Cryogenium im ausgehenden Präkambrium. In zwei Epochen von jeweils 20 Millionen Jahren Dauer reichte das Gletschereis bis in tropische Regionen! Eine der derzeitig faszinierendsten geowissenschaftlichen Debatten dreht sich um die Frage, ob die Erde vollkommen gefroren war und wenn ja, wie sie wieder auftaute.**

**Dropstones** Seit fast einem Jahrhundert haben Geologen immer wieder von eiszeitlichen Ablagerungen an erstaunlichen Stellen berichtet – einige davon weit weg von jeglicher Vereisung. Besonders das Gesteinsarchiv des Präkambriums ist sehr lückenhaft; das macht es schwer, in so alten Schichten glazigene Sedimente zu erkennen. Nur für eine Erscheinung gibt es keine andere Erklärung – Dropstones, isoliert auftretende Gerölle oder Blöcke unterschiedlicher Größe, die in großer Entfernung von der Küste in feinkörnigen Sedimenten zur Ablagerung kamen. Es gibt nur eine einzige Deutung für ihre Herkunft: sie sind von schwimmende Eisbergen mitgeführt worden und bei deren Abschmelzen zum Meeresboden gefallen und gelangten auf diese Weise in die feinkörnigen Sedimente der tieferen Meeresbereiche.

**Kontinente im Präkambrium** Als in den 1960er Jahren die Theorie der Plattentektonik aufkam, wurde rasch klar, dass sich die Kontinente nicht immer an ihrer heutigen Position befanden, sondern wanderten. Aus der Orientierung magnetischer Minerale in Gesteinen lässt sich die geografische Breite zur Zeit ihrer Kristallisation bzw. Ablagerung rekonstruieren. So zeigten 640 Millionen Jahre alte glazigene Sedimente in Kanada, Grönland, Svalbard (Spitzbergen), Namibia und Australien allesamt äquatoriale Positionen.

**Positiver Rückkopplungseffekt** Die Angst vor einem nuklearen Schlagabtausch in den 1960er Jahren veranlasste einige Wissenschaftler dazu, die Folgen

## Zeitleiste Entdeckung der Schneeball-Erde

| 1949 | 1964 | 1966 | 1992 |
|---|---|---|---|
| Douglas Mawson zeigt, dass glazigene Sedimente des Präkambriums weltweit verbreitet sind | Brian Harland berichtet von Dropstones auf Svalbard und Grönland, damals im Tropengürtel liegend | Michail Budyko schätzt, dass eine Eisrandlage bis zu 30° nördlicher und südlicher Breite ausreicht, um eine äquatoriale Vereisung zu erzeugen | Joe Kirschvink prägt den Begriff „Schneeball-Erde“ |

einer durch Staub und Aerosole verursachten Abkühlung durchzurechnen. Die Zahlen zeigten, dass eine Ausdehnung der polaren Eismassen in Richtung Äquator über 30° Nord und Süd hinaus die Albedo soweit erhöhen würde, dass ein positiver Rückkopplungseffekt zum Tragen käme: Je mehr sich die Eisfläche vergrößern würde, desto kälter würde es werden. Eine globale Vereisung würde drohen. Auf natürliche Weise könnte dieser Prozess auch durch Erdbahnveränderungen oder eine Abnahme der Sonnenaktivität und möglicherweise eine Zunahme der Wolkenbildung, hervorgerufen durch die kosmische Strahlung auf dem Weg durch die Milchstraße, ausgelöst werden.

**Ewiger Schneeball?** Im Jahr 1992 prägte Joe Kirschvink vom California Institute of Technology den Begriff „Schneeball-Erde", ein Zustand, der gegen Ende des Präkambriums herrschte. Kritiker verwiesen allerdings auf ein Problem: Wenn der Planet wirklich ein weißer Schneeball war, ohne Ozeane, ohne Verdunstung, ohne Wolkenbildung, würde die Sonnenstrahlung permanent in den Weltraum reflektiert werden und der Zyklus wäre nicht zu unterbrechen.

### Paul Hoffman (geb. 1941)

Der kanadische Geologe Paul Hoffman ist ein zielstrebiger Mensch. Als passionierter Läufer belegte er 1964 beim Boston-Marathon den neunten Platz. Schon bald erkannte er, dass sein Talent aber niemals für das olympische Podest oder den Weltrekord reichen würde. Nur das Beste war ihm gut genug und so entschied er sich für das Fach Geologie, wurde Professor in Harvard – eine der begehrtesten Positionen in der Welt der Forschung. Jedes Jahr unternahm er Exkursionen in die entlegensten Gebiete der Erde, vor allem in den Norden Namibias. Dort entdeckte er eiszeitliche Sedimente aus dem Präkambrium, die von Karbonaten überlagert wurden: ein Hinweis darauf, dass nach dieser Eiszeit schon bald wieder tropische Bedingungen geherrscht haben mussten. Damit war für ihn der Beweis einer abgetauten Schneeball-Erde erbracht.

**1998** Hoffman und Schrag veröffentlichen ihre Untersuchungen der glazigenen Sedimente und ihrer auflagernden Karbonate aus dem Präkambrium Namibias

**2006** Eine Schneeball-Erde-Konferenz diskutiert die Hypothese einer weltweiten Vereisung

**2010** Auf 716,5 Mio. Jahre datierte Glazialsedimente in Kanada befanden sich damals in Äquatornähe

**❜ Das Problem mit diesem Schneeball besteht darin, dass er die größte jemals stattgefundene Umweltkatastrophe war, aber keine dazugehörigen Leichen zu finden sind. ❛**

**Prof. Guy Narbonne,**

**BBC TV Horizon (2001)**

Kirschvink schlug eine Lösung vor. Eine trotz Eis stets vorhandene Wärmequelle ist die Erdwärme. Vulkane würden weiterhin ausbrechen und $CO_2$ emittieren. Ohne offene Wasserflächen könnte sich das Gas nicht im Ozean lösen und würde sich im Verlauf von etwa 10 Millionen Jahren so weit anreichern, dass die Atmosphäre etwa 10 % $CO_2$ enthält. Selbst ein globales Eisfeld könnte in diesem Treibhaus nicht überdauern: es käme zu einer extremen Hitzewelle, die ein abruptes Abschmelzen zur Folge hätte.

**Die karbonatischen Deckschichten** Weitere Indizien lieferte 1998 der Geologe Paul Hoffman. Er hatte eiszeitliche Sedimente in Namibia untersucht und dabei festgestellt, dass sie im Hangenden mit scharfer Grenze von Karbonaten abschlossen werden. Diese so genannten Deck-Karbonate (*cap-carbonates*) waren die Folge einer postglazialen intensiven chemischen Verwitterungsperiode, die 10 Millionen Jahre anhielt, das $CO_2$ aus der Luft auswusch und mächtige Karbonatserien hinterließ.

Kohlenstoff besteht aus zwei stabilen Isotopen, C-12 und C-13. Da Organismen bevorzugt C-12 aufnehmen und die Deck-Karbonate kein Defizit an C-13 haben, muss ihr C-13-Gehalt vulkanischer Herkunft sein. Außerdem befindet sich an der Basis der Karbonate eine mit Iridium angereicherte Schicht. Iridium ist auf der Erde sehr selten, in Meteoriten und kosmischem Staub dagegen deutlich häufiger. In den 10 Millionen Jahren Eisbedeckung kam es offenbar zu einer Anreicherung von Iridium-reichem Material, möglicherweise aus kosmischem Staub.

**Anoxische Gewässer** Die Schneeballperiode ist gekennzeichnet durch die Ablagerung von Bändereisenerzen, die durch die Oxidation gelöster zweiwertiger Eisenverbindungen zu unlöslichem dreiwertigem Eisenoxid entstehen. Damit zweiwertiges Eisen transportiert und abgelagert werden kann, sind große anoxische, d.h. sauerstoffarme Wasserkörper erforderlich, die sich nur bilden können, wenn die Ozeane unter einer geschlossenen Eisdecke liegen.

**Zu einem Urteil kommen** Die Hypothese einer Schneeball-Erde ist eine faszinierende Geschichte, gestützt von bestechenden Befunden – dennoch, die Wissenschaftsgemeinde muss zu einem einstimmigen Urteil kommen. Nur ein Punkt: Wie konnte selbst primitives Leben so eine Katastrophe überdauern? Das Leben war damals auf die Ozeane begrenzt und bestand lediglich aus Algen und Bakterien. Aber wie konnten Organismen, die Photosynthese betreiben, trotz dickem Eis das

**Schneeball und Leben**

Vor rund 720 Millionen Jahren war das Festland immer noch öde und leer, während im Meer bereits reichlich Leben vorhanden war. Photosynthese betreibende Algen und Cyanobakterien hatten den Kohlendioxidgehalt reduziert und die Atmosphäre mit Sauerstoff angereichert. Die Schneeball-Erde muss eine schreckliche Katastrophe gewesen sein, die fast alles Leben auslöschte. Aber es überlebte, und ja, es nutzte die Gelegenheit. Als das Eis schwand, eröffnete sich eine neue Chance voll mit nährstoffreichen Gewässern ohne nennenswerte Konkurrenz. Kurz nach Ende der Vereisung findet sich im Fossilarchiv eine weit verzweigte Artenvielfalt an Vielzellern. Und wie wir in den folgenden Kapiteln sehen werden, ist der Rest Paläontologie.

dafür notwendige Licht erhalten? Möglicherweise blieb das Eis durch ein langsames Gefrieren transparent. In den trockenen Tälern der Antarktis findet Photosynthese in 5 m Tiefe unter dem Eis statt.

Die große Frage ist, wie umfänglich die Vereisung war. Die Dropstones könnten mit Eisbergen bis zum Äquator gedriftet sein und Kritiker sagen, dass selbst eine bescheidene offene Wasserfläche gereicht hätte, das $CO_2$ aufzunehmen und so eine Überfrachtung der Atmosphäre zu verhindern. Eine weitere Unbekannte ist der Zustand des damaligen Erdmagnetfelds. Falls es nicht parallel zur Erdachse ausgerichtet war, hätten die untersuchten Kontinente nicht so nahe am Äquator gelegen. Diese und andere Einwände führten schließlich zu dem Vorschlag einer „Schneematsch-Erde“ mit zumindest jahreszeitlich offenen Gewässern.

Worum es geht

## War die gesamte Erde eingefroren?

# 35 Geologische Zeiträume

**Falls es ein Phänomen in den Geowissenschaften gibt, von dem alle anderen abhängen, dann ist es das Konzept der geologischen Zeit. Nur in geologischen Zeiträumen können Festgesteine fließen, Gebirge aufsteigen, Regentropfen Gesteine abtragen und Evolution in kleinen Schritten stattfinden. Und dennoch, für Menschen, die mit der in Stunden, Tagen und Jahren gemessenen Zeit vertraut sind, ist die geologische Zeit eine der am schwersten zu begreifenden Vorstellungen.**

**Die Vorstellung von Zeit** Unsere Sicht auf die physikalische Dimension der Erde erfolgt durch direkte Erfahrung. Wir machen einen langen Spaziergang, genießen die Aussicht, fliegen rund um den Globus oder bewundern ein Foto aus dem All – und können uns einen halbwegs umfassenden Eindruck von unserem Heimatplaneten machen. Nur mit der Zeit ist das etwas anderes. Viele Dinge im täglichen Leben sind innerhalb von Sekunden oder Minuten erledigt. Unser Leben wird eingeteilt in Stunden, Tage, Wochen, Jahre, und jährlich feiern wir einmal Geburtstag. An unsere Kindertage erinnern wir uns nur bruchstückhaft und aus der Zeit davor haben wir lediglich Informationen aus zweiter Hand. Die Zeitdimensionen unseres Planeten auf dieser Basis begreifen zu wollen, gleicht dem Versuch, aus der Dicke einer Apfelschale auf die Tiefe des Erdballs zu schließen.

**„Die Geologie liefert uns den Schlüssel für die Geduld Gottes.“**
**Josiah Gilbert Holland (1870)**

**Generation um Generation** Eine Generation liegt ungefähr so weit zurück, wie es gerade noch einfach zu verstehen ist. Gehen wir davon aus, dass eine Generation 25 Jahre umfasst, dann lebten unsere Ur-Ur-Urgroßeltern im 19. Jahrhundert zur Zeit von Otto von Bismarck – vor fünf Generationen. Vor rund

## Zeitleiste Ein Tag auf der 24-Stunden-Uhr der Geologie

| 0:00 Uhr | 02:00 Uhr | 06:00 Uhr | 10:00 Uhr |
|---|---|---|---|
| Staub und Gase ballen sich zur Erde zusammen | Heftige Meteoritenschauer; älteste Gesteine | Erste eindeutige Hinweise auf Leben | Erstmals freier Sauerstoff in der Atmosphäre |

**Abkühlende Erde**

Ein Jahrhundert, bevor Darwin seine Evolutionstheorie veröffentlichte, ging Georges-Louis Comte du Buffon davon aus, dass sich Tiere im Laufe der Zeit verändern. Er erkannte, dass der Prozess lange Zeiträume erforderte und führte beispielsweise Experimente durch, um zu sehen, wie lange glühende Eisenkugeln brauchten, um auf Raumtemperatur abzukühlen. Auf die Größe der Erde extrapoliert, kam er auf ein Alter des Planeten von 74 832 Jahren. Diese Idee wurde im ausgehenden 19. Jahrhundert von Lord Kelvin wieder aufgenommen, dem jedoch präzisere Angaben über die Abkühlungsrate von schmelzflüssigem Magma zur Verfügung standen. Er kam zu dem Schluss, die Erde müsste zwischen 20 und 400 Millionen Jahre alt sein, präzisierte diese Angaben aber 1897 auf nicht mehr als 40 Millionen Jahre. Damals war allerdings über die Wärmeentwicklung beim radioaktiven Zerfall noch nichts bekannt.

17 Generationen waren wir im Zeitalter der Spanischen Armada und vor weniger als 40 Generationen war der Gang nach Canossa (1077). Schon 180 Generationen sind erforderlich, um zur Errichtung von Stonehenge zu kommen, und vor 4000 Generationen fand „Out of Africa“ statt, die Auswanderung der frühen Menschen aus Ostafrika. Eine einfache Analogie besagt, dass diese Migration auf einer fiktiven Uhr, auf der die Erde 24 Stunden alt ist, vor gerade einmal zwei Sekunden stattgefunden hat.

**Die Wahrheit dämmert** Vielleicht ist es nicht besonders erstaunlich, dass die Wegbereiter der Geologie nur nach und nach die wahre Dauer geologischer Zeiträume erkannten. Möglich, dass ihre Vorstellungskraft durch ihr eigenes Denken oder durch die biblische Lehre von der Erschaffung der Welt an sechs Tagen und des Menschen am letzten Tag eingeschränkt war.

Im 18. Jahrhundert starben die letzten Häretiker auf Scheiterhaufen; das Zeitalter der Aufklärung begann. Philosophen und Wissenschaftler fingen an, offen über das Wesen der Zeit zu spekulieren und die Geschwindigkeit von Prozessen abzuschätzen. In Frankreich hatte Benoît de Maillet (1656–1738) fossile Gehäuse hoch über

| 20:30 Uhr | 21:00 Uhr | 22:00 Uhr | 23:38 Uhr | 23:58:40 Uhr | 23:59:58 Uhr |
|---|---|---|---|---|---|
| Möglicherweise „Schneeball-Erde“ | Kambrische Explosion der marinen Fauna | Erste Landlebewesen | Aussterben der Dinosaurier | Aufrechter Gang des Menschen | *Homo sapiens* verlässt Ostafrika |

**Darwins Zeitbedarf**

Als Charles Darwin seine Evolutionstheorie ausformulierte, war eines der schwierigsten Probleme der immense Bedarf an Zeit für die natürliche Auslese. Am Beispiel des Wealden von Kent führte er dazu eigene Berechnungen durch. Ihm war klar, dass dies eine riesige Felskuppe gewesen sein musste, über der einst Kreidekalke lagerten. Heute findet man solche Kreidekalke nur noch in den North und South Downs, dazwischen liegen ältere Gesteine. Unter Abschätzung der Mächtigkeit und der Erosionsrate kam er zu dem Ergebnis, dass der Abtragungsprozess etwa 300 Millionen Jahre gedauert haben müsste. Dabei war ihm sehr wohl bewusst, dass das Ganze eher ein Rätselraten war und er strich diese Angaben in einer späteren Auflage seines Buches wieder.

dem Meeresspiegel gefunden. Daraus berechnete er die Geschwindigkeit, mit der französische Häfen versanden würden, wobei er von einem fallenden Meeresspiegel ausging. Er kam auf einen Wert 0,75 mm pro Jahr, das bedeutete, dass die Fossilien im Hochgebirge demzufolge 2,4 Milliarden Jahre alt sein müssten.

Im Jahr 1821 entdeckte der Pfarrer William Buckland in einer Höhle in Yorkshire hunderte von Gebeinen. Sie stammten von Hyänen und ihrer Beute, selbst Knochen von Elefanten und Nashörnern waren dabei. Er schloss daraus, dass selbst die biblische Sintflut nicht in der Lage gewesen wäre, so viele Knochen von Afrika hierher zu schwemmen und dass sie viel mehr Generationen repräsentierten, als die zehn, die in der Bibel zwischen Adam und Noah beschrieben sind. Für ihn war deshalb die biblische Zählung nicht mit den geologischen Befunden in Einklang zu bringen.

**Der Vater der geologischen Zeit** James Hutton veröffentlichte 1788 seine berühmte „Theory of the Earth", in der er sein Konzept des Aktualismus vorstellte: dass alle heutigen geologischen Prozesse letztlich alle Veränderungen in der geologischen Vergangenheit erklärbar machen (siehe Kap. 24 und 25). Voraussetzung war eine unermessliche Menge an Zeit, was bei den Theologen allerdings auf strikte Ablehnung stieß, die Wissenschaftler dagegen dazu inspirierte, über das Phänomen der Zeit nachzudenken.

Im Jahr 1841 besuchte der schottische Geologe und Verfechter von Huttons Ideen, Charles Lyell, die Niagara-Fälle. Dort springt der Rand des Wasserfalls in einer großen Schlucht zurück. Er traf einen alten Mann, der ihm versicherte, dass in seiner Erinnerung der Wasserfall vor 40 Jahren etwa um 40 m weiter flussab lag.

> **„Wir können keinen einzigen Schritt in der Geologie machen, ohne aus den unergründlichen Vorräten der vergangenen Zeit zu schöpfen.“**
>
> **Adam Sedgwick, Brief an William Wordsworth (1842)**

Aufgrund dieser Aussage berechnete er, dass die 11 km lange Schlucht in etwa 35 000 Jahren ausgekolkt worden war. Heute wissen wir, dass das in geologischen Maßstäben „ein Wimpernschlag“ ist, es half aber den Denkern dabei, den biblischen Zeitrahmen zu überschreiten. Auch half es Leuten wie Charles Darwin, sich begreiflich zu machen, welche Zeiträume für Veränderungen im Ablauf der Evolution erforderlich sind.

**Die vierte Dimension, nüchtern betrachtet** Heute wissen wir durch radiometrische Altersbestimmungen (siehe Kap. 4), dass die Erde 4,56 Milliarden Jahre alt ist. Das Universum ist noch etwa dreimal älter. Diese unermesslichen Zeiträume sind nach wie vor eine geistige Herausforderung, sie sind aber wichtig, um geologische Prozesse zu beschreiben. Mantelkonvektion, Kontinentaldrift, Gebirgshebung, zunehmende Entfernung des Mondes von der Erde sind insgesamt Prozesse, die sich in der Größenordnung von Zentimeterschritten pro Jahr vollziehen. Nach menschlichen Maßstäben ist das unbedeutend. Aber in den geologischen Zeitmaßstäben wälzt sich der Erdmantel wie heiße Suppe in einem Kessel um, Kontinente bewegen sich wie Eisschollen auf einem Fluss und Gebirge heben und senken sich wie die atmende Brust eines schlafenden Riesen. Und ganze Familien von Pflanzen- und Tierarten tauchen auf, entwickeln sich und sterben wieder aus.

## Worum es geht
## Zeit bringt Wechsel

# 36 Stratigraphie

**Sedimentgesteine sind geschichtet. Es ist für uns schon fast selbstverständlich, dass diese Schichten, eine über der andern, im Laufe der Erdgeschichte abgelagert wurden. Die ersten Naturforscher, die das genauer erfassten, machten auch die Geologie zu einer exakten Wissenschaft und sie entwarfen Karten, die unsere Welt veränderten.**

Als sich der junge dänische Arzt und Naturforscher Nicolaus Steno der Geologie zuwandte, wechselte er von Kopenhagen an die Universität in Florenz und wurde Leibarzt der Medici. In den toskanischen Hügeln fand er Fossilien und erkannte, dass sie Dokumente eines längst vergangenen Lebens darstellen. Wie aber wurden sie zu Stein? Steno bemerkte, dass Sedimentgesteine in Schichten abgelagert werden und dass das nur funktionieren konnte, wenn sich Schicht um Schicht im Wasser absetzte.

**Grundprinzipien der Stratigraphie** Im Jahr 1669 stellte Steno vier Grundprinzipien auf. Das *Lagerungsgesetz* besagt, dass Sedimente in einer bestimmten Abfolge von Schichten zur Ablagerung kommen, eine über der andern und dass in einer tektonisch ungestörten Schichtenfolge stets jüngere Schichten den älteren auflagern. Das *Prinzip der ursprünglichen horizontalen Lagerung* bedeutet, dass die Sedimente im Wesentlichen in horizontalen Schichten abgelagert werden. Das *Prinzip der lateralen Kontinuität* drückt aus, dass sich eine Schicht ohne Begrenzung unendlich ausdehnt, falls nicht etwas anderes dagegen spricht. Und das *Prinzip der gegenseitigen Verbandsverhältnisse* sagt aus, dass alles, was eine Schicht abschneidet oder einen Gesteinsverband durchschlägt, jünger sein muss als das davon betroffene Gestein.

**Der Reihe nach** Stenos Prinzipien sind zwar nicht in jeder Hinsicht exakt, leisten aber für das Verständnis der Stratigraphie gute Dienste. Sedimentgesteine lagern sich in der Tat in Schichten ab, mit der jüngsten Schicht zuoberst – obwohl sie im

**Zeitleiste** Alter (in Mio. Jahren), mit dem die Perioden der

| 542 | 488 | 444 | 417 | 358 | 296 | 251 | 200 | 142 |
|---|---|---|---|---|---|---|---|---|
| Kambrium | Ordovizium | Silur | Devon | Karbon | Perm | Trias | Jura | Kreide |

Gelände infolge Faltung gelegentlich invers lagern können. Abgesehen von einigen Ausnahmen wie etwa der Schrägschichtung werden die Schichten tatsächlich immer horizontal abgelagert. Und obwohl keine Schicht global auftritt, kann man beim Auffinden derselben Gesteinsschicht an anderer Stelle davon ausgehen, dass beide gleichzeitig abgelagert worden sind.

**Der Somerset-Kanal** Es dauerte ein gutes Jahrhundert, bis diese Prinzipien weiterentwickelt und erstmals in die Praxis umgesetzt wurden. In den 1770er Jahren begutachtete William Smith eine für einen Kanalbau vorgesehene Trasse. Er musste eine Vorhersage treffen, welche Gesteinsarten beim Ausheben des Kanals zu erwarten waren und ob sie das Kanalwasser halten konnten. Dabei erinnerte er sich, dass er genau dieselbe Abfolge der Gesteine auch schon an anderen Orten vorgefunden hatte. Ferner erkannte er, dass jede Schicht charakteristische Fossilien enthielt, mit deren Hilfe unbekannte Schichten identifizieren werden konnten. So wurde er als William „Schichten-“Smith bekannt.

**❟ Systematisch geordnete Fossilien sind für den Naturforscher, was die Münzen für den Antiquar sind die Antiquitäten der Erde. Und diese Bewohner des Wasserelements zeigen sehr deutlich ihre schrittweise, aber gleichmäßige Entstehung, mit all ihren verschiedenartigen Veränderungen. ❛**

**William Smith,**

***Stratigraphical System of Organized Fossils* (1817)**

**Nicolas Steno** (1638–1686)

Niels Stenson war ein Däne, dessen Name später zu Nicolas Steno latinisiert wurde. Mit 21 Jahren zog er für sich den Schluss, statt das zu glauben, was in Büchern stand, selbst zu erforschen. Zuerst studierte er Anatomie; als er aber 1666 einen Haischädel untersuchte, erkannte er, dass die Zähne mit Fossilien identisch waren, die er in den Sedimenten der Toskana gefunden hatte. Daraus schloss er, dass Fossilien die Reste früherer Lebewesen sein mussten. Während er noch spekulierte, wie die Fossilien wohl in das Gestein gekommen waren, entwickelte er seine Prinzipien der Stratigraphie. Er war zwar geborener Lutheraner, akzeptierte aber nie, was gelehrt wurde, vielmehr fand er den Katholizismus mit dem, was er machte, besser vereinbar, und so konvertierte er schließlich.

**Geologischen Zeitskala beginnen**

| 65 | 55 | 34 | 24 | 5,3 | 2,6 | 11 450 Jahre |
|---|---|---|---|---|---|---|
| Paläozän | Eozän | Oligozän | Miozän | Pliozän | Pleistozän | Holozän |

**William Smith (1769–1839)**

Als Sohn eines Schmieds in Oxfordshire und anders als viele höher gestellte Wissenschaftler jener Tage, hatte William Smith kein privates Einkommen, und so arbeitete er als Landvermesser für Grundbesitzer und die Somersetshire Coal Canal Company in Somerset. Seine Geländearbeit bestand darüber hinaus in der Aufnahme von Gesteinsschichten einschließlich ihrer Fossilien. Schon bald erkannte er, dass die Gesteine und Fossilien in immer gleichen, wiederkehrenden Abfolgen auftraten. Im Jahr 1799 zeichnete er eine geologische Karte der Umgebung von Bath, und nach der Entlassung durch seine Arbeitgeber widmete er sich intensiv seinem Projekt – seiner berühmten geologischen Karte von England, Wales und Teilen Schottlands. Mit ihrem Verkauf versuchte er, seinen Lebensunterhalt zu verdienen, aber sie wurde kopiert und die Kopien billig verkauft, so dass er auf seiner Karte sitzen blieb. Schließlich ging er bankrott und wurde als Schuldner eingesperrt. Erst viel später wurden seine Verdienste für die Geologie gewürdigt: Im Jahr 1831 wurde ihm die erste Wollaston-Medaille der britischen Geological Society verliehen.

Schaut man sich heute in der Welt um, wird schnell klar, dass rezente Ablagerungen selten identisch sind. Ein Flussbett enthält Schotter, auf den Talauen werden Sand, Schluff und Ton abgelagert, in Wattgebieten bilden sich Salzmarschen. Smith durchschaute das, erkannte aber auch, dass ähnliche Fossilien, die er in einer lediglich kurzen Schichtfolge fand, dazu verwendet werden konnten, um die gleichzeitige Ablagerung der verschiedenen Sedimente zu zeigen.

**Die erste geologische Karte** William Smith bemerkte damals außerdem, dass die von ihm untersuchten Schichten schwach nach Osten einfielen. Falls Stenos Prinzip der Horizontalität stimmte, mussten sie nach ihrer Ablagerung durch Bewegungen im Untergrund verkippt worden sein. Die Feststellung, dass auf einer Reise von West nach Ost quer durch England die Gesteine immer jünger wurden, half Smith bei der Erstellung seiner berühmten handkolorierten geologischen Karte, die jede wichtige Einheit der geologischen Schichtenfolge zeigte.

**Schichtenbezeichnung** Viele der wichtigen Schichten erhielten Namen. Einige bekamen die von den Steinbrucharbeitern benutzten örtlichen Begriffe. Andere wurden von Geologen benannt und waren beschreibenden Charakters oder verwiesen auf den Fundort. Es war ganz normal, dass versucht wurde, Abfolgen ähnlicher Schichten zusammenzufassen, was letztlich zur Benennung der geologischen Perioden führte. Einer der ersten, die das taten, war der deutsche Mineraloge Abraham Gottlob Werner (1749–1817), der auch die Bezeichnung „Neptunismus" geprägt hatte. Während seine Idee, dass Granit unter Wasser abgelagert worden sei, falsch war, hatte er aber, was die Mehrzahl der Sedimentgesteine betraf, völlig Recht. Er unterteilte sie in Urgebirge, Übergangsgebirge, Flözgebirge und aufgeschwemmtes Land, nachdem zuvor der Italiener G. Arduino in Norditalien eine Gliederung in Montes primitivi, M. scundarii und M, tertiarii aufgestellt hatte. Der Begriff „Tertiär" ist zwar in der neuen Gliederung abgeschafft, doch in der geologischen Nomenklatur hat er bis heute überlebt.

Die Namen der anderen Perioden verweisen auf vielerlei Orte in der Welt, wo sie erstmals beschrieben wurden. Die Bezeichnungen Kambrium, Ordovizium und Silur gehen auf alte walisische Stämme zurück. Devon ist eine Landschaft in Südwest-England. Der Begriff Trias („Dreiheit") wurde für süddeutsche Gesteinsserien geprägt, der Jura wurde nach dem französisch-schweizerischen Grenzgebirge benannt und Kreide geht auf das lateinische Wort „creta" für Kreide zurück.

Einer der großen Pioniere der Stratigraphie war Sir Roderick I. Murchison (1792–1871). Neben seinen geologischen Arbeiten in Südengland, den Alpen und Schottland legte er die Grundlagen für die Einführung des Silurs. Mit einer ihm eigenen Beharrlichkeit kämpfte er nachdrücklich für die von ihm vorgeschlagene Unterteilung des Silurs. Dies führte zu einem handfesten Streit mit Sir Henry De La Beche, dem Begründer des Geological Survey of Great Britain. De La Beche hatte Fossilien gefunden, die normalerweise in Verbindung mit den Kohlevorkommen des Karbon auftreten, von denen er aber glaubte, sie kämen aus dem Silur – und folglich vertrat er die Meinung, dass Fossilien nicht dazu taugten, Schichten zu korrelieren. Murchison wies jedoch nach, dass die Fossilien von der Basis des Karbons stammten und dass zwischen ihnen und dem Silur eine Schichtlücke bestand, während in Südengland der Old Red Sandsteins abgelagert wurde. Auf diese Weise „entstand" das Devon, um diese Lücke zu schließen.

**Datierung der Schichten** Im Jahr 1977 wurde die Internationale Stratigraphische Kommission gegründet, um die Unterteilungen zwischen den Perioden präzise festzulegen und sie absoluten Zeitmarken zuzuordnen. Die in der ersten Hälfte des 20. Jahrhunderts von Arthur Holmes (siehe Kap. 4) durchgeführten mühevollen radiometrischen Datierungen haben sich bis heute als überaus genau erwiesen und wurden seither nur geringfügig modifiziert.

Worum es geht

**Schichten und Zeit**

# 37 Entstehung des Lebens

**Das Leben erscheint rätselhaft, magisch. Kein Wunder, dass die Menschen glaubten, es sei eine göttliche Schöpfung. Die Ursprünge des Lebens zählen immer noch zu den großen Unbekannten der Wissenschaft. Aber alte Spuren und moderne Untersuchungen kommen dem Geheimnis allmählich näher.**

**Bestandteile des Lebens** „Einfach" ist nicht der passende Begriff, um selbst das primitivste Bakterium der Erde zu beschreiben. Alle existierenden Lebensformen sind von so einer extremen Komplexität, dass es schwer vorstellbar ist, sie als Produkte zufälliger Veränderungen zu betrachten. Also was macht Leben aus?

Das wichtigste Merkmal ist die Fähigkeit zur Reproduktion. Dazu müssen bestimmte Voraussetzungen geschaffen werden, es muss eine Art Code oder eine Reihe von Anweisungen vorliegen, die den Gesamtbauplan eines Lebewesens vorgeben. In allen Organismen der Erde ist das der genetische Code, gespeichert in der Doppelhelix der DNA oder – in Ausnahmefällen – in der Einzelspirale der RNA. Weiter braucht man einen Mechanismus, um diesen Code zu kopieren: im Fall der DNA handelt es sich um einen Komplex aus Proteinen, Enzymen und Zellstrukturen. Und falls Evolution durch ein Zufallsprinzip erfolgt, sollte der Kopiervorgang nicht ganz perfekt sein, sondern die Option der Veränderbarkeit in sich tragen. Zur Durchführung solcher Funktionen müssen Organismen Energie – sei es chemische oder solare Energie – ihrer Umgebung entnehmen können. Um all diese Komplexität zusammenzuhalten, bedarf es einer Art Membran oder Zellwand.

**Die Bausteine des Lebens** Charles Darwins Idee eines „kleinen, warmen Tümpels" griff 1953 der Doktorand Stanley Miller auf, als er ein (heute berühmtes) Experiment vorbereitete, das zeigen sollte, wie viele dieser chemischen Grundbau-

## Zeitleiste

| 5. Jh. v. Chr. | 1800er Jahre | 1861 | 1920er Jahre |
|---|---|---|---|
| Anaxagoras äußert erste Überlegungen zur Panspermie | Die meisten Menschen glauben, das Leben sei durch Spontanzeugung entstanden | Louis Pasteur wies mit sterilen Schwanenhalsflaschen nach, dass es keine Spontanzeugung gibt | Oparin (in Russland) und Haldane (in Großbritannien) stellen ein erstes biochemisches Modell für den Ursprung des Lebens vor |

steine des Lebens durch elektrische Entladungen in einer Art Uratmosphäre erzeugt werden können. Deren Herstellung war jedoch nicht das Problem. Es zeigte sich, dass die kohligen Chondriten, eine Meteoritenart, die zu Beginn der Erdgeschichte massenhaft auf der Erde einschlugen, die nötigen Aminosäuren und -basen enthielten. Die Bausteine des Lebens mögen zwar häufig gewesen sein, aber allein ihre Gegenwart erzeugt noch kein Leben an sich, so wie durch eine Explosion auf einem Schrottplatz noch kein funktionierendes Auto entsteht.

**Baukasten der Natur** Was hielt all die chemischen Verbindungen zusammen, ehe die ersten Zellstrukturen diese Arbeit übernahmen? Eine potenzielle Möglichkeit sind Tonminerale. Sie kristallisieren in dünnen Schichten, und zufällige Fehler im Kristallgitter reproduzieren sich in den benachbarten Lagen. Eine weitere Option sind Eisensulfide, z.B. Pyrit, die in Abwesenheit von atmosphärischem Sauerstoff häufig waren.

Das wohl geeignetste chemische Ausgangssubstrat für frühes Leben ist die RNA. Wie ihre stabilere Verwandte DNA mit Doppelhelix kann die RNA den genetischen Code weitergeben. Entscheidend ist, dass sie auch als Enzym wirken und ihre eigene Reproduktion katalysieren kann.

### **Stanley Miller** (1930–2007)

Stanley Miller machte gerade an der Chicago University bei Harold Urey seine Doktorarbeit, als er sein berühmtes Experiment begann. Er nahm einen Glaskolben, füllte ihn mit etwas Wasser und mit Gasen, wie sie in der primitiven Atmosphäre zugegen waren und setzte sie mehrere Tage lang elektrischen Entladungen aus, die Blitze simulieren und die Reaktion in Gang bringen sollten. Am Boden der Flasche sammelte sich eine braune Flüssigkeit, die, wie ihre Analyse ergab, ein Gemisch von Aminosäuren und anderen organischen Bausteinen des Lebens enthielt. Heute wissen wir, dass Miller eine „falsche" Atmosphäre aus Wasserstoff, Methan und Ammonium verwendete und nicht eine Mischung, die überwiegend aus Kohlendioxid und Stickstoff bestand. Er konnte jedoch zeigen, wie aus einfachen Zutaten komplexe organische Verbindungen hergestellt werden können.

| 1953 | 1986 | 1992 | 1996 | 2011 |
| --- | --- | --- | --- | --- |
| Stanley Miller erzeugt im Labor die Bausteine des Lebens | Walter Gilbert prägt den Begriff „RNA-Welt" | William Schopf berichtet von 3,5 Mrd. Jahre alten Mikrofossilien in Australien | David McKay behauptet, in einem vom Mars stammenden Meteoriten Strukturen von Mikrofossilien gefunden zu haben | Martin Brazier findet in 3,4 Mrd. Jahre alten Gesteinen Schwefel katalysierende fossile Bakterien |

**Verborgene Orte** Ein „kleiner, warmer Tümpel" war auf der frühen Erde gewiss kein sicherer Ort. Die permanent auftreffenden Meteoriten und Kometen einschließlich der kosmischen Strahlung dürften die Erdoberfläche unbesiedelbar gemacht haben. Vielleicht begann das Leben deshalb eher auf dem Ozeanboden in der Nähe hydrothermaler Schlote.

**Schatten-Biosphäre** Darwin ging davon aus, dass sobald das biologische Leben aufzublühen begonnen hatte, alle organischen Ressourcen rasch aufgezehrt waren. Da aber die meisten Naturprozesse normalerweise nicht einmalig sind, könnte das Leben mehrmals und jeweils auf andere Art und Weise entstanden sein. Komplexe Moleküle existieren häufig in spiegelbildlicher Form. Organismen verwenden ausschließlich linksdrehende Moleküle. Könnte sich eine „rechtsdrehende" Schöpfungsinstanz – Hinweis auf eine zweite Schöpfung – nicht noch in irgendwelchen isolierten Nischen versteckt gehalten haben? Ein solcher Ort könnten durchaus die am Meeresboden vorhandenen hydrothermalen Systeme sein, in denen es für ein normales Leben zu heiß wäre.

**Erste Fossilien** Auf der Suche nach fossilen Befunden für die ersten Lebensformen standen Paläontologen vor zwei Problemen. Je weiter sie in die Erdgeschichte zurückgingen, desto stärker deformiert, zerbrochen, aufgeschmolzen oder sonst wie verändert waren die Gesteine. Gleichzeitig nahm die Größe der zu erwartenden Fossilien und die Chance, überhaupt welche zu finden, ab.

Unter den ältesten der 3,8 Milliarden Jahre alten Gesteinen Grönlands gibt es welche, die mikroskopisch kleine Kohlenstoff-Flitter enthalten. Sie scheinen etwas

**„Man sagt ja oft, dass all die Bedingungen für die Erzeugung eines ersten lebenden Organismus, die jemals geherrscht haben könnten, auch heute gegeben sind. Aber falls (ein dickes „falls"!) wir uns vorstellen könnten, dass in irgendeinem kleinen, warmen Tümpel mit allen Arten von Ammoniak und Phosphorsalzen, mit Licht, Wärme, Elektrizität usw. eine Proteinverbindung chemisch entstünde, die imstande wäre, viele komplexe Veränderungen einzugehen, dann würde eine solche heute existierende Substanz umgehend aufgezehrt oder absorbiert – was aber nie passiert wäre, bevor es lebende Organismen gab."**

**Charles Darwin, Brief an Sir Joseph Hooker (1871)**

**Panspermie**

Die Geheimnisse, die sich um den Ursprung des Lebens ranken, haben zu der Vorstellung geführt, dass einfache Lebensformen auch aus dem Weltraum stammen könnten, wo sie möglicherweise in großer Verbreitung vorkommen. Mit dieser Idee der Panspermie beschäftigte sich erstmals der griechische Philosoph Anaxagoras im 5. Jh. v. Chr.; wiederbelebt wurde sie von mehreren Wissenschaftlern des 19. Jh., unter ihnen Lord Kelvin, Louis Pasteur und Hermann von Helmholtz. Mit Nachdruck vertrat im 20. Jh. der britische Astronom Fred Hoyle diese Idee, der vermutete, dass Kometenstaub für den Ausbruch von Epidemien verantwortlich sei. Kontrovers diskutiert werden derzeit Hinweise auf Mikrofossilien in einem vom Mars stammenden Meteoriten; vielleicht war dieser Planet zu Beginn des Sonnensystems von Organismen besiedelt. Aber es herrscht auch Skepsis gegenüber der Panspermie: Man braucht eben noch immer irgendwo einen „kleinen, warmen Tümpel".

weniger C-13-Isotope zu enthalten, als normaler anorganischer Kohlenstoff, was nach unserem heutigen Kenntnisstand als Hinweis auf biogenes Material gilt. Vielleicht liegen hier wirklich die Reste ältester Lebensspuren vor. Winzige Strukturen in 3,5 Milliarden Jahre alten metamorphen Gesteinen Westaustraliens sind wohl die Überbleibsel von Cyanobakterien, während größere geschichtete Strukturen den jüngeren Stromatolithen ähnlich sind, die man auf Kolonien von Cyanobakterien zurückführt. Mutmaßliche Mikrofossilien in 3,4 Milliarden Jahre alten australischen Gesteinen werden mit einem nahegelegenen warmen Flachmeer in Verbindung gebracht; die Organismen bezogen ihre chemische Energie aus dem Schwefel der pyritreichen Sande.

Worum es geht

## Leben aus chemischen Verbindungen

# 38 Evolution

**Sobald die chronologische Schichtenabfolge erstellt war, wurde anhand der Fossilverteilung innerhalb der Schichten klar, dass sich das Leben im Laufe der Zeit beständig verändert hatte. Darüber spannt sich die alles erklärende Idee, welche die Vielfalt an Pflanzen und Tieren erfassbar macht: die Evolution. Charles Darwins Theorie von der Entstehung der Arten durch natürliche Selektion hat Biologie und Paläontologie gründlich gewandelt.**

Das mittelalterliche Europa übernahm von Aristoteles mehrere Denkfehler, unter anderem, dass die Sonne um die Erde kreist und dass Lebewesen festgelegte Formen annehmen, was für eine göttliche Ordnung sprechen sollte. Sein astronomisches Weltbild wurde noch vor seinem biologischen umgestoßen. Bis zum 18. Jh. hatte die Forschung ein beachtliches Spektrum an Lebensformen und Arten entdeckt. Fossilsammler erweiterten es noch, indem sie Arten beschrieben, von denen die meisten heute ausgestorben sind. Naturkundler konnten nichts anderes tun, als Ähnlichkeiten zwischen manchen Arten aufzuzeigen und zu mutmaßen, dass sie verwandt sein könnten.

**Vererbung** Damals wusste noch niemand etwas von Genen oder DNA; so ist es nicht verwunderlich, dass die Phänomene Vererbung und Diversifikation noch im Dunkeln lagen. Einer der ersten, der in Richtung Evolutionstheorie dachte, war der französische Naturforscher Jean-Baptiste Lamarck. In einer Vorlesung des Jahres 1800 erläuterte er zwei wesentliche Prinzipien: zum einen das der zunehmenden Komplexität, zum andern das der Anpassung an die Umwelt. Er vermutete, dass die während seiner Lebenszeit erworbenen Merkmale eines Tieres an die Nachkommen weitergegeben würden. Nach dieser Sichtweise würde ein athletischer Schmied eher kräftige Söhne bekommen. Andererseits würden selten genutzte Wesenszüge aussterben, was zu den im Untergrund wühlenden blinden Maulwürfen und den zahnlosen Vögeln führte.

## Zeitleiste

**340 v. Chr.** Aristoteles geht davon aus, dass die festgelegten Formen der Lebewesen eine göttliche Ordnung widerspiegeln

**1686** John Ray führt das Konzept der Arten ein, die durch beobachtbare Merkmale definiert sind

**1735** Carl von Linné begründet das System der binären Nomenklatur

**1751** Maupertius glaubt, dass natürliche Veränderungen sich anreichern und dadurch neue Arten entstehen

**1798** Thomas Malthus veröffentlicht einen Essay über den Bevölkerungszuwachs

**Charles Darwin** (1809–1882)

Charles Darwin war Sohn eines erfolgreichen Arztes in Shropshire. Er vernachlässigte sein in Edinburgh begonnenes Medizinstudium und fand seine Geologie-Vorlesungen langweilig. Immerhin entwickelte ein Interesse an naturwissenschaftlichen Themen und setzte sein Studium in Cambridge fort. Seine Frau Emma stammte aus einer reichen, in Wedgwood ansässigen Familie; das bedeutete, dass Darwin nie gezwungen war, für seinen Lebensunterhalt aufzukommen, sondern sich ganz seinen Naturforschungen hingeben konnte. So konnte er es sich finanziell auch leisten, mit der *HMS Beagle* auf eine fünf Jahre dauernde Forschungsreise entlang der Küste Südamerikas zu gehen, um die dortige Tierwelt zu studieren und Exemplare zu sammeln. Es ist wahrscheinlich, dass die Reise ihn zu seiner Theorie der Evolution durch natürliche Selektion inspirierte, wenn er auch sein berühmtes Buch *On the Origin of Species* erst 23 Jahre später veröffentlichte. Grund hierfür war vielleicht, dass er sich davor scheute, mit dem Thema religiöse Kreise zu provozieren und Anfeindungen des Klerus befürchtete.

**Anpassen heißt überleben** Im Jahr 1798 erschien eine anonyme Broschüre mit dem Titel „An Essay on the Principle of Population". Es stellte sich heraus, dass es von Pfarrer Thomas Malthus stammte, der meinte, dass das Bevölkerungswachstum zu einem Existenzkampf führen würde, in dem die am besten Angepassten überleben und die am schlechtesten Angepassten aussterben würden. Dieser Aufsatz beeinflusste ganz wesentlich das Denken zweier in der Geschichte der Evolutionstheorie maßgeblichen Männer: Alfred R. Wallace und Charles Darwin.

Die beiden Männer mit sehr unterschiedlichem Werdegang reisten auch auf sehr unterschiedliche Weise. Darwin entschied sich für eine 5 Jahre dauernde Weltreise auf der HMS *Beagle*. Wallace kämpfte um seinen Lebensunterhalt, indem er Exemplare, die er in den Mangrovensümpfen Südostasien gesammelt hatte, zu verkaufen suchte. Beide aber hatten eines gemeinsam: das Interesse, wie gut Pflanzen und Tiere an ihren spezifischen Lebensraum angepasst waren. Beide erkannten, dass nur die am besten angepassten Arten überleben und sich vermehren. Der Begriff der natürlichen Selektion war geboren.

| 1800 | 1858 | 1859 | 1889 | 1953 |
|---|---|---|---|---|
| Lamarck stellt seine Theorie des Artenwandels vor, die von einer Vererbung der erworbenen Merkmale ausgeht | Die von Alfred R. Wallaces und Charles Darwins aufgestellte Theorie wird in London der Linnean Society vorgelegt | Charles Darwin veröffentlicht sein Buch *On the Origin of Species* | Hugo de Vries schlägt das Konzept der Gene vor | Crick und Watson entdecken die Struktur der DNA, den Träger der genetischen Information |

**Präzedenzfall** Am 1. Juli 1858 wurden in London der Linnean Society die Schriftstücke zweier Forscher verlesen. Wallace befand sich noch immer im malaiischen Archipel und Darwin hatte gerade seinen kleinen Sohn durch Scharlach verloren – keiner war anwesend; ihre Abhandlungen wurden vom Sekretär verlesen. Ein Jahr danach veröffentlichte Darwin sein berühmtes Buch und erntete den Ruhm – aber auch scharfe Kritik religiöser Gruppierungen an dieser neuen Evolutionstheorie.

Das Konzept der Evolution erwies sich als weitaus strittiger, als Darwin je geahnt hatte. Das führte in Oxford im Jahr 1860 zu einem hitzigen Schlagabtausch zwischen Thomas Huxley, der die Darwinsche Seite, und Bischof Wilberforce, der die anti-evolutionären Kreise der Kirche vertrat. Streitpunkte ergaben sich auch mit Darwins Cousin, Francis Galton, über die Anpassungsfähigkeit von Menschen mit Erbkrankheiten oder geistigen Behinderungen, was letztlich zu Problematiken wie Eugenik und Zwangsterilisation führte. Auch heute, selbst in den relativ aufgeklärten Vereinigten Staaten, glauben noch viele religiöse Fundamentalisten an die Schöpfung der belebten Welt durch einen Gott.

**Evolution heute** Das Konzept der Evolution ist noch immer mit vielen Missverständnissen besetzt. Ein weitverbreiteter Irrtum ist die Vorstellung, die Menschen wären Abkömmlinge der Schimpansen und Gorillas. Das ist sicher falsch – allerdings hatten Menschen und Menschenaffen einen gemeinsamen Vorfahren, der vor 6 bis 8 Millionen Jahren lebte. Die Fossilfunde sind leider sehr unvollständig und während es einfach ist, Ähnlichkeiten zwischen rezenten Organismen und ihren

### Alfred Russel Wallace (1823–1913)

Wallace hatte einen völlig anderen Werdegang als Darwin. Sein Vater musste London verlassen, um zu arbeiten, während Alfred bei seinem Bruder als Landvermesser in Mittel-Wales unterkam. Er war ein glühender Sozialist, hatte immer ein offenes Ohr für die Not der Armen. Um seine Reisen zu finanzieren, verkaufte er gesammelte Fundstücke an Museen. Bei einer der Reisen fing das Schiff Feuer und er verlor die gesamten Funde seiner Expedition. Aber er gab nicht auf, jagte im malaiischen Archipel Schmetterlinge und kam zu ganz ähnlichen Erkenntnissen wie Darwin. Er pflichtete Darwins Theorie bei, schrieb ihm von seiner Sichtweise und bat ihn um eine Antwort. Wahrscheinlich brachte dieser Brief Darwin dazu, zügig an seinem Buch *On the Origin of Species* weiterzuarbeiten.

fossilen Verwandten aufzuzeigen, wäre es ein großer Fehler, eine direkte Abstammungslinie zu ziehen. Den Begriff des „Missing Link" (fehlendes Bindeglied) haben die Medien etwas missverstanden. Als immer mehr fossile Hominiden, d.h. Überreste unserer entfernten „Verwandten" gefunden wurden, desto klarer wurde auch, dass der Stammbaum der Menschen eher einem Busch mit vielen Ästen gleicht. Die meisten davon enden mit dem Aussterben und es ist absolut unmöglich zu sagen, welche Fossilien auf dem Weg zu unseren direkten Vorfahren liegen.

Betrachtet man die Evolution des Menschen und der Organismen insgesamt, so wird klar, dass die Natur höchst einfallsreich ist und dass die Unterschiede, die letztendlich den Erfolg oder das Aussterben bestimmen, nur schwer zu erkennen sind.

**❜ Das Universum, das wir beobachten, hat genau die Eigenschaften, die wir erwarten sollten – wenn es im Grunde kein Design, keine Absicht, kein Übel, keinen Nutzen, sondern nichts als blinde, gnadenlose Gleichgültigkeit gibt. ❛**

**Charles Darwin**

**Konvergenz** Evolutionskritiker verweisen auf die Komplexität anatomischer Strukturen wie etwa das menschliche Auge, und fragen: Wie konnte sich etwas Derartiges nur durch zufällige Veränderungen entwickeln? Das ist eine Herausforderung für die Evolutionskritiker, nicht aber für die Evolution selbst. Der eindeutigste Beweis ist die Tatsache, dass sich im Laufe der Evolution etwa fünf bis sechs Mal unabhängig voneinander unterschiedliche Augentypen entwickelt haben – vom Tintenfisch über Jakobsmuschel und Garnelen bis zum Menschen. Es ist gleichzeitig eine Warnung, aus einer Ähnlichkeit der Strukturen auf evolutionäre Verwandtschaftsbeziehungen zu schließen. Es gibt zahlreiche Beispiele einer konvergenten Evolution, in denen ein vergleichbares Problem bei nicht verwandten Arten zu einer ähnlichen Lösung geführt hat – zum Beispiel zur strömungsgünstigen Körperform von Haien und Delfinen.

Sehr häufig musste der Schlüssel zum Überleben angepasst oder gewechselt werden. Aber nicht immer. Manche „Prototypen" haben nur deshalb noch Bestand, weil sie ihre Nische gefunden haben und untergetaucht sind. Das klassische Beispiel ist der kleine Brachiopode („Armfüßer") *Lingula*, der heute sehr erfolgreich in Teilen des Pazifiks lebt. Ein fast identisches fossiles Exemplar findet sich in Gesteinen des Kambriums – es ist 500 Millionen Jahre alt.

## Worum es geht
## Die Angepassten überleben

# 39 Der Garten von Ediacara

**Zu Darwins Zeiten glaubte niemand, dass es vor dem Kambrium Fossilien gegeben hätte. Heute ist das anders. In den Ediacara-Hügeln von Südaustralien fanden Paläontologen ganze Abfolgen von Fossilien, die bis zu 600 Millionen Jahre alt waren. Die Ediacara-Fauna ist völlig andersartig und unterscheidet sich von all dem, was danach kam.**

Heute kennen wir fossile Reste, die bis zu 2,5 Milliarden Jahre zurückreichen. Dabei handelt es sich lediglich um fadenförmige Cyanobakterien und Algen, die oft abschätzig als „Seeschleim" bezeichnet werden. Vorher, im Cryogenium, lag die Erde größtenteils unter Eis und vor dieser Periode kennt man nur ein paar unsichere Wurmspuren, die in Indien gefunden wurden und 1,1 Milliarden Jahre alt sind.

**Zu alt, um wahr zu sein?** Darwin und seine Zeitgenossen kannten keine Fossilien, die älter als das Kambrium waren, das – darüber ist man sich heute einig – vor 542 Millionen Jahren begonnen hat. Das galt so lange, bis sich an einem schönen Tag des Jahres 1957 Roger Mason, ein Schüler aus Leicestershire, zum Klettern in den Charnwood Forest aufmachte. Dort bemerkte er im Fels einen Abdruck, der an eine Art Farnwedel erinnerte. Da es sich um präkambrische Gesteine handelte, in denen noch nie jemand Fossilien gefunden hatte, zeigte er es einem Geologen aus Leicester, der den Fund bestätigte und das Fossil *Charnia masoni* benannte.

Tatsächlich fand schon 1868 der Geometer Alexander Murray in präkambrischen Gesteinen Neufundlands scheibenförmige Fossilien. Er nutzte sie als bequeme Kennzeichen für bestimmte Gesteinsschichten; da sie aber älter als Kambrium waren, vermutete niemand, dass es sich hierbei um Fossilien handelte.

## Zeitleiste Präkambrium

| 3,5 Mrd. Jahre | 2,5 Mrd. Jahre | 1,1 Mrd. Jahre | 1,0 Mrd. Jahre | 635 Mio. Jahre |
|---|---|---|---|---|
| Erste Hinweise auf fossile Bakterien und vielleicht auch Algen in Westaustralien | Erste überzeugende Nachweise fadenförmiger Algen | Mögliche Wurmspuren aus Indien | Süßwasser-Mikrofossilien im Torridonian (Präkambrium) Schottlands | Ende der Vereisung im Cryogenium |

### Stromatolithen

Die ältesten größeren Fossilstrukturen sind geschichtete, domförmige, aus Kalk bestehende Strukturen mit Durchmessern bis zu 1 m. Diese Stromatolithen sind Kolonien von Cyanobakterien (Blaugrünalgen). Die ältesten bisher bekannten stammen aus Westaustralien und sind 2,7 Milliarden Jahre alt. Möglicherweise repräsentiert jede von den Tausenden feiner Lagen einen täglichen Wachstums-Rhythmus. Gegen Ende des Ediacariums verschwanden sie, vielleicht weil sie von zu vielen Organismen abgeweidet wurden. Auch heute gibt es noch lebende Stromatolithen, vor allem in übersalzenen warmen und flachen Gewässern wie der westaustralischen Shark Bay – nicht weit von den Fundstellen ihrer Vorfahren entfernt.

**Ediacara** Im Jahr 1946 wurde von der südaustralischen Regierung ein junger Geologe namens Reg Sprigg in die Ediacara Hills geschickt, um zu erkunden, ob die dort aufgelassenen Bergwerke der Flinders Range eine Wiedereröffnung zuließen. Während seines Mittagessens im Gelände bemerkte er Fossilien, die er altersmäßig in das frühe Kambrium oder sogar in das Präkambrium einstufte. Seine Entdeckung weckte wenig Interesse, denn sein zur Veröffentlichung eingereichtes Manuskript wurde von der Zeitschrift *Nature* abgelehnt. Erst viel später wurde das präkambrische Alter und die wahre Bedeutung seiner Funde erkannt und das Zeitalter des Neoproterozoikums als Ediacarium bezeichnet. Seitdem kamen viele Fundorte in Namibia, Neufundland und anderswo hinzu.

**„… sollte meine Theorie stimmen, ist es unumstritten, dass vor der Ablagerung des untersten Kambriums lange Perioden verstrichen sein müssen … und dass während dieser langen Zeit die Welt von lebenden Kreaturen bevölkert wurde.“**
**Charles Darwin,**
***On the Origin of Species* (1859)**

**Fremdartige Kreaturen** Einige der schönsten Exemplare sind auf einer Schaf-Ranch in den Ediacara Hills etwa 200 km nördlich Adelaide ausgestellt. Am besten sind sie kurz nach Sonnenaufgang zu erkennen, wenn die Sonnenstrahlen flach einfallen und der Schatten die flachen Unebenheiten besser erkennen lässt. Manche gleichen Farnwedeln mit 30 cm Länge, ähnlich *Charnia*, andere wiederum kleinen Scheiben von etwa 5 cm Durch-

| 630 Mio. Jahre | 610 Mio. Jahre | 590–565 Mio. Jahre | 560 Mio. Jahre | 542 Mio. Jahre |
|---|---|---|---|---|
| Älteste fossile Embryos der Ediacara-Fauna | Erste große Fossilien der Ediacara-Fauna | Gut erhaltene fossile Embryos in der Doushantou-Formation (China) | Lebenszeit von *Charnia masoni* aus Leicestershire und der Ediacara-Fossilien aus Neufundland | Ende des Ediacariums und seiner Fauna; Beginn des Kambriums |

Ein kleiner Einblick in die Ediacara-Fauna mit *Charnia, Dickinsonia, Tribrachidium* und *Spriggina*.

messer. Wieder andere sind oval und mit parallelen Wellenlinien überzogen. Sollten diese Strukturen breiten, flachen, wurmartigen Wesen zuzuordnen sein? Einige erreichen bis zu 1 m Durchmesser! Ein weiteres Exemplar, *Spriggina*, erinnert an eine verlängerte Version kambrischer Trilobiten.

Was also waren diese fremdartigen Lebewesen? Die Scheiben waren möglicherweise Haftorgane, mit denen die wedelartigen Körper im Meeresboden verankert waren. Die segmentierten Ovale von *Dickinsonia* sehen aus, als hätten sie Vorder- und Rückseite gehabt, als wären sie langsam gekrochen und hätten am Meeresboden Cyanobakterien abgeweidet und dabei im Schlamm ihre Spuren hinterlassen. Aber die Fauna nur unter modernen Aspekten zu betrachten und zu sagen, diese Tiere sehen ähnlich aus wie Quallen, wie Weichkorallen oder Gliederwürmer, ist sicher zu einfach. Zufällige Ähnlichkeiten müssen keinerlei Verwandtschaftsbeziehungen implizieren.

**Ein neues Reich?** Der deutsche Paläontologe Adolf Seilacher regte an, die Ediacara-Fauna in einem neuen Reich zusammenzufassen, und damit die Reiche der lebenden Organismen um ein Reich der Vendozoa zu erweitern; er nannte diese Lebewesen Vendobionten und war der Meinung, dass es sich um große Protozoen handelte, die innerhalb ihres Zytoplasmas Septen entwickelten und ähnlich wie aufgeblasene Luftmatratzen aussahen. Er war nicht davon überzeugt, dass sie einen Darm hatten und glaubte, dass sie Nährstoffe über die Haut aufnahmen oder dass in ihrem Inneren symbiontische, Photosynthese betreibende Bakterien lebten.

**Mikrobieller Schleim** Die Bedingungen, unter denen sie lebten, sind ebenfalls umstritten. Man fand sie in dünnen Schlufflagen zwischen harten Quarzitplatten, die ehemals aus lockerem Sand bestanden. Gelegentlich zeigen die Quarzite Rippelmarken, Hinweise auf Wellen oder Strömungen in flachem Wasser. Die Fossilien hinterließen ihre Abdrücke meist auf den Schichtunterseiten, die oftmals Strukturen zeigen, die an eine Elefantenhaut erinnern. Als deren Ursache vermutet man Mikrobenmatten, von denen sich die „Vendobionten“ ernährt haben sollen, und die ihre

**Fossile Embryos**

Die rasante Ausbreitung verschiedener makroskopischer Lebensformen im Ediacarium und Kambrium muss irgendwann begonnen haben. Um dieses Problem zu lösen, suchten die Paläontologen in der Folge nach Mikrofossilien. In vielen präkambrischen Gesteinen hat man dann auch embryonale Strukturen gefunden – manche oft nicht größer als der Punkt am Ende dieses Satzes. Einige der am besten erhaltenen Exemplare fand man in den 570 Millionen Jahre alten Schichten der Doushantou-Formation in China, also zeitlich kurz vor der Ediacara-Fauna. Hoch auflösende Röntgenscans zeigten sogar einzelne Zellen im Innern der Embryos. Viele sind möglicherweise Embryos von Schwämmen oder Korallen, einige zeigen auch eine bilaterale Symmetrie und könnten die Vorläufer kambrischer Arthropoden, Würmer und damit letztlich auch uns Menschen sein.

toten Körper überwucherten und auf diese Weise ihre Überlieferung ermöglichten. Sollten die Matten Photosynthese betrieben haben, spricht dies für einen Bildungsraum im flachen Wasser.

**Essenszeit** Feststeht, dass die Ediacara-Fauna keine Gehäuse oder andere Hartteile besaß, keine schützenden Panzer und keine Kiefer zum Fressen anderer Tiere. Individuen wie *Dickinsonia* waren sehr zerbrechlich: mit Flüssigkeit gefüllte Hüllen, mehrere Dezimeter im Durchmesser, weniger als 1 cm dick (das zeigen einige Exemplare, die vor der Fossilisation zusammengefaltet wurden). Es gab demzufolge keine Raubtiere, sonst wären die Ediacara-Tiere nicht alt geworden. Deshalb nannte man dieses Phänomen – im Vergleich mit dem Garten Eden – auch schon „Garten Ediacara“. Oder, wie es ein Paläontologe ausdrückte: „Nachdem sich ein Lebewesen mit Beißwerkzeugen entwickelt hatte, begann die »Bestell'-dir-Pizza-Zeit«, zumindest soweit dies *Dickinsonia* betraf.“

Worum es geht

## Erste Experimente der Evolution

# 40 Diversifikation

**Wenn es ein Wort gibt, das am besten wiedergibt, was die Organismen während der letzten 540 Millionen Jahre vorwärts brachte, dann ist es das Wort Diversifikation. Sie begann mit der so genannten „Kambrischen Radiation“, der Entfaltung des vielfältigen marinen Lebens und setzte sich fort mit der Landnahme der Pflanzen und Tiere und der Besetzung jeder möglichen ökologischen Nische unseres Planeten.**

**Das Leben geht in den Untergrund** Seit ihrem Beginn unterscheidet sich die Periode des Kambriums völlig von dem friedlichen Garten Ediacara. Die Hinterlassenschaften am Meeresboden zeigen Grabspuren und Höhlen. Wo einst die weiche, zerbrechliche *Dickinsonia* auf Algenmatten weidete, wühlen sich nun Würmer in den weichen Meeresboden ein. Den Grund hierfür lassen einige auffällige Spurenfossilien erkennen: Fossilien, die bestimmte Ereignisse dokumentieren, viel besser als die Lebewesen, die sie geschaffen haben. Ein Beispiel: Eine Anzahl deutlicher Spuren im Zentimeterbereich, hinterlassen von vielen kleinen Füßchen, führen über den Meeresboden zu einer Wurmröhre. Dort gibt es Anzeichen für intensives Graben – danach ist der Wurm weg. Irgendetwas muss ihn gefressen haben.

**Evolutionäres Wettrüsten** Dieses „Etwas“ war ein Tier, ein so genannter Trilobit: ein Gliederfüßer (Arthropode), ähnlich einer Kellerassel, dessen nächster, heute lebender Verwandter der Pfeilschwanzkrebs ist. Er besitzt einen harten Panzer aus Protein und seine Gliederfüße und Mundwerkzeuge sind von einem festen Außenskelett umhüllt – und er kann wirklich zubeißen. Aber nicht nur er allein. Man fand einen fossilen Trilobiten mit einem halbrunden Körpersegment anstelle des fehlenden Schwanzschildes. Schaut man genauer hin, erkennt man, dass es kein frischer Bruch ist; die Wunde hat bereits begonnen zu verheilen und sie hat exakt dieselbe Form wie die robusten Mundwerkzeuge des viel größeren Arthropoden namens *Anomalocaris* („Fremdartige Garnele“).

## Zeitleiste Höhepunkte des Paläozoikums

| 542 Mio. Jahre | 525 Mio. Jahre | 510 Mio. Jahre | 488 Mio. Jahre | 444 Mio. Jahre |
|---|---|---|---|---|
| Beginn des Kambriums; rasche Diversifikation der marinen Fauna | Chengjiang-Fauna in Südwest-China | Fauna des Burgess-Schiefers in Kanada | Beginn des Ordoviziums; Fische im Meer, erste Arthropoden an Land | Eiszeit am Ende des Ordoviziums |

Es war eine Welt entstanden, in der Tiere andere Tiere fraßen – gewissermaßen der Beginn eines evolutionären Wettrüstens, das sich bis zu den Dinosauriern und darüber hinaus fortsetzte. Als die Arthropoden einen Panzer entwickelten, lernten auch die Weichtiere und Brachiopoden, wie man sich feste Gehäuse zulegt, um sich vor den Bissen hungriger Räuber zu schützen. Das Wettrüsten ging aber noch weiter. Man fand Gehäuse kambrischer Tiere, die an ihrem Rand kleine runde Löcher aufwiesen, gebohrt von einem unbekannten Räuber.

**Wundersame Tierwelt** Die plattgedrückten Fossilreste von *Anomalocaris* und seinen Zeitgenossen sind auf einmalige Weise im Burgess-Schiefer Kanadas erhalten geblieben; andere, weniger stark deformierte Exemplare fand man in der Chengjiang-Formation in Südwest-China. Beide Vorkommen dokumentieren eine plötzliche und erstaunliche Diversifikation des marinen Lebens, die unglaublich viele fantastische Lebewesen hervorbrachte, die auf den ersten Blick völlig anders als die heutigen Tiere aussahen. Zum Beispiel besitzt *Opabinia* fünf Augen und einen langen Rüssel mit Greiforganen. Die wundersame *Hallucigenia* trägt auf einer Körperseite eine Doppelreihe Dornen und auf der anderen Tentakel und sie sieht so fremd-

### Der Burgess-Schiefer

Im Jahr 1909 war der Paläontologe Charles Walcott mit seiner Familie in den kanadischen Rocky Mountains unterwegs, um dort Fossilien zu sammeln. Die Legende erzählt, dass das Pferd seiner Frau stolperte und dabei ein Stück Schiefergestein lostrat, auf dem seltsame Fossilien zu erkennen waren. Walcott fand heraus, wo der Schiefer weiter hangaufwärts aufgeschlossen war und suchte diesen Fundort in den nachfolgenden 15 Jahren mehrmals auf. So entstand ein kleiner Steinbruch, aus dem er über 65 000 hervorragend erhaltene Fossilien barg. Den ganzen Lebensabend verbrachte er damit, sie zu klassifizieren und zwar anhand heute lebender Tiere wie etwa den Crustaceen. Erst 1966 begann der in Cambridge arbeitende Paläontologe Harry Whittington die Fossilien genauer zu untersuchen und erkannte ihre erstaunliche Diversität, die er als „Kambrische Explosion“ bezeichnete.

**444–411 Mio. Jahre**
Periode des Silurs; Korallenriffe und kiefertragende Tiere, Landpflanzen, Spinnentiere und Hundertfüßer erobern das Festland

**411–358 Mio. Jahre**
Periode des Devons; Zeitalter der Fische; reichhaltige Vegetation an Land

**358 Mio. Jahre**
Beginn des Karbons nach einer Phase des Aussterbens

**335 Mio. Jahre**
Frühe Landwirbeltiere (Tetrapoden), Fossilien bei Edinburgh (Black Lagoon); evtl. erste eierlegende Reptilien

**Die Lebewesen der „Schwarzen Lagune"**

Nahe East Kirkton, außerhalb von Edinburgh, befand sich vor 335 Millionen Jahren eine tropische Lagune. Sie war von einer üppigen Vegetation aus Baumfarnen und Bärlappgewächsen umgeben, die oftmals durch Waldbrände, die möglicherweise von den nahe gelegenen Vulkanen ausgingen, zerstört wurde. Landtiere, die vor dem Feuer flohen, kamen um und wurden in der Lagune begraben. Der hohe Sauerstoffgehalt ermöglichte Libellen, Skorpionen und anderen Wirbellosen ein erhebliches Größenwachstum. Primitive Tetrapoden wie etwa Amphibien krochen aus der Lagune heraus – ein Tetrapode bekam den lateinischen Namen *Eucritter melanolimnetes*, die „schöne Kreatur aus der Schwarzen Lagune". Ein anderer, *Westlothiana,* besser bekannt unter dem Namen „Lizzie", war offensichtlich eine Übergangsform zwischen Amphibien und Reptilien.

artig aus, dass keiner wusste, wie sie sich fortbewegte (vermutlich mithilfe der Tentakel). *Marrella* hatte wohl sehr filigrane Füßchen und Körperfortsätze, während *Anomalocaris* lappenartige Fortsätze zum Schwimmen und einen wulstigen Kopf mit zwei dolchartigen Stacheln hat, mit denen er wohl die Nahrung aufspießte und zum runden Mund führte – zunächst hatte man dieses Lebewesen als Qualle missgedeutet. Das alles erscheint wie experimentelle Evolution. Viele Deutungsversuche kursieren, welches Körperteil für was zuständig war und welche Arten sich zu den heute lebenden fortentwickelten und welche nicht.

**Sardellenfilet** Im Burgess-Schiefer fand man auch ein sehr unscheinbares Fossil namens *Pikaia*. In den älteren Gesteinen des Kambriums von Südwest-China fand man sehr ähnliche Exemplare namens *Myllokunmingia*. Beide sehen eher aus wie lebende Sardellenfilets. Sie haben so etwas wie Kiemenspalten und auffällige, wie aufgereihte Winkel erscheinende Muskelblöcke, die wir auch erkennen, wenn wir Fisch essen. Und sie besitzen noch etwas: eine Chorda dorsalis, ein dorsales Neuralrohr. Das sind insgesamt Merkmale der Chordatiere, zu deren Stamm auch die Fische, Reptilien und alle anderen Wirbeltiere (einschließlich uns Menschen) zählen. Doch zurück zur Diversifikation im Kambrium: Es fällt nicht leicht sich vorzustellen, dass sich aus diesen Organismen die heutige Fauna entwickelt hat.

**Die Landnahme** Nun ein zeitlicher Sprung von 200 Millionen Jahren nach vorne, ins Untere Karbon. Seit dem Kambrium haben sich die „Sardellenfilets“ zu den Knochenfischen weiterentwickelt, u.a. zu gefürchteten Raubfischen. Einige besitzen muskulöse Brust- und Bauchflossen, ursprünglich vielleicht, um am Meeresboden „umherzulaufen“. Plötzlich eröffnen sich völlig neue Perspektiven, aber auch Gefahren. Um den Räubern zu entkommen, entdecken sie, dass die Flossen ihnen helfen, sich auf den Strand zu retten. Dort wachsen Pflanzen, die durch ihren Stoffwechsel mehr Sauerstoff in die Atmosphäre abgeben, als dort heute vorhanden ist. Durch die Aufnahme von Sauerstoff über ihre Haut oder in ihre Schwimmblase entdecken sie, dass sie atmen konnten. Für eine Weile sind ihre Nachkommen noch Amphibien, die das Wasser zur Eiablage benötigen. Irgendwann gelingt ihnen das auch auf dem Festland. Dann nennen wir sie Reptilien.

**❜ Von Anbeginn des irdischen Lebens bestand eine so enge und innige Verbindung, dass man, falls man auf das gesamte Archiv zugreifen könnte, eine perfekte Lebenslinie vom primitivsten bis zum höchsten Organismus ziehen könnte. ❛**

**Charles Walcott (1894)**

Natürlich geschah das nicht über Nacht. Es gibt inzwischen eindeutige Hinweise, dass hierzu viele Zwischenschritte notwendig waren. Ein Steinbruch in East Kinkton bei Edinburgh enthält bemerkenswerte Fossilien früher Amphibien sowie eines echsenartigen Lebewesens – möglicherweise Übergangsformen auf der Straße der Evolution.

**Gefahren und Chancen** Es scheint erwiesen, dass jagende Tiere bei den Beutetieren zu einer raschen Diversifikation führen. Die Entwicklung von Hartteilen im Kambrium hatte neue Strategien seitens der Jäger und der Gejagten zur Folge. Die Evolution der Beine und der Fähigkeit zum Atmen erschloss im Verlauf des Ordoviziums alle Optionen, um an Land zu leben. Wo es neue Lebensräume zu erschließen gab und neue Möglichkeiten, um sie zu besiedeln, bewegt sich die Evolution in Sprüngen.

Worum es geht

## Diversifikation in Sprüngen

# 41 Dinosaurier

**Das im Kambrium einsetzende evolutionäre Wettrüsten erreichte seinen Höhepunkt im Zeitalter der Dinosaurier. Mehr als 160 Millionen Jahre beherrschten diese Reptilien das Tierreich; allein ihre Größe war eine effektive Strategie, gut zu überleben. Heute spielen sie in Kinderbüchern und Geschichten eine wichtige Rolle und sind die Stars in Museen und Hollywoodfilmen. Aber nicht alle Dinosaurier waren Riesen – manche waren ausgesprochen gesellig und sogar richtig schlau.**

Dinosaurier waren die Herrscher des Mesozoikums. Sie erschienen erstmals in der Oberen Trias vor 230 Millionen Jahren. Die Ordnung der Reptilien ist weit verzweigt und umfasst mehr als 1000 Arten. Rein formal schließt diese Ordnung die großen marinen Echsen und die Pterosaurier aus; dafür umfasst sie eine Klasse von Nachfahren, die nicht ausgestorben sind: die Vögel.

**Das ultimative Wettrüsten** Die aktuellen Dokumentarfilme über Dinosaurier überbieten einander, die größten und schrecklichsten Dinosaurier zu zeigen. In der Tat haben sie eine reiche Auswahl. Die größten waren die pflanzenfressenden Sauropoden, von denen der langhalsige *Argentinosaurus* den Rekord hält. Er war fast 40 m lang und wog an die 100 Tonnen! Den Preis für die schrecklichste Echse bekommt – zusammen mit dem berühmten *Tyrannosaurus rex* – ein noch etwas größerer mit einem krokodilartigen Maul und einem Rückensegel: der rund 8 Tonnen schwere *Spinosaurus*.

Dinosaurier liegen gut im Rennen, was lange Namen und beeindruckende Statistiken angeht, aber was noch dazu kommt, ist ihre schiere Größe. Je mächtiger die Kiefer und je länger die Beine, desto größer sind die Chancen für ein gesichertes Fressen. Gerade für die Vegetarier unter ihnen galt: Je größer der Körper und je stärker gepanzert, desto geringer war die Gefahr, gefressen zu werden. Diesem evolutionären Wettrüsten wurde lediglich durch die Fähigkeit der Dinosaurierbeine und -muskeln zur Stützung der Körpermasse Grenzen gesetzt.

## Zeitleiste Höhepunkte des Mesozoikums

| 251 Mio. Jahre | 231 Mio. Jahre | 200 Mio. Jahre | 156 Mio. Jahre |
|---|---|---|---|
| Beginn des Mesozoikums mit der Trias; rasche Entwicklung der Reptilien | Obere Trias; erste nachgewiesene Dinosaurier | Massenaussterben; Beginn des Jura | Oberer Jura; *Diplodocus* und *Stegosaurus* an Land, *Pliosaurus* und *Plesiosaurus* im Meer |

**Mary Anning** (1799–1847)

Mary Annings Wohnort Lyme Regis in Dorset (GB) bedeutete für sie, dass sie den idealen Ausgangspunkt gefunden hatte, um im Unteren Jura Fossilien mariner Reptilien zu sammeln. In den Kliffen fand sie im Alter von 12 Jahren den ersten richtig identifizierten Ichthyosaurier; hinzu kamen zahlreiche weitere Funde, darunter auch Plesiosaurier und Pterosaurier. Es war eine gefährliche Leidenschaft: Sie ging oftmals auch im Winter hinaus, vor allem dann, wenn große Teile der Steilwände abgebrochen waren, um die freigelegten Fossilien zu bergen, ehe sie von der Dünung fortgespült wurden. Im Jahr 1833 kam sie durch einen Erdrutsch fast zu Tode – ihren Lieblingshund hatte sie dadurch verloren. Ihr Geschlecht, ihre soziale Herkunft und das nicht anglikanische Bekenntnis machten es für sie nicht einfacher, in der von Männern dominierten Gesellschaft von Paläontologen zu bestehen. So reichte es nur zur Ehrenmitgliedschaft in der Geological Society of London, da Frauen normalerweise dort nicht zugelassen waren.

**Warm – kalt** Das Stützen der großen Körpermasse war nicht das einzige Problem, das sich aus dem Größenwachstum ergab. Alle heutigen Reptilien sind wechselwarm, d.h. ihre Körpertemperatur ist von äußeren Faktoren abhängig. Nach kalter Nacht legen sich Schlangen in die Sonne, um sich aufzuwärmen und ihren Kreislauf zu aktivieren. Aber auch eine Überhitzung droht. Das Problem sehr großer Tiere ist das sinkende Verhältnis von Körperoberfläche zu Körpergewicht. Bei Kälte braucht es länger zum Erwärmen, bei Hitze kann die Körperwärme nur langsam abgeführt werden.

Im Zeitalter der Dinosaurier war es wesentlich wärmer als heute, so dass Kühlung ein größeres Problem darstellte. Es gibt Hinweise auf eine extensive Gefäßdichte in den großen Rückenplatten von *Stegosaurus*, so dass diese auch als Wärmetauscher dienten – wie die großen Ohren der Elefanten. Gegensätzliche Hinweise ergeben sich aus den Mikrostrukturen der Dinosaurierknochen, die dafür sprechen, dass die Dinosaurier Warmblüter waren, das heißt Tiere, wie etwa die Säugetiere, die ihre Körper-

**❜Wenn wir Erfolg nach Langlebigkeit bemessen, dann nehmen Dinosaurier in der Geschichte der Landlebewesen den ersten Platz ein.❛**

**Robert T. Bakker,**
***The Dinosaur Heresie* (1986)**

| 146 Mio. Jahre | 142 Mio. Jahre | 125 Mio. Jahre | 80 Mio. Jahre | 65 Mio. Jahre |
|---|---|---|---|---|
| *Archaeopteryx* fliegt in Süddeutschland umher | Beginn der Kreide; erste Blütenpflanzen | Gefiederte Dinosaurier in China | Obere Kreide; *Tyrannosaurus* an Land, *Kronosaurus* im Meer; *Pterosaurus* in der Luft | Ende der Kreidezeit; rasches Aussterben aller verbliebenen Dinosaurier |

wärme selbst regulieren können. Die Entdeckung, dass die Körper mancher Dinosaurierarten mit einem Daunenkleid bedeckt waren, das zur Isolierung diente, spricht ebenfalls eher für warmblütige Tiere.

Die Maiasaurier aus der Kreide waren Pflanzenfresser, die bis zu 9 m Länge erreichten. Sie lebten in Herden. Fossile Nestfunde mit Nestlingen legen nahe, dass sich die Eltern um ihre Jungen kümmerten.

**Gefiederte Dinosaurier** Einige der aufregendsten Dinosaurierfossilien der letzten Jahre kommen aus der nordostchinesischen Provinz Liaoning. Viele lagen in den sehr feinkörnigen Ascheablagerungen eines ehemaligen Sees und sind extrem gut erhalten. Sie zeigen kleinste Details, unter anderem auch Federn. Manche Exemplare trugen lediglich weiche Daunen, andere aber auch große Federn mit einem zentralen Federkiel – vergleichbar den heutigen Vogelfedern. Viele dieser Dinosaurier waren klein. *Microraptor* mit einem voll entwickeltem Federkleid – auch an allen vier Beinen – war beispielsweise nicht größer als ein Huhn. Fliegen konnte das Tier wohl nicht, die Federn dienten eher dem Balzverhalten. Federn wurden vermutlich in erster Linie zur Isolierung entwickelt, dann für die sexuelle Präsentation, ehe sie anfangs zum Gleitflug und schließlich zum echten Fliegen dienten.

Die Kontroverse, wann und wie sich die modernen Vögel entwickelt haben, hält bis heute an. Die Gesteine in Liaoning sind etwa 20 Millionen Jahre jünger als die Solnhofener Plattenkalke, in denen *Archaeopteryx* gefunden wurde. Man entdeckte dieses Fossil ein Jahr nachdem Darwin sein berühmtes Buch *On the Origin of Species* herausgebracht hatte. Es schien tatsächlich ein „Missing Link" zu sein, und eine Überlieferungslücke füllen zu können: *Archaeopteryx* besaß lange Federn und konnte ganz sicher fliegen, im Schnabel hatte er jedoch Zähne, an den Flügeln Klauen und im Schwanz Wirbel. Ob er wirklich ein Vorfahre der Vögel war, wird unvermindert diskutiert.

Innerhalb der Dinosaurier unterscheidet man zwei großen Gruppen: Dinosaurier mit Vogelbecken (zu ihnen gehören verwirrenderweise die pflanzenfressenden Sauropoden) und Dinosaurier mit Echsenbecken, die mit ihrer Gruppe der Theropoden zu den Vögeln überleiten. Diese Theropoden, z.B. *Velociraptor*, waren auf zwei Beinen ziemlich schnell unterwegs, während ihre gefiederten Gefährten sich in die Luft erhoben – mit langem Anlauf, so, wie heute Schwäne und Pelikane starten. Andere gefiederte Theropoden wie *Microraptor* hatten lange Klauen an den Flügeln, mit denen sie klettern konnten. Vermutlich starteten sie von den Bäumen und stürzten sich im Gleitflug in die Tiefe.

**Sir Richard Owen** (1804–1892)

Richard Owen war ausgebildeter Anatom, der sich für vergleichende Anatomie der Wirbeltiere interessierte. Sorgfältige Beobachtung der Skelette überzeugte ihn von den evolutionären Verwandtschaftsbeziehungen, wobei er stets bezweifelte, ob die Evolution so einfach funktionierte, wie sie Darwin beschrieb. Owen interessierte sich auch für die großen fossilen Reptilien, die man in England ausgrub, und in einem denkwürdigen Referat für die British Association for the Advancement of Science 1842 prägte er den Begriff „Dinosauria" (Schreckliche Echse). Er war treibende Kraft für die Errichtung des Natural History Museum in London im Jahr 1881, dessen erster Direktor er bis 1883 war.

**Schlaue, fürsorgliche Dinosaurier** Dinosaurier legten Eier. Fossile Befunde deuten darauf hin, dass sie in Kolonien brüteten und auf ihren Eiern saßen. Die geringe Größe der Eier und auch die Daunen sprechen dafür, dass die Nestlinge klein und flauschig waren, Merkmale, die uns an einfühlsame und umsichtige Eltern denken lassen. Mit großer Wahrscheinlichkeit waren einige Dinosaurier ausgesprochen gesellige Tiere, nicht nur um ihre Nachkommen aufzuziehen. Für Dinosaurier war es wesentlich effizienter in einer Rotte zu jagen, als einzeln.

Worum es geht

## Überleben durch Größe

# 42 Massenaussterben

**Von allen bisher bekannten Arten sind 99 Prozent heute ausgestorben! Nimmt man jene fossilen Arten hinzu, die nicht identifiziert werden konnten, erhöht sich der Anteil auf 99,9 Prozent. Sie starben nicht allmählich aus. Die geologische Schichtenfolge kennt fünf große Katastrophenszenarios, bei denen stets über die Hälfte der Arten ausstarb. Das spektakulärste geschah vor 65 Millionen Jahren und bedeutete das Ende der Dinosaurier.**

Nur mit einer modernen Hochgeschwindigkeitskamera könnte der Einschlag dieses 7000 m großen Asteroiden aufgenommen werden, der vor der Küste Mexikos vor 65 Millionen Jahren niederging.

**Erste Hinweise** Im Jahr 1980 entwickelten der Nobelpreisträger und Physiker Luis Alvarez und sein Sohn Walter, ein Geologe, eine Hypothese, um das Massenaussterben an der Kreide/Tertiär-Grenze (K/T-Grenze) zu erklären. Beide vermuteten, dass ein Asteroiden-Einschlag dafür verantwortlich war. Hinweise lieferte eine dünne Lage Ton, die weltweit in gleicher Position an der K/T-Grenze auftritt. Diese Tonlage enthält hohe Konzentrationen des Elements Iridium, das in Gesteinen selten, in Asteroiden dagegen häufig ist. Weiterhin enthielt diese Schicht, besonders im karibischen Raum, Quarzkörner mit so genannten planaren Elementen und Tektite – kleine runde Glaskügelchen, die bei Einschlägen großer Meteorite aus dem geschmolzenen Gestein entstehen können.

**Kosmischer Einschlag** Die Spur führte schließlich zum Chicxulub-Krater, einer großen Impaktstruktur vor der Halbinsel Yucatán in Mexiko mit einem Durchmesser von etwa 200 km. Berechnungen ergaben einen Asteroiden von 6 bis 7 km Durchmesser, der in einem flachen Winkel und mit hoher Geschwindigkeit eingeschlagen war. Für die

## Zeitleiste Die wichtigsten Impaktereignisse

**65 Mio. Jahre**
Ende der Kreidezeit und der Herrschaft der Dinosaurier

**205 Mio. Jahre**
Grenze Trias/Jura; rund 55 % der marinen Tiergattungen und die meisten Amphibien sterben aus

### Chicxulub

Als nach 1960 im Golf von Mexiko nach Erdöl gesucht wurde, hatten die Geologen im Untergrund vor der Halbinsel Yucatán in Mexiko eine Stelle entdeckt, von der sie glaubten, dass es sich um einen gigantischen Impaktkrater handeln könnte. Leider gaben die Ölfirmen keine diesbezüglichen Daten heraus und so gerieten die Erkenntnisse wieder in Vergessenheit. In den 1980er Jahren ließ die Hypothese der beiden Alvarez die Geologen erneut auf Suche gehen, erneut mit Schwerpunkt Karibik, wo die K/T-Grenze am mächtigsten ist und auch Ablagerungen eines riesigen Tsunamis enthält. Seismische Erkundungen vor der Küste, Radarscans aus den Space Shuttle und Bohrkernproben deuteten allesamt auf eine mächtige Ringstruktur unmittelbar vor der Küste Yucatáns in der Nähe des Ortes Chicxulub hin. Sie ist der Rest eines Impaktkraters von 180 km Durchmesser, der vor 65 Millionen Jahren entstanden ist.

überraschten Dinosaurier musste es so scheinen, als ob der Himmel in Flammen aufgehen würde. Innerhalb einer Sekunde schlug das Objekt ein 30 km tiefes Loch in die Erde. Zehntausende Kubikkilometer Gestein schmolzen und verdampften und hinterließen für mehrere hundert Jahre eine Art Lavasee. Die so genannten Niedrigenergie-Auswurfmassen bedeckten Gebiete, die mehrere Tausend Kilometer entfernt waren, mit einer dicken Lage Schutt. Im Atlantik breitete sich ein über hundert Meter hoher Tsunami aus. Die aus verdampften Gesteinen bestehenden Hochenergie-Auswurfmassen rissen ein Loch in die Atmosphäre, das beinahe bis zum Mond reichte, ehe sie in der gesamten Atmosphäre die Ozonschicht zerstörten und weltweite Brände auslösten.

Als wäre es nicht genug, schlug der Asteroid seeseitig in große Areale mit Kalkstein und Anhydrit ein. Der verdampfte Anhydrit erzeugte eine riesige Wolke sulfatischer Aerosole, die das Sonnenlicht verdunkelten und die Photosynthese und damit des Pflanzenwachstum über Jahre verminderten, bevor ein schwefelsaurer Regen niederging. Der verdampfte Kalkstein führte hingegen in der Atmosphäre zu einem erhöhten Kohlendioxidgehalt, der in den folgenden Jahrhunderten zu einer

| 251 Mio. Jahre | 375–360 Mio. Jahre | 450–440 Mio. Jahre |
|---|---|---|
| Grenze Perm/Trias; rund 96 % der marinen Tierarten und 70 % der Landlebewesen sterben aus | Übergang Devon/Karbon; ein Serie von lebensfeindlichen Ereignissen führt zum Aussterben von 70 % aller Arten | Übergang Ordovizium/Silur; zwei Ereignisse löschen 57 % der Tiergattungen aus |

**Das nächste Massenaussterben**

Kann so etwas wieder passieren? Es gibt keine stichhaltigen Argumente, dass die Erde heute gegen einen weiteren Asteroidenimpakt oder Supervulkanausbruch immun wäre. Wir haben zwar schon ein gutes Beobachtungssystem für Asteroiden und ihre Bahnen, aber es wird noch dauern, bis es ein effizientes Ablenkungssystem geben wird. Es bestehen vage Hinweise, dass es etwa alle 62 Millionen Jahre zu Massenaussterben kommt, möglicherweise durch astronomisch bedingte Störungen, die Kometen im äußeren Sonnensystem in Bewegung versetzen. Das letzte Ereignis liegt 65 Millionen Jahre zurück! Aber vielleicht ist schon eines unterwegs. Bei der heutigen Rate an Artenschwund ist davon auszugehen, dass wir aufgrund unserer Lebensweise bis Ende des Jahrhunderts 50 % aller Arten verlieren werden, in der Vergangenheit durch Jagd und Verlust der Lebensräume, und in Zukunft durch den Klimawandel.

Erwärmung des Klimas führte. Es wundert daher nicht, dass viele Arten ausstarben. Aber es muss noch schlimmer gewesen sein.

Wahrscheinlich lösten sich am Asteroiden mehrere Teilbrocken ab, denn man kennt inzwischen mehrere Impaktstrukturen gleichen Alters. Sie wurden in der Nordsee und in der Ukraine gefunden, ein weiterer, allerdings umstrittener Krater vor der Westküste Indiens.

**Vulkanausbrüche** Neben diesem tödlichen Szenario eines riesigen Impakts gibt es auch noch andere Faktoren als Ursache des Massenaussterbens. Eine der überzeugenderen Theorien geht von einer Serie langanhaltender gewaltiger Vulkaneruptionen aus. Vor 65 Millionen Jahren driftete der Subkontinent Indien über den Hotspot eines Manteldiapirs, der sich auf Position der heutigen Insel Réunion befand. Unmengen an Magma überfluteten Teile Indiens, ein aufsteigender Magmaschub führte zur Trennung des Subkontinents, dessen nördlicher Teil Richtung Asien wanderte, der südliche verblieb dagegen im Bereich um die heutigen Komoren-Inseln. Auf den indischen Teil ergossen sich lange Zeit große Massen Flutbasalte, die als Dekkan-Trapp mehr als 2000 m mächtig sind und eine Fläche von 500 000 $km^2$ einnehmen. Die geförderten vulkanischen Gase und Sulfat-Aerosole dürften das Sonnenlicht abgeschwächt und das Klima weltweit abgekühlt haben. Danach kam es, als Folge des erhöhten $CO_2$-Gehalts der Luft, zu einem Temperaturanstieg. Alles in allem führte dies zu einem ständig wechselnden, instabilen Klima.

**Eine Frage des Zeitpunkts** Es gibt sowohl gute Argumente für die Impakt- wie auch für die Vulkanismus-Theorie, aber auch für andere Theorien wie Klimawandel oder sinkenden Meeresspiegel – jede für sich wäre für die 50 % an Gattungen und 75 % an Arten, Pflanzen wie Tiere, schlecht gewesen und hätte das Aussterben bedeutet. Am heftigsten diskutiert wurde aber die Frage des Zeitpunkts. Klar ist, dass sich viele Arten bereits auf dem absteigenden Ast befanden, ehe sich der Impakt ereignete, und möglicherweise schlug der Asteroid auch schon 300 000 Jahre früher ein, noch bevor das Aussterben seinen Höhepunkt erreicht hatte – doch solche relativ kurzen Zeiträume sind schwer erfassbar. Die erwähnten vulkanischen Aktivitäten hatten 2 Millionen Jahre vor der K/T-Grenze begonnen und könnten den Niedergang ausgelöst haben. Übereinstimmung herrscht darüber, dass alle Theorien korrekt sind. Sowohl lang anhaltender Stress als auch kurzfristiger Schock können in einem biologischen System zu Massenaussterben führen.

**» Wenn nicht ein großes extraterrestrisches Objekt – der ultimative Zufallsblitz aus dem Nichts – die Auslöschung der Dinosaurier vor 65 Millionen Jahren verursacht hätte, dann wären die Säugetiere immer noch kleine Lebewesen, die in einer Dinosaurierwelt auf die Ecken und Ritzen beschränkt wären. «**

**Stephen Jay Gould**

**Das Mega-Aussterben** Wie auch immer, die Katastrophe an der K/T-Grenze war nicht die einzige und auch nicht die größte. Diese zweifelhafte Ehre gebührt einem Ereignis an der Grenze Perm/Trias vor 251 Millionen Jahren. Man spricht auch vom „Großen Sterben" in einer Zeit, da 96 % aller marinen Tierarten und 70 % aller Landlebewesen verschwanden. Aus dieser Zeit konnte kein Impakt sicher nachgewiesen werden, wobei man beachten muss, dass es keine ozeanische Kruste gibt, die so alt ist und damit einen Beweis liefern könnte. Allerdings passt ein anderes Flutbasalt-Ereignis in diese Zeit, die Sibirischen Trapps, deren Basaltlaven sich über eine Fläche von 2 Millionen km$^2$ erstrecken.

Insgesamt gab es im Verlauf der vergangenen 500 Millionen Jahre fünf große Massenaussterben, die mindestens die Hälfte aller Arten auslöschten, neben etwa rund 16 kleineren Katastrophen. Alle sind auf die tödliche Kombination aus lange anhaltendem Stress und kurzfristigem Schock zurückzuführen.

## Worum es geht

## Aussterben: Zurück auf null!

# 43 Anpassung

**Die letzten 65 Millionen Jahre waren das Zeitalter der Säugetiere. Zunächst klein, pelzig und warmblütig, doch sobald die Dinosaurier abgetreten waren, differenzierten sie sich und begannen sich anzupassen. Wie die Dinosaurier schlugen auch die Säugetiere den erfolgreichen Weg der Körpergröße ein, mussten allerdings leiden, wenn sich das Klima änderte. Affen begannen sogar, mit Werkzeugen zu hantieren, um sich ihrer Umwelt anzupassen.**

Eine einfache Charakterisierung eines weiblichen Säugetiers könnte mit ihren Milchdrüsen beginnen, mit denen es seine Jungen säugt. Das ist allerdings eine nur für die heutige Zeit zutreffende Definition. Da Weichgewebe wie die Milchdrüsen kaum fossil überliefert werden, beschränkt sich die Definition fossiler Säuger auf Kiefer- und Ohrknochen. Der Unterkiefer aller Säugetiere ist ein Einzelknochen, dagegen besteht er bei allen anderen Wirbeltieren aus drei Einzelteilen. Bei Säugetieren befinden sich die zwei fehlenden Knöchelchen im Mittelohr, was für eine gänzlich andere Funktion spricht.

**Säugetierähnliche Reptilien** Lange vor der Zeit echter Säugetiere lebten säugetierähnliche Reptilien, die Therapsiden. Sie mussten mit den Vorfahren der Dinosaurier konkurrieren – und gewannen fast. Im ausgehenden Perm erreichten einige Therapsiden bereits die Größe eines Nashorns und sie waren die dominierenden Raubtiere ihrer Zeit. Am Ende des Perms erlitten sie durch das Massenaussterben einen herben Rückschlag, als 70 % aller auf dem Festland lebenden Wirbeltierarten verschwanden. Es vergingen in der Trias 30 Millionen Jahre, bis die Wirbeltiere sich wieder erholt hatten; die Dinosaurier konnten in der Mitteltrias die Therapsiden verdrängen und eroberten die Macht im Tierreich.

Selbst in der Trias erwiesen sich die Therapsiden als anpassungsfähig. Sie hatten ein knöchernes sekundäres Gaumenbein, mit dem das Kauen und auch das Hinunterschlingen einfacher waren, und das es ihnen auch ermöglichte, gleichzeitig

## Zeitleiste Zeitalter der Säugetiere

| 270 Mio. Jahre | 248 Mio. Jahre | 125 Mio. Jahre | 85 Mio. Jahre | 65 Mio. Jahre |
|---|---|---|---|---|
| Erste säugerähnliche Reptilien | Massenaussterben an der P/T-Grenze; in der Trias Verdrängung der Therapsiden | Erste eindeutige Kloaken- und Beuteltiere | Vermutlich erste echte Plazentatiere | Massenaussterben an der K/T-Grenze, Aussterben der Dinosaurier |

Atmen und Fressen zu können. Die Gruppe der Cynodonten dürfte wahrscheinlich Haare entwickelt haben, waren warmblütig und in der Lage, ihre Jungen zu säugen. Manche Arten gruben Erdhöhlen und -gänge; man fand in einem solchen Gangsystem bis zu 20 Fossilien, die in einem Hochwasser ertrunken waren. Sie waren offenbar gesellige Wesen.

**Die ersten Säugetiere** Die eigentlichen Säugetiere entwickelten sich mit großer Wahrscheinlichkeit aus den Cynodonten. Zunächst waren es kleine, nachtaktive Insektenfresser – vergleichbar den heutigen Spitzmäusen. Das half ihnen der Aufmerksamkeit hungriger Dinosaurier zu entgehen. Außerdem entwickelten sie eine konstant warme Körpertemperatur, ein isolierendes Fell und einen zunehmend besseren Geruchssinn. Letzterer erforderte ein größeres Gehirn, was sicherlich eines der treibenden Kräfte hin zu den gehirngesteuerten Säugern war. Die Tatsache, dass die meisten Säuger kleiner als 5 cm waren, erklärt die geringe Fossilausbeute während des Mesozoikums.

Vor 125 Millionen Jahren hatten sich drei auch heute noch lebenden Hauptgruppen bereits auseinander entwickelt. Die Kloakentiere (Monotremata), wie etwa die Schnabeltiere, sind die primitivste Gruppe; sie besitzen keine Zitzen und sondern

### Megafauna

Die Säugetiere waren niemals in der Verlegenheit, in ein evolutionäres Wettrüsten mit den Dinosaurier einzutreten, aber als das Klima allmählich kühler wurde und die Säugetiere sich diversifizierten, wurde auch bei ihnen das Größenwachstum zu einer nützlichen Strategie. Fast jede Familie hatte ihre Großformen: Riesenkänguru und Riesenwombat bei den Beuteltieren; Mammut und Wollnashorn, Riesenbär und Riesenelch, Riesenbiber und Säbelzahnkatze. Tendenziell lebten sie lange, es gab nur wenige Raubtiere, ihre Vermehrungsrate war jedoch gering. In den letzten 50 000 Jahren starben die meisten aus und es ist verlockend zu behaupten, der jagende Mensch wäre daran schuld. Tatsache ist, dass die meisten Arten der verbliebenen Großtierfauna – Elefant, Nashorn, Wal, Gorilla, Tiger usw. – nach wie vor durch Jagd, Wilderei und Zerstörung des Lebensraums bedroht sind.

> ***Homo sapiens***
>
> Keine einzige Säugetierart hat die Erde mehr verändert als *Homo sapiens* – also wir. Es ist kaum mehr als 100 000 Jahre her, als der moderne Mensch sich in Afrika aufmachte, um die Welt zu besiedeln. Noch vor ihm lebte *Homo erectus*, ebenfalls mit Großhirn, auf zwei Beinen unterwegs und Benutzer von Werkzeugen. Eine weitere archaische Menschenvariante verließ vor vielleicht einer Million Jahren Afrika, der Neandertaler. Fossile Fußspuren beweisen, dass unser möglicher Vorfahre *Australopithecus afarensis* schon vor 3,6 Millionen Jahren aufrecht ging. Aber auch vor ihm stehen mehrere Hominiden bereit, die um den Titel der ältesten Vorfahren von *Homo sapiens* konkurrieren.

die Milch aus speziellen Drüsen an ihrem Bauch ab. Die Beuteltiere (Marsupialia) bringen winzige Junge zur Welt, die sie in einem schützenden Beutel säugen. Bei den Plazentatieren wie auch beim Menschen wächst der Embryo im Uterus zu gewisser Größe heran, ehe er geboren wird und gesäugt werden kann.

**Anpassung** Es ist anzunehmen, dass die meisten größeren Ordnungen der Säugetiere bereits in der Kreide existierten, die modernen Familien sich jedoch erst entwickeln konnten, als die Dinosaurier vor 65 Millionen Jahren verschwunden waren. Wie sie aber alle im Einzelnen miteinander verwandt sind, ist noch strittig und hängt davon ab, ob man die vergleichende Anatomie an Fossilien oder Molekularanalysen an lebenden Organismen zugrunde legt. Wie auch immer, das Artenspektrum ist enorm und so manche Verwandtschaftsbeziehung überrascht. So sind die Robben mit Hunden und Katzen verwandt, während Wale und Delfine am nächsten mit den Schweinen und Hirschen verwandt sind; Elefanten hingegen sind Verwandte der Seekühe. Wie die Aufzählung zeigt, sind Anpassung und Diversifikation auf jede erdenkliche Weise die Schlüsselqualifikationen der Säugetiere gewesen. Säugetiere fliegen, gleiten, klettern, graben, nagen, weiden, rauben und töten.

> **„In allen naturhistorischen Werken finden wir laufend Einzelheiten über die großartige Anpassung der Tiere an Nahrung, Lebensweise und den Lebensraum, in dem sie sich aufhalten.“**
>
> **Alfred R. Wallace**

**Die ersten Menschen** Der (vorerst) letzte „Event“ in der Entwicklung der Säugetiere war das Erscheinen unserer eigenen Art. Wir sind vermutlich der ultimative Beweis einer erfolgreichen Anpassungsfähigkeit: Wir haben die Entwicklung und Nut-

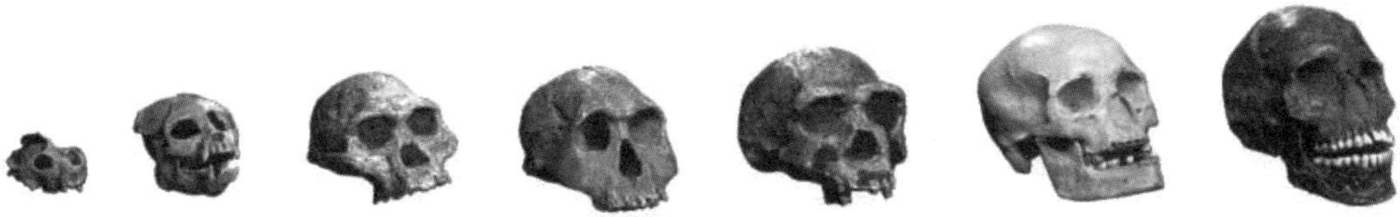

Vermutliche menschliche Vorfahren:
*Adapis*: 50 Millionen Jahre alter Lemur
*Proconsul* (20 Millionen Jahre)
*Australopithecus* (2,5 Millionen Jahre)
*Homo habilis* (1,8 Millionen Jahre)
*Homo erectus* (1,6 Millionen Jahre)
Früher *Homo sapiens*
Moderner *Homo sapiens*

zung von Werkzeugen und Hilfsmittel so weit vorangetrieben, dass wir unsere Umwelt unseren Bedürfnissen anpassen können, vor allem schneller, als die Natur es je könnte. Fossilien menschlicher Vorfahren sind extrem selten und deshalb wird heute intensiv gesucht, so dass inzwischen auch immer mehr Hominidenreste gefunden werden. Die fortschreitende Evolution bestimmter Eigenschaften wie das Gehen auf zwei Beinen und die Entwicklung eines Großhirns sind heute verständlich. Weniger klar ist, wenn man ein paar Millionen Jahre zurückgeht, welche der zahlreichen Hominidenarten überhaupt unsere wirklichen Vorfahren sind, denn unser Stammbaum gleicht mehr einem stark verzweigten Busch.

## Worum es geht

## Anpassungsfähige Säugetiere verändern die Welt

# 44 Chemofossilien

**Fossilien sind nicht einfach nur tote versteinerte Materie. Neue, hoch empfindliche Analysemethoden haben gezeigt, dass manche chemischen Bestandteile des Lebens gelegentlich überdauert haben. Diese Chemofossilien liefern neue Erkenntnisse über Evolution und Entwicklungsgeschichte. Gleichzeitig tragen auch alle Lebewesen in ihren Genen ein lebendes Archiv an genetischen Informationen über ihre Vorfahren in sich.**

Die chemischen Bausteine des Lebens sind so komplex wie zerbrechlich. Nach dem Tod zerfallen sie – in Stunden, Tagen, Jahren. Unter besonderen Umständen aber können manche Moleküle bzw. Bruchstücke davon, Tausende und sogar Millionen von Jahren überdauern und öffnen Archäologen und Paläontologen ein neues Fenster in die Vergangenheit.

**Fossilisation** Die meisten abgestorbenen Organismen dienen anderen als Nahrung. Nachdem die großen Aasfresser, Bakterien und Pilze ihre Arbeit getan haben, bleibt nicht mehr viel übrig als das, was nicht schon mineralisiert war, wie etwa Knochen und Gehäuse; aber auch diese werden in der Regel zerbrochen, aufgelöst oder zu Staub zerkleinert. Alles, was an Resten rasch im Sediment eingebettet wird und dadurch der Zerstörung entgeht, kann mit Sediment ausgefüllt oder durch andere Minerale ersetzt werden, wie es im Zuge der Diagenese auch mit Sedimenten geschieht (siehe Kap. 23 und 26).

**Die molekulare Uhr** In manchen Fällen inkorporieren die Minerale in Knochen oder Gehäusen Proteine und DNA und bewahren sie. Dennoch neigen die Substanzen dazu, spontan und mit einer konstanten Geschwindigkeit zu zerfallen. Im Gegensatz zum radioaktiven Zerfall handelt es sich hier um eine chemische Reaktion, deren Zerfallsrate von äußeren Faktoren wie z.B. der Temperatur abhängig ist.

## Zeitleiste Die Ursprünge unserer Vorfahren

| 460 Mio. J. | 340 Mio. J. | 310 Mio. J. | 180 Mio. J. | 140 Mio. J. | 105 Mio. J. |
|---|---|---|---|---|---|
| Haie | Amphibien | Reptilien, Dinosaurier, Vögel | Kloakentiere | Beuteltiere | Elefanten |

## Genetische Spurensuche

DNA-Tests helfen, Vaterschaftsfragen zu lösen, aber sie können auch weit zurückliegende Verwandtschaftsbeziehungen aufdecken. Die DNA der Mitochondrien, die mütterlicherseits, sowie die DNA der Y-Chromosom, die in väterlicher Linie vererbt wird, können geschlechteraffine Differenzen bei Völkermigrationen der Vergangenheit verraten. (So findet man in den Y-Chromosomen der Küstenbewohner Nordwesteuropas größere Mengen Wikinger-DNA!). Es existieren viele genetische Spuren oder Polymorphien, die Immunresistenzen gegenüber Krankheiten aufzeigen, und sie weisen auf die geografische Verbreitung dieser Krankheiten sowie auf Migrationsbewegungen aus den infizierten Gegenden hin. Die deutlichsten Befunde aus beiden Faktoren betreffen die Malaria, die zu vielen polymorphen Resistenzen führen kann. Einige davon scheinen nach Europa eingeschleppt worden zu sein, vielleicht durch Söldner, als sie von den Eroberungszügen Alexanders des Großen heimkehrten.

Organische Moleküle erreichen deshalb nie die Datierungseffizienz wie radioaktive Isotope. Trotzdem eignen sie sich unter bestimmten Umständen; ein gutes Beispiel sind die Schalen von Straußeneiern, die man massenweise in vielen prähistorischen und archäologischen Grabungsstätten Afrikas findet. Zahlreiche Proteine treten spiegelbildlich auf, als links- und rechtsdrehende Form. In den Organismen sind sie stets linksdrehend, nach dem Tod zerfallen sie in beide Formen. Bei einer bestimmten Temperatur ist das Verhältnis der beiden Enantiomere ein Maß für das Alter.

**Alte Gene** Die DNA ist ein empfindliches Molekül, das durch Hydrolyse in kürzere Einheiten zerbricht. Allerdings können Fragmente in Knochen, Zähnen, Gehäusen und anderen stabilen Objekten wie Bernstein „überleben". Wie beim Proteinzerfall ist die Zerfallsgeschwindigkeit von der Temperatur abhängig. Die Chance, noch brauchbare DNA in den sibirischen Mammuten zu finden, die in Permafrostböden eingefroren sind, ist ungleich größer als in ebenso alten Knochen aus der Sahara.

| 85 Mio. J. | 75 Mio. J. | 63 Mio. J. | 40 Mio. J. | 18 Mio. J. | 14 Mio. J. | 7 Mio. J. |
|---|---|---|---|---|---|---|
| Hunde, Pferde, Wale | Ratten, Hasen | Lemuren | Neuweltaffen | Gibbons | Orang-Utan | Schimpansen, Bonobos |

Moderne Analysemethoden wie die Polymerasekettenreaktion, sind in der Lage, aus einem DNA-Schnipsel tausende von Kopien herzustellen, die man dann sequenzieren kann. Doch der sensible Charakter dieses Prozesses birgt die Gefahr von Verunreinigungen. Am einfachsten lässt sich die DNA der Mitochondrien isolieren, da jede Zelle im Zytoplasma zahlreiche Kopien davon enthält. Die Isolierung der Zellkern-DNA ist schwieriger. Trotzdem ist es gelungen, beide Formen in ausreichenden Mengen aus Mammuten zu isolieren und den verwandtschaftlichen Bezug zu den heutigen Elefanten zu untersuchen. Seltsamerweise verweist die mütterliche DNA der Mitochondrien auf eine Verwandtschaft mit den asiatischen Elefanten, während die DNA der Zellkerne den afrikanischen Elefanten näher steht.

**Ausgestorbene wiedererwecken** Falls genug DNA vorliegt, um das komplette Genom zu rekonstruieren, sollte es zumindest theoretisch möglich sein, eine ausgestorbene Art wieder zum Leben zu erwecken. In der Praxis sieht es schon anders aus. Ein japanisches Forscherteam brauchte mehr als 1000 Versuche, um sieben lebensfähige Mäuse zu klonen, deren Zellen sie einer toten Maus entnommen hatten, die 16 Jahre tiefgefroren waren. Mit älteren Proben, die bei Raumtemperatur in Museen lagen, wird es noch schwieriger. Dennoch konnte DNA von Museums-Exemplaren ausgestorbener Tiere, z.B. von Dodo, Quagga und Beutelwolf isoliert werden. Dieselbe Arbeitsgruppe, die eine gefrorene Maus geklont hatte, ist der Meinung, dass es durchaus möglich wäre, innerhalb von 5 Jahren ein Mammut aus eingefrorener DNA wiederzuerschaffen. Dazu müsste die DNA einer Elefantenzelle durch die DNA eines Mammuts ersetzt, in eine Elefanten-Eizelle eingeschleust und in einen Elefantenuterus implantiert werden.

### Der wahre Jurassic Park

In den Jurassic-Park-Filmen wird, wie so häufig im Science-Fiction-Genre, die Wissenschaft für unwissenschaftliche Sensationen missbraucht. Der Film suggeriert, dass von blutsaugenden Insekten Dinosaurier-DNA in Form von Dinosaurierblut aufgenommen wurde, die Insekten in flüssiges Baumharz gerieten, im Bernstein überdauerten und dass von dieser DNA das Dinosaurier-Genom isoliert und Dinosaurier geklont werden konnten. In Wahrheit kann keine DNA in Bernstein bzw. im Verdauungstrakt von Insekten überdauern, ganz zu schweigen von Dinosaurier-DNA. Selbst wenn es diese DNA gäbe, wäre sie in winzige Fragmente zerbrochen, die zusammenzusetzen ein unmögliches Unterfangen wäre. Vermutlich ist *Tyrannosaurus rex* für immer ausgestorben – zum Glück!

**Lebende Fossilien** Fossile DNA ist selten, aber jeder lebende Organismus enthält fossile Moleküle, die von seinen Vorfahren stammen. Jeder, der an den evolutionären Verwandtschaften zweifelt, sollte sich die Ähnlichkeiten zwischen den Genen verschiedener Arten ansehen. Funktionale Gene, welche die wesentlichen Lebensfunktionen ausführen, sind in einem breiten Artenspektrum konserviert. Nicht nur, dass wir Menschen einige Gene mit Schimpansen gemeinsam haben, sondern auch mit Fruchtfliegen und selbst mit Hefe. Rund 50 % unserer Gene haben entsprechende Gegenstücke in Bananen!

**»Nahezu alle Aspekte des Lebens werden auf der Molekularebene gesteuert, und ohne Verständnis der Molekularebene wird es uns kaum gelingen, das Leben selbst zu verstehen.«**
**Francis Crick**

**Molekulare Uhr** Das Genom einer Art enthält auch lange Abschnitte von nicht kodierter DNA, ohne offensichtliche Funktion. Mutationen in diesen Abschnitten werden weitergegeben und sammeln sich allmählich an, vergleichbar dem Ticken einer molekularen Uhr, und ermöglichen so eine Abschätzung, vor wie langer Zeit sich diese Linien aufgetrennt haben. Das Ergebnis entspricht nicht dem absoluten Alter, solange die Methode nicht mit Fossilmaterial kalibriert wurde; es zeigt aber beispielsweise, dass Menschen und Orang-Utans sich vor einem doppelt so langen Zeitraum auseinander entwickelten haben wie Menschen und Schimpansen. Der jüngste gemeinsame Vorfahre von Menschen und Schimpansen hätte danach vor 7 Millionen Jahren gelebt. Die evolutionären Beziehungen gemäß der molekularen Uhr finden zwar ebenso breite Zustimmung wie die aus der Anatomie abgeleiteten, dennoch gibt es noch genügend Unterschiede, die leidenschaftlich diskutiert werden.

## Worum es geht

## Evolution erklärt aus Molekülstrukturen

# 45 Anthropozän

**Seit die letzte Kaltzeit vor 11 700 Jahren zu Ende ging und mit dem Holozän der jüngste Zeitabschnitt der Erdgeschichte begann, erfreut sich die Erde eines relativ stabilen Klimas. Landwirtschaft, Städte und Welthandel erblühten. Manche Geowissenschaftler schätzen den Einfluss des Menschen auf den Planeten als so gravierend ein, dass sie ein neues geologisches Zeitalter vorschlugen – das Anthropozän.**

Der Begriff geht auf den Ökologen Eugene Stoermer zurück und wurde von dem Nobelpreisträger Paul Crutzen im Jahr 2000 der breiten Öffentlichkeit bekannt gemacht. Er behauptete, dass die Menschheit die Welt inzwischen so stark verändert habe, und es damit zwingend wäre, eine neue erdgeschichtliche Zeitkategorie einzuführen.

**Beginn eines neuen Zeitalters** Vergangene Zeitabschnitte der Erdgeschichte dauerten in der Regel um die 10 Millionen Jahre; angesichts der kaum mehr als 10 000 Jahre erscheint das Holozän wie ein Wimpernschlag. Manche neigen sogar dazu, das Holozän in Anthropozän umzubenennen. Das würde gut mit der aufkommenden Landwirtschaft in der Jungsteinzeit zusammenpassen, als große Rodungen Platz schafften für den Ackerbau. Das war zwar sehr bedeutsam, veränderte jedoch unsere natürliche Umwelt nur in geringem Maße.

Was Geologen als Merkmal für eine neue Zeitmarke brauchen, ist so etwas wie ein „Goldener Nagel" – ein deutliches Merkmal, das in jeder Gesteinsschicht weltweit erkennbar ist. Ein solcher bedeutender Marker wäre etwa der Zeitpunkt vor 2000 Jahren, als die Römer begannen, im großen Stil Blei zu fördern und zu verhütten, was sich durch erhöhte Bleigehalte in den Eislagen Grönlands nachweisen lässt. Ein weiterer Marker wäre der Beginn des Industriezeitalters um 1800, erkennbar an erhöhten Quecksilberkonzentrationen in Sedimenten und Eisbohrkernen, die vom Abbrennen der Kohle herrühren. Er fällt zusammen mit einer raschen

## Zeitleiste Der Mensch auf der erdgeschichtlichen Zeittafel

**2,6 Mio. Jahre**
Erste weiter verbreitete Steinwerkzeuge (Oldowan-Kultur) in Ostafrika

**7000 v. Chr.**
Ausgedehnte Rodungsgebiete, erste Stadtanlagen

**1. Jh. n. Chr.**
Bleigehalte in Sedimenten steigen durch Verhüttung von Bleierzen

Zunahme der Erdbevölkerung und einem beginnenden Anstieg des $CO_2$-Gehalts in der Erdatmosphäre.

Ein weiterer Vorschlag lässt das Anthropozän erst nach Kriegsende 1945 beginnen, aufgrund der allgemeinen Bevölkerungszunahmen und einer steigenden Tendenz zur Verstädterung. Darüber hinaus enthalten Sedimentschichten weltweit Isotope als Zeugen des beginnenden Nuklearzeitalters, die noch mehrere Millionen Jahre lang zu messen sein werden. Die beiden Kernwaffenexplosionen über Hiroshima und Nagasaki sowie die vielen atmosphärischen Kernwaffenversuche mit ihrem Fallout haben ebenfalls die Eigenschaft eines dauerhaften Markers in entsprechenden geologischen Schichten.

**Grade der Veränderung** Die jüngste Periode der Erdgeschichte, das Quartär, beginnt mit der Bildung großer Eismassen, gefolgt von einem mehrfachen Wechsel von Kalt- und Warmzeiten. Der Beginn der gegenwärtigen Ära, des Känozoikums, fällt mit dem Aussterben der Dinosaurier zusammen, begleitet von extremem Klimawandel. In ähnlicher Weise sind Veränderungen zu sehen, die, durch die menschliche Art verursacht, sich zu etwas aufsummieren, was der künftigen geologischen Abfolge eine besondere Stellung verleihen wird.

### Ära, Periode, Epoche, Alter

Die erdgeschichtliche Zeitskala ist hierarchisch gegliedert. Das Präkambrium, das fast 4 Milliarden Jahre dauerte, wird in drei Äonen unterteilt. Das vierte Äon, das Phanerozoikum, begann vor 542 Millionen Jahren und besteht aus drei Ären: Paläo-, Meso- und Känozoikum. Jede Ära ist in mehrere Perioden untergliedert, z.B. Jura oder Kreide, die ihrerseits in Epochen unterteilt sind, die häufig um eine Million Jahre dauern. Unser gegenwärtiges Quartär besteht aus den beiden Epochen Pleistozän und Holozän. Die Frage bleibt: Rechtfertigt das Anthropozän einen signifikanten Epochenwandel oder sogar einen Perioden- oder Ärenwandel?

| 1800 | 20. Jh. | 1945 | Seit 1970 |
|---|---|---|---|
| Atmosphärischer $CO_2$-Gehalt beginnt zu steigen | Zweiter Blei-Peak in Sedimenten durch verbleites Benzin | Erste radioaktive Isotope in Sedimenten und Eisschichten aus Kernwaffenexplosionen | In Sedimenten tauchen regelmäßig Kunststoffpartikel auf |

**„Es war auf einer Konferenz, als jemand was über das Holozän referierte. Ich dachte plötzlich, das ist falsch. Die Welt hat sich mittlerweile komplett verändert, wir sind jetzt im Anthropozän. Mit fiel dieses Wort spontan ein. Jeder der Anwesenden war schockiert. Aber es schien zu wirken.“**
**Paul Crutzen**

**Gegenwärtiges Massenaussterben** Verglichen mit den langsamen und unablässigen Veränderungen angesichts von Huttons geologischen Zeiträumen, waren die letzten 70 Jahre geradezu sensationell. Einige nennen diesen Zeitraum auch die „Große Beschleunigung“. In dieser Zeit hat sich die Erdbevölkerung mehr als verdoppelt. Die Kohlendioxid-Emissionen haben sich versechsfacht. Die atmosphärische Durchschnittstemperatur begann zu steigen, und auch der Meeresspiegel, während viele Gletscher abgeschmolzen sind. Die Biomasse der Meeresalgen ist um 40 % zurückgegangen. Einige Habitate sind um 90 % geschrumpft und die Rate des Artenschwunds ist 100 bis 1000 Mal höher als die Hintergrundwerte und dürfte diejenige am Ende der Kreide erreicht haben. Im erdgeschichtlichen Kontext betrachtet ist das bisherige Anthropozän eine der größten Aussterbe-Epochen aller Zeiten.

**Menschliche Überreste** Angenommen, dass die Technologie niemals so weit sein wird, geologische Prozesse aufzuhalten, welche Kennmarken werden von unserer Zivilisation in den Gesteinen in 100 Millionen Jahren noch übrig sein? Man wird Hinweise für einen Klimawandel finden, ausgestorbene Arten, einen Rückgang der Biodiversität und typische, von der Kerntechnik hinterlassene Isotopanhäufungen. Aber was ist mit den Baudenkmälern, Städten, Häusern und der Infrastruktur?

Die meisten geologischen Bildungen sind Ablagerungen durch Wasser, die Menschen verbringen jedoch den größten Teil ihres Lebens auf dem Festland. In den marinen Sedimenten werden sich Glasscherben finden, Plastikteile oder gar Schiffswracks. Auf dem Festland werden die unablässig tätigen Erosionskräfte weiter am Werke sein. Bausteine und Beton werden zu Sand und Kies zerkleinert, wenn auch zu ungewöhnlichem Sand. Bereits heute enthält fast jeder Sand, der frisch abgelagert wird, kleine bunte Partikel, die in Sedimenten neu sind – Kunststoffe jeglicher Art.

### Fossile Städte

Verlassene Städte, die der Verwitterung ausgesetzt sind, werden letztlich der Erosion zum Opfer fallen und in den Kreislauf der Gesteine eintreten. Nur die vom Boden geschützten Fundamente oder die in den Ozeanen versunkenen Städte würden begraben und fossil überliefert werden. Was wird nach 100 Millionen Jahren davon noch übrig sein? Eisen rostet, Holz wird abgebaut, Ziegel zerbröseln und Beton zerfällt und löst sich auf. Werden die Reste in den Sedimentlagen tief genug versenkt, werden sie durch Temperatur und Druck verändert. Kunststoffe werden zu Öl, Ziegel gehen in Schiefer über und Beton wird zu Marmor. Schließlich endet das Ganze mit der Granitisierung, die sämtliche menschlichen Spuren auslöscht.

Dennoch werden einige Städte fossil überliefert werden. Städte wie New Orleans, Amsterdam, Venedig und Dhaka liegen nahe am oder sogar unter dem Meeresspiegel, in Gebieten, wo Flussdeltas mächtige Sedimentserien ablagern, so dass durch die Auflast der Untergrund absinkt. Selbst ohne diese Subsidenz wird ein steigender Meeresspiegel küstennahe Städte überfluten, unter Schlick begraben und sie für nachfolgende Geologengenerationen konservieren.

Worum es geht

## Geologische Zeitmarken der Menschheit

# 46 Künftige Ressourcen

**Derzeit leben 7 Milliarden Menschen auf dem Planeten. Würden alle dem Lebensstil moderner Amerikaner nacheifern, dann bräuchte es 5 bis 6 Erden, um deren Wohlstand zu erhalten. Die Frage ist: Wie kann die Menschheit gut und zugleich nachhaltig im Rahmen ihrer Möglichkeiten leben?**

Außer der Sonnenenergie kommt alles, was wir benötigen, von der Erde: von der Nahrung, die wir essen, und der Kleidung, die wir tragen, bis hin zu den Baustoffen, die wir verbauen und der Energie, die wir verbrauchen – alles kommt von der Erde. Wir sind eine kreative Wissensgesellschaft und zweifellos werden neue Technologien dabei helfen, dass neue Wertschöpfungsketten unsere Zukunft sichern. Es ist aber auch klar, dass wir heute noch in der besten aller Zeiten leben – denn viele Rohstoffe werden zu Neige gehen.

**‚Die Bewahrung der natürlichen Ressourcen ist ein grundlegendes Problem. Selbst wenn wir dieses Problem lösen, wird es uns wenig helfen, all die anderen zu lösen.'**

**Theodore Roosevelt (1907)**

**Lebenswichtige Güter** Es ist davon auszugehen, dass aufgrund der industriellen Entwicklung heute etwa 10 000-mal mehr Menschen die Erde bevölkern, als zur Zeit der Sammler und Jäger. Den entscheidenden Sprung schaffte die Menschheit mit der „Erfindung" einer planmäßigen Landwirtschaft in der Jungsteinzeit, und seitdem, abgesehen von empfindlichen Rückschlägen wie der Pest und großen Kriegen, begann der ungebremste Aufstieg. Um 1800 erreichte die Menschheit die erste Milliarde, 1927 bereits die zweite, dann 1974 die vierte und 2011 bevölkerten 7 Milliarden Menschen die Erde.

Diese rasante Vermehrung ist der Verdienst einer ständig verbesserten Landwirtschaft. Trotz weit verbreiteter Unterernäh-

## Zeitleiste Reserven wichtiger Rohstoffe

| 13 Jahre | 29 Jahre | 30 Jahre | 40 Jahre | 45 Jahre |
|---|---|---|---|---|
| Indium (für LCD-Monitore) | Silber | Antimon | Bestätigte Erdölreserven | Gold |

**Meeresbergbau**

Je mehr konventionelle Lagerstätten sich erschöpfen, umso wichtiger ist die Entwicklung von neuen. Riesige Flächen des Ozeanbodens sind übersät mit Konkretionen, die bestimmte Elemente wie Mangan und Kobalt enthalten; es gibt seit längerem Vorschläge, sie zu gewinnen, beispielsweise mit langen Saugschläuchen. Auch das Meerwasser enthält wertvolle Metallionen, wenngleich in extremer Verdünnung; das Problem ist, sie zu extrahieren. Nur 3 % des Lithiums im Meerwasser könnten ausreichen, um jede Familie der Welt mit einer Li-Batterie für ihr Elektroauto zu versorgen.

rung sind größere Hungersnöte dank neuer Züchtungen, Kunstdünger und Pflanzenschutzmittel selten geworden. Aber all das hat seinen Preis und kann nicht ewig so weitergehen. Inzwischen werden über 30 % der Landoberflächen ackerbaulich genutzt und in vielen dieser Regionen mit Intensivlandwirtschaft haben künstliche Bewässerung und maßlose Düngung die Böden erschöpft oder geschädigt. Mit dem wachsenden Wohlstand erwachte der Wunsch nach mehr Fleischkost, deren Produktion deutlich höheren Landverbrauch mit sich bringt – und mehr Wasser erfordert. Die Bereitstellung ausreichender Mengen an Trink- und Brauchwasser dürfte in naher Zukunft in vielen Teilen der Erde zum größten politischen Problem werden und zu erheblichen Konflikten führen. Erste Anzeichen sind im Nahen Osten bereits erkennbar.

**Seltene und kostbare Rohstoffe** Neue Technologien, vor allem in der elektrotechnischen Industrie, führten in letzter Zeit zu einer steigenden Nachfrage nach seltenen Elementen. So wird in LCD-Bildschirmen beispielsweise Indium verbaut; effizientere Solarzellen erfordern Gallium; und die starken Magnete in Windgeneratoren und Motoren der Elektroautos enthalten das Metall Neodym. Tantal wird für Mobiltelefone benötigt und Terbium für die fluoreszierende Bedampfung in Leuchtmitteln.

Viele dieser „Seltenen Erden" sind nur schwer aus den Mineralen zu extrahieren. China ist derzeit der weitaus größte Produzent, und weil das Land selbst immer

| 59 Jahre | 61 Jahre | 67 Jahre | 116 Jahre | 120 Jahre |
|---|---|---|---|---|
| Uran | Kupfer | Erdgas (ohne Gashydrate) | Tantal (für Mobiltelefone) | Kohle |

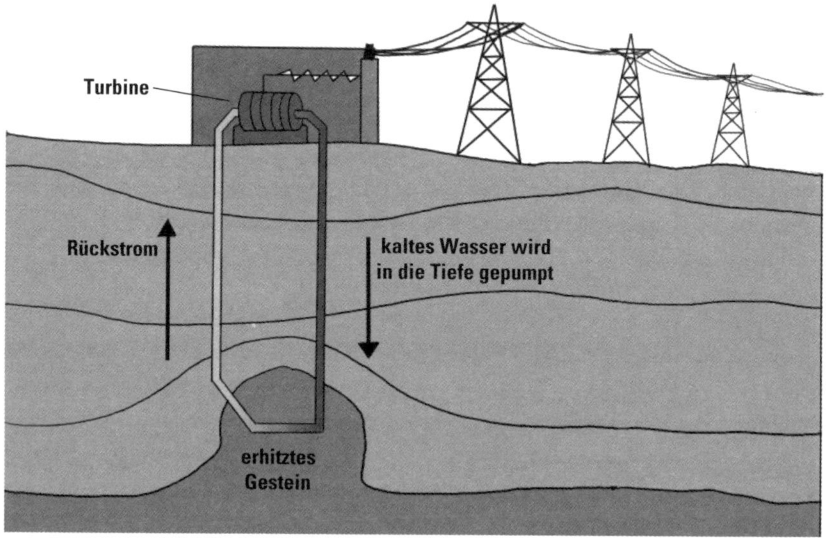


In einem Geothermiekraftwerk wird kaltes Wasser durch einen Bohrstrang in die Tiefe gepumpt, wo es vom heißen Gestein aufgeheizt wird; der heiße Dampf steigt auf und treibt einen Generator an.

mehr hochwertige Güter erzeugt, verarbeitet es die Seltenen Erden größtenteils selbst. Daher stehen für den Export nur geringe Mengen zur Verfügung. Der Britische Geologische Dienst erstellte eine Risikoliste, in der die Elemente in Abhängigkeit von ihrer Verfügbarkeit und bezüglich ihres geografischen Vorkommens sowie der politischen Stabilität dieser Länder, in den sie abgebaut werden, aufgeführt sind. An der Spitze dieser Liste stehen Antimon, Platin, Quecksilber, Wolfram und mehrere Seltene Erden.

**Steigende Nachfrage** Sobald neue Technologien breite Anwendung finden, steigt schlagartig die Nachfrage nach bestimmten Rohstoffen. Sollten z.B. Elektroautos stärker nachgefragt werden, steigt mit Sicherheit die Nachfrage nach Lithium und Neodym, das in Batterien bzw. den Magneten der Elektromotoren verbaut wird. Für den Elektromotor eines Toyota Prius benötigt man rund 1 kg Neodym. Würden Autos mit Brennstoffzellenantrieb zu einem Massenprodukt, würde die Nachfrage nach Platin steigen, und würde man alle Autos künftig mit diesem Antrieb ausrüsten, wäre Platin in 15 Jahren aufgebraucht. Schon heute werden große Mengen Platin in Abgaskatalysatoren verwendet. Die Böden an den Straßenrändern und der Straßenstaub enthalten inzwischen bis zu 1,5 mg/kg Platin, so dass sich ein „Abbau" schon fast lohnen würde.

**Fossile Brennstoffe** Angesichts des zunehmenden Verbrauchs an fossilen Brennstoffen würden die nachgewiesenen Erdölreserven in etwa 40 Jahren zur Neige gehen. Sollten wir „Peak Oil", das Produktionsmaximum, bereits überschritten haben, dürfte aufgrund einer allmählichen Verteuerung des Öls der Konsum zurückgehen und die Vorräte länger halten. Man wird zwar neue Lagerstätten finden, deren Ausbeutung dürfte aber unverhältnismäßig schwieriger und damit auch teurer sein. Das macht gleichzeitig das Auffinden kleinerer Vorkommen lukrativer. Dennoch sehen wir insgesamt einem nächsten Jahrhundert ohne Öl entgegen.

Aber auch Erdgas wird nicht in das nächste Jahrhundert hinüberreichen. Gelingt es allerdings, die riesigen Gashydratvorkommen im Meer zu erschließen, erweitern sich die Gasreserven um weitere 100 Jahre. Bei den heutigen Fördermengen reichen die Kohlenvorräte noch etwa 120 Jahre.

### Weltraumbergbau

Weltraumflüge sind äußerst energieintensive Unternehmungen, aber wenigstens hilft beim Landeanflug die Anziehungskraft. Könnte man die richtige Sorte kleiner Asteroiden einfangen, zur Erde schleppen und dort unversehrt zur Landung bringen, könnte man damit für hundert Jahre den Bedarf an Platin und Schwermetallen decken. Irgendwann werden wir soweit sein, dann wäre es aber sinnvoller, jene Elemente im Weltraum zu belassen und damit z.B. neue Raumschiffe zu bauen oder dort neue Lebensräume zu schaffen. Künftige Energieressourcen könnten Helium-3 sein, das am Mondboden abgebaut wird, oder sogar Wasserstoff aus dem Sonnenwind.

**Kernbrennstoffe** Die heutige Kernreaktorgeneration wird hauptsächlich mit Uran betrieben; dessen Vorräte reichen derzeit noch rund 60 Jahre. Auch hier gilt, dass wohl in der Zukunft noch einige Lagerstätten gefunden werden. Analysten meinen, dass für die Zukunft Reaktoren entwickelt werden sollten, die auch das häufigere Thorium verbrennen können, was gleichzeitig weniger Atommüll bedeuten würde. Das große Fernziel sind jedoch Fusionsreaktoren, welche die innerhalb der Sonne ablaufenden Prozesse nutzbar machen sollen. Das dazu nötige Deuterium, ein Wasserstoffisotop, wäre in unbegrenzter Menge im Meerwasser enthalten, wenn auch in geringsten Konzentrationen. Der *Apollo*-17-Astronaut Harrison Schmitt hat überdies Fusionsreaktoren vorgeschlagen, die Helium-3 verschmelzen würden, das auf der staubigen Oberfläche des Mondes gewonnen werden könnte.

## Worum es geht

## Unser Konsum ist nicht nachhaltig

# 47 Zukünftiges Klima

**Der Klimawandel ist ein typisches Schlagzeilenthema. Manche glauben an die schlimmsten Prognosen der von den Wissenschaftlern entwickelten Klimamodelle; andere bleiben skeptisch. Ein Blick aus geologischer Sicht in die Vergangenheit und Zukunft zeigt, dass ein Klimawandel unausweichlich ist: es ist nur noch eine Frage wie ausgeprägt und wie schnell – und ob wir etwas dagegen tun können.**

Ein schneller Blick auf die geologische Schichtenfolge (siehe Kap. 31) zeigt, dass über lange geologische Zeiträume hinweg das Erdklima auf sehr unterschiedliche Weise stabil war. Es gab Eiszeiten mit Durchschnittstemperaturen, die 7 oder 8 °C unter der heutigen lagen, und es gab lange Warmzeiten, etwa während des Mesozoikums, mit Temperaturen, die 10 bis 15 °C höher als heute waren. Diese Unterschiede beruhten auf verschiedenen Faktoren: der Aktivität der Sonne, sich ändernden Erdbahnparametern oder den steigenden oder fallenden Konzentrationen der atmosphärischen Treibhausgase. Es gab aber davor noch keine Zeit, in der sich innerhalb eines Jahrhunderts so große Mengen fossiler Brennstoffe in Rauch aufgelöst haben.

**Die Hinweise mehren sich** Die Tatsache, dass sich der atmosphärische Kohlendioxid-Gehalt erhöht, ist unbestreitbar. Die Physik des Treibhauseffekts ist hinlänglich bekannt. Viel schwieriger ist der Nachweis zu führen, um wie viele Grad Celsius dadurch die Durchschnittstemperatur der Atmosphäre weltweit steigen wird. Die bisherige Entwicklung ist in der berüchtigten „Hockeystick"-Kurve erkennbar, die ähnlich einem Hockeyschläger in den letzten 50 Jahren steil ansteigt. Die Kurve reicht 1000 Jahre zurück, doch für die Zeit vor 1850 musste man auf Proxy-Daten zurückgreifen, das heißt, auf andere als von Thermometern gemessene Daten, weshalb ihre Genauigkeit umstritten ist. Dennoch sind sich die meisten Klimatologen darin einig, dass sich die Erde erwärmt.

## Zeitleiste Zukünftige Klimaszenarien

| Gegenwart | 2012 | 2100 | 2200 |
|---|---|---|---|
| Temperaturen der letzten 10 000 Jahre mehr oder weniger „normal" | Temperaturanstieg +0,8 °C | $CO_2$-Gehalt gegenüber der vorindustriellen Zeit verdoppelt; Temperatur +3 °C; Meeresspiegel +0,5 m | Eisschild der Westantarktis beginnt zu schmelzen; Meeresspiegel +3 m |

**Klimamodelle und Prognosen** Die Extrapolation der Temperaturdaten in die Zukunft ist schwierig und kompliziert. Schon die Wettervorhersage für den Zeitraum einer Woche erfordert Großrechner, und dennoch stimmen die Prognosen nur bedingt. Vorhersagen über ein ganzes Jahrhundert und länger sind daher nicht verifizierbar. Zunehmend detailliertere Klimamodellierungen mit vielfach geringen Abweichungen ergaben zwar verschiedene Varianten. Doch in jedem Falle kommt es gegen Ende des Jahrhunderts zu einer Erwärmung in einem Bereich zwischen 2 und 4 °C.

**› Wir können die Fakten nicht ignorieren … Es wäre ein Fehler der heutigen Generation, die Bewohnbarkeit unseres Planeten zu zerstören und die Hoffnungen der nachfolgenden zu ruinieren. ‹**
**Al Gore (Dez. 2008)**

**Tauende Polargebiete** Einer der Unwägbarkeiten ist das Ausmaß eines positiven Rückkopplungsprozesses: das heißt, in welchem Ausmaß ein kleiner Temperaturanstieg imstande ist, etwas auszulösen, was zu einem größeren Temperaturanstieg führen könnte. Solche Prozesse könnten unterbrochene Meeresströmungen sein, oder es könnte zu Ausgasungen von Methan aus den tauenden Gashydraten oder Tundrenböden kommen. Methan wirkt 25 mal stärker als das Treibhausgas $CO_2$. Neuere Untersuchungen zeigten, dass der arktische Permafrost schneller auftaut als gedacht und dass dieser Vorgang den Einfluss auf das Klima den der weltweiten Entwaldung um das Doppelte übertrifft.

**Die Wirklichkeit überdecken** Einige Wissenschaftler und viele ihrer Anhänger behaupten, dass die Situation keineswegs so katastrophal ist, wie das IPCC, das Intergovernmental Panel on Climate Change, glauben machen will. Sie weisen darauf hin, dass in der Erdgeschichte Anstiege der $CO_2$-Konzentration stets der Temperaturerhöhung hinterherhinkten. Dieser Effekt könnte jedoch die Folge eines positiven Rückkopplungseffekts gewesen sein, derart, dass ein Temperaturanstieg eine Zunahme des atmosphärischen $CO_2$-Gehalts zur Folge hatte. Der initiale Temperaturanstieg kann durchaus von anderen Faktoren ausgelöst worden sein, z.B. durch erhöhte Sonnenaktivität, denn niemand hat früher fossile Brennstoffe verbrannt. Das heißt aber nicht, dass es heute nicht auf andere Weise geschieht. Tatsache ist, dass eine globale Abschirmung der Sonnenstrahlen aufgrund der Luftver-

| 2500 | 5000 | 10 000 | 55 000 |
|---|---|---|---|
| Temperaturspitzen +8 °C | Letzte Reste des grönländischen Eisschilds schmelzen; Meeresspiegel +12 m | Eisschild der Westantarktis schmilzt; Meeresspiegel +70 m | Mögliche Eiszeit durch starken Treibhauseffekt verhindert |

**Geoengineering: Sonne**

Der Vulkanausbruch des Pinatubo 1992 brachte Forscher auf eine Idee. Wegen des sulfathaltigen Aerosolausstoßes, der bis in die Stratosphäre reichte, sank in den folgenden zwei Jahren die Temperatur weltweit um 0,5 °C, weil das Sonnenlicht in den Weltraum reflektiert wurde. Ein konstantes Versprühen reflektierender Partikel von zahlreichen Höhenballonen aus müsste einen ähnlichen Effekt haben und die Erdtemperatur stabilisieren. Soweit die Theorie. In der Praxis dürfte es jedoch zahlreiche Unwägbarkeiten und jede Menge ethischer Probleme geben.

schmutzung, gepaart mit einer verminderten Sonnenaktivität im derzeitigen Sonnenfleckenzyklus das wahre Ausmaß der Erderwärmung verdeckt.

**Extreme Ereignisse** Die Klimamodelle zeigen, dass die Erderwärmung nicht überall gleichmäßig erfolgt. Die Ränder beider Polargebiete haben sich in den letzten Jahren stärker erwärmt als alle anderen Regionen. Vielfach scheint der Klimawandel die Lage in den vorhandenen Problemgebieten noch zu verschärfen. In den Tropen fallen Starkregen noch unberechenbarer, Wüsten werden noch trockener. In den gemäßigten Breiten nehmen sowohl Stürme, als auch Niederschlags- und Dürrezeiten zu. Die Konsequenzen für die Nahrungsversorgung der Erdbevölkerung könnten schwerwiegend sein.

**Steigender Meeresspiegel** Der Klimawandel beeinflusst auch die Meere. Erwärmtes Oberflächenwasser sinkt nicht mehr so leicht ab, um am weltweiten System des ozeanischen Förderbands teilzunehmen. Dazu gehört auch der Golfstrom, der in Nordwesteuropa für milde Temperaturen sorgt. Außerdem transportiert dieses ozeanische Förderband die Nährstoffe, die für die Meeresbewohner und damit auch für den Fischfang erforderlich sind. Ein erhöhter $CO_2$-Gehalt im marinen Oberflächenwasser würde den Säuregehalt erhöhen, was zu einem Absterben oder sogar zur Auflösung der Korallenriffe und zu massiven Störungen der marinen Fauna führen würde. Wenn schließlich auch die Polkappen schmelzen und vormals kaltes Wasser sich erwärmen und ausdehnen würde, stiege der Meeresspiegel noch stärker an. Selbst ein Anstieg um wenige Zentimeter hätte erhebliche Folgen für tief liegende Küstenanlagen und Städte, die Sturmfluten fürchten müssten; eine Erhöhung um einen Meter würde Inselstaaten, Küstenstädte und ganze Länder wie Bangladesch

### Geoengineering: Atmosphäre

Bis heute gibt es wenige Anzeichen, dass Nationen oder Individuen dazu bereit sind, die erforderlichen Opfer zu bringen, um ihren $CO_2$-Ausstoß drastisch zu verringern. Oder kann das möglicherweise die Technik leisten? Erste Versuche einer Algendüngung mit Eisensalzen zur Verstärkung des Algenwachstums verliefen zwar positiv, das gebundene $CO_2$ wurde aber sehr bald wieder an die Atmosphäre abgegeben. Die Abscheidung von $CO_2$ aus den Verbrennungsgasen und seine Verpressung in leer geförderte Erdöllagerstätten ist zwar technisch möglich, aber zu kostspielig. Andere Ideen sind aus Röhren bestehende „Betonwälder", die auf chemischem Wege $CO_2$ absorbieren, oder aber das Brennen von Kalkstein zu Kalk, und diesen in den Ozeanen zu verstreuen – ein Prozess, der doppelt so viel $CO_2$ bindet, wie beim Kalkbrennen frei wird. Alle diese Geoengineering-Methoden kosten richtig Geld und sind nur als vorübergehender Ersatz einer kontrollierten Emissionsstrategie zu betrachten.

extremen Überschwemmungen aussetzen. Das komplette Schmelzen der Polarkappen würde zu einem Meeresspiegelanstieg um 70 m führen!

**Jenseits von 2100** Angesichts des geologischen Zeitbegriffs ist eine Generation ein Nichts, ebenso die Legislaturperiode einer Regierung. Was also wird uns in einem Jahrhundert oder gar Jahrtausend klimatisch noch bevorstehen? Die meisten Klimamodelle enden im Jahr 2100 – aber nicht das Problem. Eines der Szenarien geht von einem Anstieg des $CO_2$-Gehalts bis 2050 aus. Umgerechnet würde das einer Temperaturzunahme von 2 bis 4 °C entsprechen, die dann einige Jahrhunderte lang bestehen bleiben würde. Unter der Annahme, dass die Menschheit alle Kohlereserven verbrennen wird, würden die Temperaturen um etwa 6 bis 10 °C steigen – und zwar für einige Jahrtausende, was zu einem vollständigen Abschmelzen der Polkappen führen würde.

## Worum es geht
## Das Unausweichliche abmildern

# 48 Wohin geht die Evolution?

**In einer halben Milliarde Jahre pflanzlichen und tierischen Lebens auf der Erde hat die Evolution eine Reihe bemerkenswerter Lebewesen hervorgebracht: von mikroskopisch klein bis riesengroß, von anmutig bis bizarr. Fest steht auch, dass die am besten an ihre Umgebung angepassten und flexibelsten am ehesten überlebt haben, als diese sich veränderte. Geht dieser Prozess so weiter? Werden wir Menschen uns noch weiterentwickeln?**

Evolution ist, so wurde gesagt, das Produkt aus Genetik und Zeit. Aber wie schon Darwin richtig erkannte, erfordert sie auch den Prozess der natürlichen Auslese – das Überleben der am besten angepassten Organismen, oder richtiger, deren Fähigkeit zur Vermehrung. Die Evolution dauert fort, solange genetische Variationen den Reproduktionsprozess beeinflussen.

Während die externen Faktoren stabil bleiben, ist Evolution ein relativ behutsames Wettrüsten. Es kann ein interner Wettbewerb innerhalb einer Art um Weibchen sein: ein dominantes Männchen hält beispielsweise andere Männchen ab, ihre Gene weiterzugeben. Es kann ein Wettkampf sein, um Raubtieren zu entkommen: möglichst unauffälliges Verhalten, gute Tarnung, Schnelligkeit oder schiere Größe, um nicht gefressen zu werden. Oder auch eine Evolution über das Immunsystem: Entwicklung einer potenten Immunabwehr, um gegen Infekte besser als andere gewappnet zu sein.

**Das nächste Massenaussterben** Hin und wieder geschieht etwas, was in den Spielregeln nicht vorgesehen ist: ein plötzlicher Klimawandel oder die Folgen eines Asteroidenimpakts oder ein heftiger Vulkanausbruch. Für weniger anpassungsfähige Tiere kommen diese Veränderungen zu rasch und sie sterben aus.

## Zeitleiste Ein frei erfundener Blick in die Zukunft

| 2025 | 2030 | 2042 | 2048 | 2050 |
|---|---|---|---|---|
| Genbanken enthalten Daten von 1 Million Arten | Gentherapie wird für einige schwere Krankheiten zur Routine | Riesenpanda und Bengalischer Tiger sind ausgerottet | Geklonter Dodo auf Mauritius ausgesetzt | Gentechnische Keimbahntherapie für Menschen lizenziert |

**❜ Die Dinosaurier verschwanden, weil sie sich nicht an die veränderten Umweltbedingungen anpassen konnten. Wir werden verschwinden, wenn wir uns nicht an eine Umwelt anpassen können, die heute Raumschiffe, Computer und Wasserstoffbomben enthält. ❛**

**Arthur C. Clarke**

Genau das geschah vor 65 Millionen Jahren und führte zum Aussterben der Dinosaurier. Es könnte heute wieder passieren, auch wenn dann die Jagd und der Verlust an Lebensraum daran schuld sind, oder auch die vom Menschen in Insellagen eingeschleppten invasiven Tier- und Pflanzenarten (Neozoen bzw. Neophyten).

Unser Planet hat bereits viele Arten der pleistozänen Megafauna verloren: Mammut, Riesenhirsch, Säbelzahnkatze, Moa und viele andere sind ausgestorben. Andere, wie Riesenpandas, Tiger, Elefanten, Nashörner und mehrere Walarten sind bedroht. Dabei handelt es sich insgesamt um Großtierarten mit geringer Reproduktionsrate und langer Lebensdauer, die besonders anfällig dafür sind, mangels Anpassungsfähigkeit ausgerottet zu werden. Vielleicht würden einige von ihnen auch ohne menschliches Zutun aussterben: Einige Tiere, wie etwa die Pandas oder Geier, werden nur durch Reproduktionsprogramme am Leben gehalten.

**Artenschutz** Fortschritte in der Gentechnik und das Klonen verbessern die Chancen, Arten zu erhalten – nicht nur als lebende Individuen, sondern auch in Form tiefgefrorener Zellen, deren Wachstum man vielleicht eines Tages wieder aktivieren kann. Selbst für heute ausgestorbene Arten könnte Hoffnung bestehen, auf diese Weise wieder zum Leben erweckt zu werden. Die Samen vieler tausender Pflanzenarten lagern bereits in Samenbanken, und die Wissenschaftler beeilen sich, die genetische Vielfalt unseres Planeten vollends zu entdecken und zu bewahren, bevor sie für immer verloren ist. Aber ein Kühlregal voller Zellen ist ein Tropfen auf dem heißen Stein, wenn andernorts ganze Urwälder und Korallenriffe verschwinden. Sollte die derzeitige Ausrottung so weitergehen, reiht sie sich ein in die großen Massenaussterben gegen Ende der Kreide und des Perms.

| 2056 | 2112 | 2113 | 2417 | 3642 |
|---|---|---|---|---|
| Erstes Unternehmen, das genetische Schönheitsmodifikationen für Designerbabies anbietet | Hämorrhagischer Grippevirus löscht 40 % der Erdbevölkerung aus | Es gibt jetzt doppelt so viele Ratten wie Menschen auf der Erde | Ameisenvölker bedienen sich fortschrittlicher chemischer Informationsübermittlung | Erster Nachweis von Riesenhörnchen, die Steinwerkzeuge verwenden |

**Die Evolution des Menschen** Aber wie steht es mit der Evolution des Menschen? Unsere Art hat seit der Abspaltung unserer Vorfahren von den Schimpansen vor etwa 7 Millionen Jahren einen langen evolutionären Weg hinter sich. Dennoch sind die genetischen Veränderungen im Erbmaterial vergleichsweise gering. Die größten Unterschiede sind wohl sozialen Entwicklungen zu verdanken und der damit verbundenen Entwicklung eines größeren Gehirns. Einige der bedeutenderen genetischen Veränderungen betreffen Dinge, die wir inzwischen wieder verloren haben wie etwa eine kräftige Körperbehaarung und, Dank der Erfindung der Kochkunst, die Fähigkeit, schwer verdauliche Rohkost zu verwerten. Aber es gibt auch Zugewinne. In den Tropen entstand zum Schutz der Haut infolge des Haarverlustes die dunkle Pigmentierung. (In den hohen Breiten musste das dunkle Pigment dagegen reduziert werden, um eine ausreichenden Aufnahme von Vitamin D zu gewährleisten.) Hinzu kam außerdem *FOXP2*, ein Gen, das offensichtlich für die Sprachentwicklung unverzichtbar ist. Auch haben wir genetische Fortschritte gemacht, was die Anpassung und Bekämpfung von Krankheiten betrifft. Viele Afrikaner haben ein Gen („Duffy-Antigen") in Form eines Blutfaktors ausgebildet, das gegen eine häufige Malariaform schützt. Die Nachkommen der neolithischen europäischen Bauern haben die Fähigkeit beibehalten, Milch und Milchprodukte zu verdauen, und zwar mit einem Gen, das sich nach dem Abstillen normalerweise selbst abschaltet.

**Die weitere Evolution des Menschen** Eine Prognose, in welchem Ausmaß die menschliche Evolution weitergehen wird, ist nicht einfach. Da uns mit der

**Schöne neue Babies**

Die Gentechnik ist so weit fortgeschritten, dass man ihr durchaus zutrauen könnte, natürliche Gene zu verbessern oder ihnen neuartige Funktionen zuzuordnen. Bald wird man Erbkrankheiten heilen können, was unmittelbar zu der Möglichkeit führt, Menschen genetisch zu modifizieren. Zur Zeit bestehen lediglich Therapiemöglichkeiten, um defekte Gene eines Individuums zu korrigieren. Aber im Prinzip könnten auch Keimzellen modifiziert werden, also jene Zellen, die Eier und Samen produzieren und damit die nächste Generation hervorbringen. Somit könnten Erbkrankheiten ausgelöscht werden, die manche Familien seit Generationen heimsuchen – aber auch schnell in eine „Schöne neue Welt" der Designer-Babies überleiten.

### Was kommt nach uns?

Sollte die Menschheit durch Krieg oder Seuchen aussterben, was kommt dann nach uns? Vor einigen Millionen Jahren standen mehrere halbwegs intelligente Gattungen *Homo* dafür in den Startlöchern, heute aber sind offensichtlich keine Erben vorhanden. Die ersten, die dafür infrage kämen, sind die Opportunisten, die mit Unkraut vergleichbaren Tiere wie Ratten und Schaben, die aber hauptsächlich von Hinterlassenschaften der menschlichen Zivilisation leben – und die schon bald verschwunden wären. Schimpansen oder Gorillas haben es anscheinend auch nicht eilig zu übernehmen, vielleicht setzen sich intelligente und soziale Tiere durch wie etwa die Krähen. Oder ähnlich wie die Vielzeller von den Einzellern den Staffelstab übernommen haben, werden vielleicht Kolonien bildende Insekten wie die Ameisen oder Termiten unsere Erben.

rasanten Entwicklung der „Technosphäre" ein Werkzeug zur Verfügung steht, die unmittelbare Umwelt unseren Bedürfnissen anzupassen, wird auch der Druck geringer, sich an andere Umweltbedingungen anpassen zu müssen. Aber angesichts weltweiten Reisens, einer kosmopolitischen Urbanität und gemischt-ethnischer Partnerschaften werden beständig neue genetische Kombinationen zusammenkommen. Solange Kinder noch vor der Geschlechtsreife sterben und solange bestimmte Bevölkerungsgruppen mehr Nachkommen zeugen als andere, solange wird die natürliche Selektion der bestimmende Faktor der menschlichen Evolution sein.

Am Horizont zeichnen sich andererseits gewisse, nachdenklich stimmende Szenarien ab. Wir sind bereits dabei, Pflanzen und auch Tiere genetisch zu verändern, einerseits um sie noch produktiver oder noch resistenter zu „gestalten", andererseits auch, um sie selbst für völlig neue Aufgaben auszustatten, z.B. zur Erzeugung von Medikamenten. In manchen Fällen besteht nur ein geringer Unterschied zur normalen Züchtung, wenn aber plötzlich Kaninchen im Dunkeln leuchten und Tomaten Gene aus Fischen eingesetzt werden, dann sollte man den weiteren „Fortschritt" zumindest kritisch betrachten.

Worum es geht

## Natürliche Selektion oder künstliche Evolution?

# 49 Zukünftige Kontinente

**Langsam, aber wirklich nur sehr langsam veralten auch Atlanten. Ozeane öffnen oder schließen sich; Landmassen vereinigen sich in ihrem ewigen Tanz der Kontinente. Die heutigen Kartenwerke sind für eine oder zwei Generationen geschaffen, aber allein der Atlantik ist in einer Million Jahre um 10 Kilometer breiter geworden. In 250 Millionen Jahren wird er wohl nicht mehr vorhanden sein.**

Das läuft jetzt schon 3 bis 4 Milliarden Jahre so ab: Ehemalige Ozeane sind verschwunden, ihre Meeresböden auf den Grund des Erdmantels gesunken und einstige Kollisionszonen von Lithosphärenplatten sind durch Gebirgszüge markiert. Was steht uns wohl künftig noch alles bevor?

**Künftige Ozeane** Eine der auffallendsten geologischen Strukturen auf einer topografischen Karte von Afrika ist das Ostafrikanische Riftsystem. Wie ein tiefer Riss durchzieht es große Teile des Kontinents; es beginnt im Süden in Mosambik, verläuft über die großen Seen Ostafrikas, zieht beidseitig um den Viktoriasee herum, vereint sich in Äthiopien und Eritrea wieder und mündet in das Rote Meer. Weiter nördlich durchzieht diese Struktur das Tote Meer und das Jordantal und endet im Libanon. Entlang dieser Linie wird sich in ferner Zukunft ein neuer Ozean öffnen.

Fast über die gesamte Länge ist diese Störungszone eine klassische kontinentale Riftstruktur, ein Grabenbruch. An dieser Dehnungsstelle der Erdkruste trennen sich zwei Platten, deren Randschollen treppenförmig nach unten abgesunken sind. Geht man in Äthiopien in Richtung Norden, gelangt man in die so genannte Afar-Depression, eine Senkungszone, in der sich das geologische Umfeld ändert. Im Zentrum des Grabenbruchs kommt es vermehrt zu Vulkanismus. Diese Vulkane bilden keine

## Zeitleiste Kurze Geschichte der Zukunft

| Gegenwart | in 50 Mio. Jahren | in 150 Mio. Jahren |
|---|---|---|
| Der Atlantik öffnet sich langsam; Indien kollidiert noch immer mit Asien | Der Atlantik ist maximal geöffnet, die Subduktion beginnt; Afrika kollidiert mit Europa und es kommt zur Auffaltung des Mediterrangebirges; Los Angeles wandert Richtung Vancouver | Der Atlantik verkleinert sich; die Antarktis kollidiert mit Australien und Borneo; durch die Kollision von Afrika mit Europa werden die Britischen Inseln in die Arktis verschoben |

> **Die Natur hat mit so viel Weisheit die Dinge dieser Welt geordnet, dass die Zerstörung eines Kontinents nicht ohne den Umbau der Erde und der damit verbundenen Entstehung eines anderen bewerkstelligt werden kann.**
> **James Hutton, Theory of the Earth (1795)**

hohen Vulkankegel, die Basaltlava fließt dort aus zahlreichen Spalten aus, was eher an einen ozeanischen Rücken erinnert, der sich – ähnlich wie auf Island – noch auf dem Festland befindet.

Noch weiter im Norden, an der Grenze zu Eritrea, liegt in der Danakil-Depression die Erdoberfläche 100 m unter dem Meeresspiegel. Es ist eine der unwirtlichsten Stellen auf der Erde: Wüste mit erdrückender Tageshitze, stacheligen Dornbüschen, scharfkantigen, zerklüfteten Lavagesteinen und bewaffneten Stammeskriegern. Inmitten des Rifts liegt der Vulkan Erta Ale mit seinem Lavasee, der sich seit einem Jahrhundert in schmelzflüssigem Zustand befindet. Er liegt unmittelbar auf einem Tripelpunkt, an dem drei Plattengrenzen aufeinander stoßen: Ostafrikanischer Grabenbruch, Rotes Meer und Golf von Aden – und außerdem auf einem Ausläufer des unter Afrika aufsteigenden Manteldiapirs. Dieser Manteldiapir führt in Ostafrika zu Hebung und Krustendehnung und schließlich zum Absinken des Grabeninneren. Irgendwann wird sich das Horn von Afrika durch den sich erweiternden Graben vom restlichen Kontinent loslösen und einem neuen Ozean Platz machen.

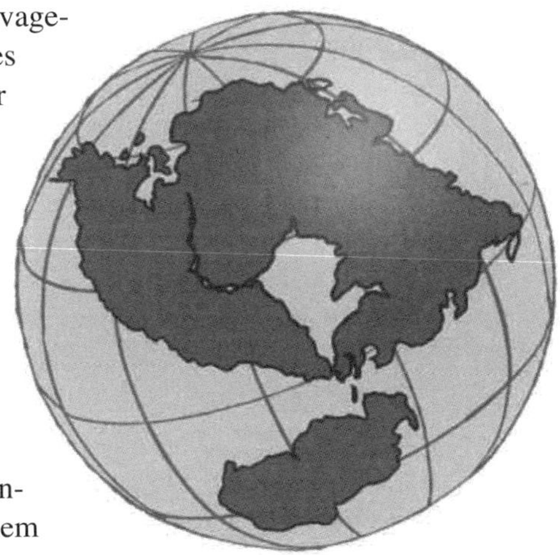

Pangäa Ultima. So könnte der Planet in 250 Millionen Jahren aussehen: Der Atlantik ist geschlossen, Afrika ist mit Europa und Asien verschmolzen und der Indische Ozean ist von Landmassen umgeben.

**Verschwindende Ozeane** Es gibt keine sehr alten Ozeane. Derzeit ist die älteste bekannte ozeanische Kruste rund 180 Millionen Jahre alt, und sie ist mittlerweile so alt und kalt, dass ihr Schicksal, in den Mantel

**in 250 Mio. Jahren**

Pangäa Ultima: Afrika ist von Nord- und Südamerika umgeben, Südafrika liegt dort, wo früher die Karibik war; der aus Australien und der Antarktis bestehende Kontinent nähert sich Chile; ein Rest des Indischen Ozeans wurde zum Binnenmeer

**in 2 Mrd. Jahren**

Der Äußere Erdkern ist erstarrt; das irdische Magnetfeld existiert nicht mehr; die Plattentektonik verlangsamt sich und endet schließlich

**Pangäa Ultima**

Für die Bildung eines künftigen Großkontinents sind zwei sehr unterschiedliche Szenarien möglich. Sie hängen davon ab, wie lange es dauert, bis der Atlantik beginnt, in den Mantel abzutauchen. In beiden Fällen wird er sich noch rund 50 Millionen Jahre um etwa 500 km weiter ausdehnen. Sobald der Westrand unter Nord- und Südamerika abzutauchen beginnt, wird sich der Atlantik in den folgenden 200 Millionen Jahren wieder schließen und ein neuer Großkontinent entstehen, den der Geologe Chris Scotese von der Columbia University „Pangäa Ultima" genannt hat.

abzutauchen, bald besiegelt sein wird. Das Mittelmeer ist alles, was von dem großen Tethys-Ozean des Mesozoikums übrig geblieben ist; es wird noch etwa 50 Millionen Jahre Bestand haben. Der jüngste Ozean, der Atlantik, wird auch nicht ewig vorhanden sein. Irgendwann wird sich an seinem einen oder anderen Rand, vermutlich an seinem Westrand, wo er auf die Karibik und Amerika trifft, eine Subduktionszone auftun und seine Lithosphäre wird unter Amerika abtauchen. Und damit beginnt die Schließung des Atlantiks.

**Künftige Gebirge** Die Überreste der ehemaligen Ostküstenstädte wie Boston, New York, Río und alle andern, werden sich in großen Höhen eines vulkanischen Küstengebirges wie den Anden wiederfinden. Unterdessen wird sich die Kollision von Indien und Tibet verlangsamen und schließlich enden. Die Bewegung Afrikas in Richtung Europa wird so lange fortdauern, bis an Stelle des heutigen Mittelmeers ein langgestrecktes Gebirge, vergleichbar dem Himalaja entstanden ist, das man dann nach dem geschlossenen Meer als „Mittelmeergebirge" bezeichnen könnte.

**Der Wilson-Zyklus** Tuzo Wilson, der Architekt der Plattentektonik, erkannte, dass die heutige Verteilung von Land und Meer auf das Auseinanderbrechen des einstigen Großkontinents Pangäa zurückzuführen ist. Er erkannte außerdem, dass das nicht neu war und dass Generationen von Großkontinenten schon in früheren Zyklen entstanden und wieder zerbrochen waren – jeder Zyklus dauerte etwa 500 Millionen Jahre. Dieser „Wilson-Zyklus" hat vorerst kein Ende, die Kontinente werden weiterhin wandern, es fragt sich nur, in welche Richtung (siehe Kasten).

> **Amasia**
>
> Sollte sich der Atlantik nicht schließen, wird der Pazifik diese Rolle übernehmen. Dabei ergibt sich ein völlig anderes Kontinente-Puzzle, das den früheren Großkontinent Pangäa völlig umkrempeln wird. In diesem Szenario kollidiert der Nordwesten Nordamerikas mit Sibirien/Ostasien, und bildet den neuen Großkontinent Amasia. Der Name wurde von dem Harvard-Geologen Paul Hoffman geprägt und verbindet Amerika und Asien. Wie auch immer, der „Tanz der Kontinente" dauert fort.

**Wenn die Erde erstarrt** Plattentektonik und Vulkanismus werden von der Wärmeenergie im Erdinnern gespeist. Ein Großteil davon ist die Folge des radioaktiven Zerfalls und der Wärmeabgabe des langsam erstarrenden Erdkerns. Vor 4 Milliarden Jahren war der Wärmeüberschuss noch so groß, dass ein unablässiger Vulkanismus aus dem Erdmantel die Erdoberfläche dominierte und für die Bildung stabiler Lithosphärenplatten nur geringe Chancen bestanden haben. Hinweise lassen vermuten, dass die plattentektonischen Prozesse vor 3 Milliarden Jahren begonnen haben. In der Zukunft werden sich diese immer mehr verlangsamen, je mehr der Planet abkühlt. Weitere 2 Milliarden Jahre und der Erdkern wird vollständig erstarrt sein, das bedeutet, dass auch ein Erdmagnetfeld nicht mehr vorhanden ist und die Kontinente aufhören zu wandern.

## Worum es geht
## Unermüdliche Kontinentaldrift

# 50 Das Ende der Erde

**Das Universum scheint für einen kleinen, von zerbrechlichen und auf Kohlenstoff beruhenden Lebensformen besiedelten Gesteinsplaneten ein unendlich großer, unwirtlicher Raum zu sein. Wir können von Glück reden, dass wir hunderte von Millionen Jahren relativer Stabilität hatten, in denen intelligentes Leben sich entwickeln, seinen Heimatplaneten erforschen und ihn bestaunen konnte. Aber irgendwann wird diese Zeit der Unbeschwertheit enden.**

Jedes Jahr ereignen sich Katastrophen: Erdbeben, Vulkanausbrüche, Tsunamis, Hurrikane und so fort. Ihr lokales oder regionales Geschehen kann für viele tragisch sein, aber unsere Art ist insgesamt davon nicht bedroht. Selbst die katastrophalen und sehr lange andauernden Ereignisse der großen Vulkaneruptionen und des Trappvulkanismus konnten die Biosphäre nicht vernichten. Gefahren drohen weniger von der Erde selbst als von außerhalb.

**Apokalyptische Prophezeiungen** Leser dieses Textes erinnern sich vielleicht an den 21. Dezember 2012, als die Medien weltweit völlig hysterisch über ein angeblich für diesen Tag vorausgesagtes Ende der Erde berichteten. Diese Prophezeiung beruhte auf einem alten Maya-Kalender, der – wie alle Kalender – Zyklen beschreibt. Das Missverständnis bestand darin, dass in Wirklichkeit ein besonders langer Zyklus nach 5125 Jahren zur Wintersonnenwende 2012 endete. Obwohl also die Texte der Maya nicht von einem Ende der Welt sprechen, gaben sie doch Anlass für apokalyptische Prophezeiungen und einen spektakulären Hollywood-Film (2012).

Viele Vorhersagen betreffen Erdbeben und Tsunamis, Sonnenstürme und lineare Planetenausrichtungen („Syzygien"). Letztere ereignen sich nicht vor 2040, und wenn, dann beträgt der Tideneffekt lediglich ein 64-Millionstel von dem des Mondes. Auch von einem Zusammenstoß mit Nibiru, einem mysteriösen Planeten, ist die Rede. Angeblich hatten ihn schon die Sumerer um 2500 v. Chr. entdeckt, und

## Zeitleiste

**500 Mio. Jahre**
Terraforming auf dem Mars

**800 Mio. Jahre**
Errichtung von Kolonien auf den Jupiter- und Saturnmonden

**900 Mio. Jahre**
Erstes interstellares „Arche-Noah"-Raumschiff bricht zu neuen Welten auf

**1 Mrd. Jahre**
Angestiegene Sonnenstrahlung beginnt, die Ozeane aufzuheizen

### Armageddon ablenken

Gesetzt den Fall, ein Asteroid würde unvermittelt auf die Erde zusteuern, dann müsste rasch gehandelt werden; ihn aber mit Raketen zu zerstören, wäre wenig sinnvoll. Es würde die Probleme nur vervielfachen und zu interessanten versicherungstechnischen Ansprüchen führen. Die besten Chancen böten sich, den Asteroiden schon weit draußen zu entdecken, dann würde ein leichter Stoß ausreichen. Auch der einseitige Auftrag einer reflektierenden Farbe würde bereits helfen, den Rest würde die Sonne erledigen. Eine kleine Rakete, selbst ein kleines elektrisches Antriebssystem auf seiner Oberfläche platziert, könnte genug Schub entwickeln, um ihn abzulenken. Gingen all diese Versuche schief, müsste man als letzte Möglichkeit eine Nuklearexplosion auslösen, jedoch nicht auf dem Asteroiden, sondern in seiner Nähe, um ihn von seiner Bahn abzulenken, ohne ihn aber zu zerstören.

man hat behauptet, dass er sich auf einer stark elliptischen Bahn mit einer Umlaufzeit von 3600 Jahren um die Sonne bewegt, und dass er auf Grund dieser langen Umlaufzeit meistens unsichtbar sei. Wenn das zuträfe, hätten die Sumerer gute Teleskope gebraucht, dessen sind sich die heutigen Astromomen bewusst, und vor allem würden sie ihn bestimmt kennen. Solche „Prophezeiungen" verraten wohl mehr über die menschliche Psyche als über die Zukunft unseres Planeten.

**Sonnenstürme** Die Sonnenaktivität folgt einem 11-jährigen Zyklus, und daher haben viele von uns Älteren bereits mehrere Zyklen unbeschadet überlebt. Der derzeitige Zyklus begann verspätet und war etwas schwächer als normal. Dennoch schickt die Sonne gelegentlich heftige Partikelschauer zur Erde. Das beeinflusst zwar den Funkverkehr, elektrische Verbindungen und auch die Satelliten – ohne dass diese größere Schäden erleiden. Sie bedeuten jedoch nicht das Ende der Erde.

**Bombardement** Von Asteroiden geht hingegen eine reale Gefahr aus. Im Gegensatz zu den Dinosauriern besitzen wir Menschen Teleskope und haben ein Raumfahrtprogramm. Das Projekt „*Spaceguard*" ist ein Zusammenschluss mehrerer

| 1,05 Mrd. Jahre | 3,5 Mrd. Jahre | 5 Mrd. Jahre |
|---|---|---|
| Ozeane sind ausgetrocknet; Wasserdampf verursacht eine der Venus ähnliche Treibhausatmosphäre | Die Milchstraße beginnt, mit der Andromeda-Galaxis zu kollidieren; Impaktrisiko steigt | Die Sonne ist ein Roter Riese, die Erde ein ausgebranntes Stück Schlacke |

**Terraforming**

Es ist nur eine Frage der Zeit und des Geldes, bis Menschen den Mond besiedeln und auf dem Mars landen. Letztlich werden die Überlegungen in Richtung Besiedlung gehen. Im Prinzip könnte der Mars erdähnlicher gemacht werden. Es müssten beispielsweise riesige Mengen des in den Polkappen eingefrorenen Kohlendioxids mobilisiert werden, um einen deutlichen Treibhauseffekt zu erzeugen, so viel, dass flüssiges Wasser auf der Marsoberfläche existent wäre. Dann müssten, wie auf der jungen Erde, Bakterien implantiert werden, die damit beginnen würden, aus $CO_2$ Sauerstoff zu produzieren.

Es würde aber wohl einige Millionen Jahre dauern, der Menschheit jedoch eine zweite Heimat geben.

internationaler Programme mit dem Ziel, der Erde sich nähernde Objekte frühzeitig zu identifizieren. Die derzeitige Liste enthält mehr als 1000 Objekte mit Durchmessern über 200 m, die der Erde näher kommen, als die 20-fache Distanz Erde-Mond. Am 8. November 2011 raste – wie vorausgesagt – das Objekt namens YU55, mit einem Durchmesser von 400 m, im Abstand von 324 900 km sicher an der Erde vorbei. Ein unangenehmerer Brocken von 1000 m Durchmesser wird im Jahr 2880 deutlich näher an der Erde vorbeifliegen, doch bis dahin werden der Menschheit Mittel zur Verfügung stehen, um ihn von seiner Bahn abzulenken (siehe Kasten).

**Kosmische Bedrohungen** Die von außerhalb des Sonnensystems drohenden Gefahren sind schwer einzuschätzen. Die Sonne benötigt rund 240 Millionen Jahre für einen Umlauf um das galaktische Zentrum der Milchstraße. Auf diesem Weg durch die Spiralarme der Galaxis kommt es sicherlich zu Begegnungen mit Kometen und anderen Himmelskörpern und möglicherweise auch zu Impakts; mit den Massenaussterben der Vergangenheit scheint jedoch kein Zusammenhang zu bestehen.

Eine andere Bedrohung könnte von erdnahen, weniger als 100 Lichtjahre entfernten Sternen ausgehen. Wenn massereichere Sterne als die Sonne ihren Kernbrennstoff aufgezehrt haben, kollabieren sie in einer gewaltigen Supernova-Explosion. Trifft der dabei entstehende Strahlenausbruch auf die Erde, kann er die Ozonschicht schädigen. Weit schwerwiegender wäre eine erdnahe Hypernova, eine stellare Explosion mit einem gefürchtetem Gammastrahlenausbruch und nachfolgender Bildung eines Schwarzen Lochs. Träfe eine solche Gammastrahlung die Erde, würde sie die ihr zugewandte Erdhälfte massiv schädigen. Durch die Erddrehung würde die Biosphäre wie ein Hühnchen am Spieß gegrillt. In der Milchstraße treten Hypernovae allerdings äußerst selten auf.

> **„Die Zivilisation existiert im Einvernehmen mit der Geologie, eine Situation, die sich ohne Vorwarnung ändern kann."**
> **Will Durant (1935)**

**Die Sonne bläht sich auf** Die größte existenzielle Gefahr droht von der Sonne selbst, denn schließlich wird auch die Sonne irgendwann ihren atomaren Brennstoff im Sonneninnern aufgebraucht haben. Um als Supernova zu explodieren, ist sie zu klein – stattdessen wird sie sich zu einem Roten Riesen aufblähen. Diese Masse aus glühendem Gas wird Merkur und Venus verschlingen, die Erde aber nicht erreichen. Dennoch werden die von ihr ausgehende Hitze und der extreme Sonnenwind die Erdatmosphäre verbrennen und die Ozeane verdampfen. Zurück bleibt ein Planet aus abgebrannter Schlacke. Die einzig gute Nachricht daran ist, es geschieht erst in vier bis fünf Milliarden Jahren.

**Auf der Suche nach neuen Welten** Seit einigen Jahren befassen sich Astronomen mit der Suche nach anderen Sonnensystemen; bis Ende 2011 war man bei etwa 2000 katalogisierten Einheiten. Meistens handelt es sich um riesige Gasplaneten wie Jupiter und größer, die um ein Zentralgestirn kreisen, aber es wurden auch mehr als zweihundert erdähnliche Exemplare gefunden, die möglicherweise innerhalb einer habitablen Zone Wasser enthalten könnten. Etliche könnten ein Leben in unserem Sinne unterstützen, seien es Bakterien oder höhere Lebewesen. Einige dürften sogar eine Besiedlung ermöglichen.

Das Problem ist, dass die interstellaren Entfernungen so groß sind, dass es selbst bei Überlichtgeschwindigkeit Jahrtausende dauern würde, andere „Erden" zu erreichen. Möglicherweise müssten künftige Raumfahrer in einem künstlichen Koma transportiert werden. Oder ganze Generationen müssten in Raumschiffen aufwachsen (und sterben). Vielleicht werden unsere Nachfahren technische Verfahren entwickeln, die Lösungen für eine solche Reise bereitstellen. Denn eines steht fest, Intelligenz wird niemals bereit sein, ihren Anspruch auf die Galaxis so einfach aufzugeben.

## Worum es geht
## Auf zu den Sternen!

# Glossar

**Akkretion** 1. Prozess, durch den kleine Partikel sich zu größeren Klumpen vereinigen – bis hin zu Planeten. 2. Wachstum der Kontinente durch Anlagerung von Krustenfragmenten an einen aktiven Kontinentalrand.

**Asthenosphäre** Zähplastisch reagierende Schicht des Oberen Mantels unterhalb der Lithosphäre. Trotz ihrer hohen Viskosität bewegt sie sich mit den Konvektionsströmungen des Erdmantels und schleppt die tektonischen Platten mit. Viskosität und Wärme reduzieren die Ausbreitungsgeschwindigkeit der durchlaufenden seismischen Wellen.

**Basalt** Feinkörniges, dunkles Ergussgestein; entsteht durch partielles Schmelzen des Oberen Mantels. Häufigstes Vulkangestein, das wesentlich die ozeanische Kruste aufbaut und in Schildvulkanen an der Erdoberfläche ausfließt.

**Diskordanz** Grenze in einer Schichtenfolge, die eine Unterbrechung der Sedimentation dokumentiert. Oftmals sind die Schichten unter der Diskordanz schräg gelagert oder verkippt, während die Schichten oberhalb der Diskordanz eine andere Orientierung zeigen.

**El Niño, La Niña** El Niño bedeutet „Christkind" und ist der Name für eine warme Meeresströmung im Ostpazifik, die gelegentlich zu Weihnachten nach Osten gegen die Küste Südamerikas gedrückt wird. Sie verdrängt den kalten, nährstoffreichen Humboldtstrom und bringt dadurch die Küstenfischerei zum Erliegen. Eine weitere Folge sind ergiebige Niederschläge in den Küstenwüsten Perus und Chiles, während gleichzeitig der Westpazifik von Dürren heimgesucht wird. Nach etwa einem Jahr passiert mit La Niña, einem kalten Meeresstrom, das Gegenteil.

**Epizentrum** Punkt auf der Erdoberfläche unmittelbar über dem Erdbebenherd oder Hypozentrum eines Erdbebens.

**Erdbeben** Heftige Erschütterungen des Untergrunds beim Durchlaufen seismischer Wellen, die von einer Störungsfläche im Untergrund ausgehen, an der plötzlich Bewegungen stattgefunden haben.

**Erdkruste** Äußerste Schale der Lithosphäre. Während die ozeanische Kruste im Mittel nur 7 km misst, erreicht die Kruste unter den Kontinenten Mächtigkeiten von etwa 20 bis 60 km.

**Erdmantel** Bereich des Erdkörpers zwischen Erdkruste und Erdkern, d.h. zwischen 30 und 2900 km Tiefe. Er besteht vor allem aus Silikatgesteinen höherer Dichte. In 670 km Tiefe markiert eine seismische Grenzfläche den Übergang vom Oberen zum Unteren Mantel; sie ist entweder eine chemische oder eine physikalische Grenze. Konvektionsströme im Erdmantel steuern die Plattenbewegungen an der Oberfläche.

**Erosion** Sammelbegriff für sämtliche Prozesse, durch die Boden- oder Gesteinsmaterial durch Flüsse, Gletscher, Wind und Eis transportiert und abgelagert werden.

**Falte** Durch tektonische Deformation (meist Einengung) entstandene Verbiegung der Schichten. Nach oben gewölbte Schichten werden als Sattel (Antiklinale), nach unten gewölbte Schichten werden als Mulde (Synkline) bezeichnet. Bei starker Einengung kommt es zur Überkippung der Falten und zur Deckenbildung.

**Fossil** Die aus der geologischen Vergangenheit überlieferten Tier- und Pflanzenreste. Das können originale Körperteile sein oder Abdrücke. Spurenfossilien sind Reste von Wohnbauten oder Bewegungsspuren, die die einstigen Organismen hinterlassen haben.

**Fossile Brennstoffe** Sammelbegriff für feste, flüssige oder gasförmige Energierohstoffe wie Kohle, Erdöl und Erdgas.

**Gondwana** Ehemaliger großer Südkontinent, entstanden durch den Zerfall eines Großkontinents vor 540 Millionen Jahren. Er umfasste die heutige Antarktis, Australien, Indien, Südamerika und Afrika. Etwa 200 Millionen Jahre später kollidierte er mit weiter nördlich gelegenen Landmassen unter Bildung des Großkontinents Pangäa.

**Granit** Häufiges, helles Intrusivgestein, das in der kontinentalen Kruste durch Aufschmelzung entsteht. Durch extensive Platznahme entstehen in der Kruste zum Teil riesige Plutone, die Batholithe. Infolge der langsamen Abkühlung und Erstarrung bilden sich große Kristalle, hauptsächlich aus Quarz, Feldspat und Glimmer.

**Isotope** Atome desselben Elements, mit gleicher Kernladungszahl, aber unterschiedlicher Anzahl an Neutronen, und damit unterschiedlicher Atommasse. Manche Isotope sind radioaktiv und zerfallen mit bestimmter Halbwertszeit. Massenspektrometer können die Isotopenverhältnisse in Proben mit hoher Präzision messen, z.B. um das Alter von Gesteinen zu bestimmen.

**Kontinente** Die sieben großen Landmassen der Erdoberfläche. Sie bestehen aus Gesteinen, die mächtiger sind und eine geringere Dichte aufweisen als die ozeanische Kruste.

**Laurasia** Der nördliche Teil des einstigen Großkontinents Pangäa, der vor 200 Millionen Jahren sich vom Südanteil Gondwana zu lösen begann. Zu Laurasia gehörten Europa, Nordamerika und große Teile Asiens.

**Lava** Magma, das bei Vulkaneruptionen an der Erdoberfläche austritt.

**Lithosphäre** Harte, starre Gesteinsschale, welche die Erdkruste und den Oberen Erdmantel umfasst. Lithosphäre und Oberer Mantel bilden zusammen die Lithosphärenplatten, die wichtigsten Elemente der Plattentektonik und Kontinentaldrift. An den mittelozeanischen Rücken ist die Lithosphäre nicht dicker als die Erdkruste, alte ozeanische Lithosphäre kann jedoch Mächtigkeiten bis zu 100 km erreichen. Unter den Kontinenten kann sie mehr als 200 km mächtig werden.

**Magma** Geschmolzenes Gesteinsmaterial, das durch partielles Schmelzen in der Regel aus dem Oberen Mantel aufsteigt. Manchmal verbleibt es längere Zeit in einer Magmakammer und erstarrt in der Kruste als Intrusivgestein oder es tritt als Lava an der Erdoberfläche aus.

**Magmatische Gesteine** (Magmatite) Gesteine, die durch Erstarrung einer Gesteinsschmelze entstanden sind. Man unterscheidet zwei Arten: Effusivgesteine, die an der Oberfläche ausgeflossen und erstarrt sind, und plutonische Gesteine (Plutonite), die in der Erdkruste erstarrt sind.

**Magnetosphäre** Äußerste Schicht der Atmosphäre, die weit in den Weltraum hinausreicht und vom Erdkern erzeugt wird. In der Magnetosphäre liegen die Van-Allen-Gürtel, die die Teilchenstrahlung des Sonnenwindes um die Erde herumlenken.

**Manteldiapir** Vertikale relativ eng begrenzte Zone von wenigen hundert Kilometern Durchmesser, in der heißes Mantelmaterial von der Kern-/Mantelgrenze nach oben steigt. Der Aufstieg steht für die prinzipiellen Wärmebewegungen aus dem Erdinneren nach oben. An der Oberfläche äußert sich ein Manteldiapir meist in einem Hotspot-Vulkanismus.

**Metamorphe Gesteine** (Metamorphite) Gesteine, deren Mineralbestand und Gefüge durch Temperatur und/oder Druck verändert worden sind. Sie entstehen aus allen anderen Gesteinen, ihr Spektrum reicht von schwach metamorphen Tonschiefern bis zu hoch metamorphen Gneisen.

**Mittelozeanischer Rücken** Erdumspannendes vulkanisches Gebirgssystem, in dessen Zentralgraben (Rift) durch Vulkanismus neue ozeanische Kruste gebildet wird. Häufig wird der Rücken von senkrecht dazu verlaufenden Transformstörungen durchzogen.

**Mohorovičić-Diskontinuität** („Moho") Seismisch signifikanter Horizont, zwischen Erdkruste und Erdmantel. Obwohl der darunter liegende Obere Mantel zur gleichen Platte gehört, besitzt er eine andere mineralogische Zusammensetzung.

**Pangäa** Letzter Großkontinent, der vor 320 Millionen Jahren im ausgehenden Paläozoikum durch Zusammenschluss aller Kontinente entstanden ist. Sein Zerfall begann etwa 120 Millionen Jahre später. Es gibt die Prognose, dass sich die heutigen Kontinente in 200 Millionen Jahren zu „Pangäa Ultima" vereinigen könnten.

**Plattentektonik** Theorie, die besagt, dass sich die Lithosphärenplatten relativ zueinander über die Erdoberfläche bewegen, wobei einerseits neue Kruste geschaffen und andererseits alte zerstört wird.

**rezent** Zur Gegenwart zählend.

**Seafloor Spreading** (Ozeanboden-Spreizung) Vorgang, bei dem an den Riftstrukturen der mittelozeanischen Rücken durch das Auseinanderdriften der angrenzenden Platten und die Effusion basaltischer Magmen aus dem Erdmantel neue ozeanische Kruste entsteht.

**Sedimentgesteine** Gesteine, die durch Verfestigung locker abgelagerter Sedimente entstehen, die ihrerseits durch Ablagerung von erodiertem Gesteinsmaterial entstanden sind. Sedimente können sowohl auf dem Festland als auch in den Ozeanen gebildet werden. Die meisten sind jedoch marin und werden in einzelnen Schichten abgelagert.

**seismische Wellen** Allgemeine Bezeichnung für die bei Erdbeben und Explosionen entstehenden und sich ausbreitenden Wellen. Man unterscheidet Scherwellen und Kompressionswellen. Beide Wellenarten werden an Materialgrenzen gebrochen und/oder abgelenkt. Künstlich erzeugte Impulse dienen zur seismischen Erkundung erdöl- und erdgashaltiger Strukturen im Untergrund.

**Störung, Verwerfung** Fläche innerhalb der Erdkruste, an der normalerweise bei einem Erdbeben beide Seiten relativ zueinander verschoben werden. Gleiten Krustenteile horizontal aneinander vorbei, spricht man von einer Blattverschiebung oder Transformstörung. Werden Krustenteile gedehnt, kommt es zu einer Abschiebung, bei Einengung zu einer Aufschiebung bzw. bei einem Störungswinkel > 45 ° zu einer Überschiebung.

**Subduktion** Prozess, bei dem eine alte, kalte und schwere ozeanische Lithosphärenplatte unter einer leichteren, meist kontinentalen Platte in den Mantel abtaucht; meist begleitet von Erdbeben und Vulkanausbrüchen.

**Treibhauseffekt** Globale Erwärmung eines Planeten, der eine Atmosphäre mit den Gasen Wasserdampf, Kohlendioxid und Methan besitzt. Diese ermöglichen die ungehinderte Einstrahlung von Sonnenenergie, vermindern jedoch die Abstrahlung der infraroten Wärmestrahlung. Ohne Treibhauseffekt wäre die Erdoberfläche deutlich kälter, andererseits wird die zunehmende Erderwärmung die Atmosphäre künftig aufheizen.

**Tsunami** Plötzlich auftretende Ozeanwellen, ausgelöst durch Bewegungen des Meeresbodens durch Seebeben, Vulkanausbrüche oder submarine Rutschungen. Tsunamis breiten sich über ganze Ozeane aus. Erreichen sie die Küste, versteilen sich die Wellen im Flachwasser zu mehrfacher Höhe und verwüsten die Küstengebiete.

**Vulkan** Geologische Struktur, die durch Lavaergüsse an der Erdoberfläche entstanden ist. Die Laven können entweder aus Spalten oder Vulkankegeln mit aktiven Kratern ausfließen. Nach großen Explosionen bricht oftmals das Dach der Magmakammer ein und es entsteht ein Einbruchskrater, eine Caldera.

# Index

Titel der Originalausgabe: 50 IDEAS YOU REALLY NEED TO KNOW – earth

Published by arrangement with Quercus Editions Ltd (UK)

Aus dem Englischen übersetzt von Gerd Hintermaier-Erhard

ISBN 978-3-642-39846-9 ISBN 978-3-642-39847-6 (eBook)
DOI 10.1007/978-3-642-39847-6

Die Deutsche Nationalbibliothek verzeichnet diese Publikation in der Deutschen Nationalbibliografie; detaillierte bibliografische Daten sind im Internet über http://dnb.d-nb.de abrufbar.

Springer Spektrum


*Planung und Lektorat:* Frank Wigger, Dr. Christoph Iven
*Redaktion:* Professor Dr. Volker Schweizer
*Fotos/Zeichnungen:* Alle Abbildungen gezeichnet von Patrick Nugent außer auf den Seiten 14, 55, 158, 175, 197 (von Pikaia Imaging) und auf Seite 166 (von Jon Hughes und Russell Gooday von Pixel-shack.com)
*Satz:*TypoDesign Hecker
*Einbandentwurf:* deblik, Berlin

Gedruckt auf säurefreiem und chlorfrei gebleichtem Papier
Printed in China

Springer Spektrum ist eine Marke von Springer DE. Springer DE ist Teil der Fachverlagsgruppe Springer Science+Business Media.

www.springer-spektrum.de

**Danksagung**

Dieses Buch wäre nicht ohne die Hilfe und Geduld vieler Menschen zustande gekommen. Dank an die vielen Geologen, die im Laufe der Jahre viel Zeit geopfert und Verständnis gezeigt haben. Ich danke Bridget Walton und Kirsten Dwight, die verstehen, was ich zu sagen versuche, auch wenn es daneben geht, und Ted Nield, der einige meiner schlimmsten geologischen Fehler korrigiert hat. Schließlich danke ich Slav Todorov und Amy Visram bei Quercus für die intelligente Bearbeitung. Alle verbliebenen Fehler gehen auf mich. Aber machen Sie sich keine übermäßigen Sorgen wegen der Fakten und Zahlen. Dies ist ein Buch über Ideen; Ideen, die größer sind als wir alle.

Martin Redfern, im Januar 2012